Personalwirtschaft

Unternehmerische Aufgabe
und gesellschaftliche Verantwortung

Personalwirtschaft

Unternehmerische Aufgabe und gesellschaftliche Verantwortung

Andreas von Schubert

WAYKÜLL VERLAG

Bibliographische Information der Deutschen Nationalbibliothek
Die Deutsche Nationalbibliothek verzeichnet diese Publikation in der Deutschen Nationalbibliographie; detaillierte bibliographische Daten sind im Internet über ›http://dnb.dnb.de‹ abrufbar.

www.waykuell.com

Umschlag und Gestaltungskonzept: Matthias Hauer, München
Druck: Clausen & Bosse, Leck

ISBN 978-3-944499-00-0

Inhalt

Einleitung 9

Teil 1
Personalwirtschaft als gesellschaftliche Verantwortung

1
Personalwirtschaftslehre heute und in Zukunft 15
1.1 Das Spannungsfeld der Interessen 19
1.2 Die personalwirtschaftlichen »W«-Fragen 27
1.3 Zukünftige personalwirtschaftliche Herausforderungen 36
1.4 Zusammenfassung 40

2
Sozialgeschichte und Geschichte der Arbeit 43
2.1 Die Entstehung der Industrialisierung 44
2.2 Der Freiheitsbegriff in der Industrialisierung 48
2.3 Erfahrungen aus der Industrialisierung für die globalisierte Welt 62
2.4 Zusammenfassung 66

3
Personalwirtschaftliche Aspekte des Arbeitsrechts 69
3.1 Einführung in das Individualarbeitsrecht 71

3.2 Personalwirtschaftliches Problem: Haftung versus Weisungsgebundenheit 73
3.3 Einführung in das Kollektivarbeitsrecht 84
3.4 Personalwirtschaftliches Problem: neue prekäre Beschäftigungsformen 88
3.5 Personalwirtschaftliche Errungenschaft: Mitbestimmung im Unternehmen 91
3.6 Zusammenfassung 97

4

Organisationstheorien und ihre Menschenbilder 99
4.1 Wissenschaftliches Management nach Taylor 104
4.2 Motivationsorientierung der Human-Relations-Bewegung 112
4.3 Verhaltenswissenschaftliche Entscheidungstheorie 116
4.4 Transaktionskostentheorie 123
4.5 Zusammenfassung 134

Teil 2
Personalwirtschaft als unternehmerische Aufgabe

5

Personalbedarfsplanung 139
5.1 Einflussfaktoren auf den Personalbedarf 140
5.2 Der Zusammenhang von Personalbestand und Personalbedarf 144
5.3 Verfahren zur Ermittlung des zukünftigen Personalbedarfs (Übersicht) 152
5.4 Schätzende Verfahren: Befragung 152
5.5 Statistische Verfahren: Beispiel Kennzahlenmethode 153
5.6 Organisatorische Verfahren: Beispiel Stellenplanmethode 157

5.7 Monetäre Verfahren: Beispiel Null-Basis-Budgetierung 176
5.8 Personalbemessungsverfahren: Beispiel Messung der Methodenzeit 177
5.9 Zusammenfassung 179

6

Personaleinsatzplanung 181

6.1 Aufgaben und Ziele der Personaleinsatzplanung 181
6.2 Arbeitsaufnahme und Arbeitsinhalte 186
6.3 Arbeitsplatz und dessen Umgebung 195
6.4 Arbeitszeit 198
6.5 Zusammenfassung 214

7

Personalbeschaffung 217

7.1 Risiken der Personalbeschaffung 217
7.2 Einflussfaktoren auf die Personalbeschaffung 219
7.3 Personalanforderung 222
7.4 Personalmarketing 226
7.5 Interne Personalbeschaffung 229
7.6 Externe Personalbeschaffung 234
7.7 Personalauswahl 246
7.8 Zusammenfassung 251

8

Personalabbau 253

8.1 Wer von Personalabbau betroffen sein könnte 254
8.2 Der psychologische Vertrag in Zeiten des Personalabbaus 256
8.3 Zusammenfassung 258

9

Personalentlohnung und Gerechtigkeit 259

9.1 Entlohnung im Spannungsfeld 260

9.2 Entgeltfindung allgemein 272
9.3 Zeitlohn 275
9.4 Akkordlohn 279
9.5 Prämienlohn 283
9.6 Weitere Entlohnungsbestandteile: Sozialleistungen 293
9.7 Management-Fragen an Entlohnungssysteme 297
9.8 Zusammenfassung 299

10

Unternehmens- und Personalentwicklung 301

10.1 Zum Zusammenhang von Unternehmens- und Personalentwicklung 301
10.2 Methoden der Personalentwicklung 304
10.3 Ermittlung des Entwicklungsbedarfs 315
10.4 Mögliche Probleme in der Personalentwicklung 317
10.5 Zusammenfassung 319

Anhang

Anmerkungen 325
Verzeichnis der Abbildungen 327
Verzeichnis der Fallbeispiele 331
Bibliographisches Verzeichnis 333

Einleitung

Die Personalwirtschaft beschäftigt sich mit den Menschen im Unternehmen; mit ihrem ökonomischen, das heißt für das Unternehmen Gewinn bringenden Einsatz, aber auch mit dem Nutzen, den die Menschen selbst von ihrem Einsatz im Unternehmen haben. Beides versucht die Personalwirtschaft gleichzeitig zu realisieren.

Sie hat damit eine hohe gesellschaftliche Verantwortung, denn es ist vergleichsweise einfach, die Macht, die jedes Unternehmen als Arbeitgeber gegenüber seinen abhängig beschäftigten Mitarbeitern hat, nicht nur zu nutzen, sondern auch auszunutzen. Dem Impuls, Macht zum Nachteil der Mitarbeiter auszunutzen, ist das Arbeitsrecht entgegengestellt worden. Aber auch dieser Schutz kann natürlich nicht vollständig sein, und vermutlich wäre es auch gar nicht sinnvoll, einen der beiden innerbetrieblichen Partner gegenüber dem anderen vollständig abzuschirmen. Schließlich sollen sie so zusammen arbeiten, dass die Zusammenarbeit für beide vorteilhaft ist: für das Unternehmen und zugleich für die Mitarbeiter.

Auf Grund der Machtunterschiede und vor allem auch auf Grund der stets unterschiedlichen Interessen des Unternehmens und seiner Mitarbeiter ist es wichtig, das Arbeitsleben im Unternehmen nicht einfach geschehen zu lassen, sondern es aktiv zu gestalten. Das ist Aufgabe und damit Verantwortung der Personalwirtschaft; und als ihr Unterstützer und Wegbereiter insbesondere auch der Personalwirtschafts*lehre*.

Teil 1 dieses Lehrbuchs ist deshalb überschrieben mit: »Personalwirtschaft als gesellschaftliche Verantwortung«. Verantwortung meint die Verantwortung aller Menschen und insbesondere der von Menschen gegründeten Unternehmen für eine menschliche Ausgestaltung des Arbeitslebens. Die Industrialisierung in den verschiedenen Regionen der Welt zeigt jedoch, dass dies keineswegs selbstverständlich war – und vielfach auch noch nicht ist. Die Personalwirtschaft ist daher nicht nur Ergebnis des gesellschaftlichen Diskurses über die Ausgestaltung des Arbeitslebens, sondern einer der wesentlichen, aktiven Mitgestalter.

Um dieser Aufgabe gerecht werden zu können, ist es wichtig, die Geschichte der Industrialisierung und die ihr zugrunde liegenden Denkweisen zu kennen, denn nur in Kenntnis dieser zu personalwirtschaftlichem Wissen gewordenen Erfahrungen wird man die Geschichte nicht einfach wiederholen. Man wird Schlüsse aus ihr ziehen und damit im Laufe der Zeit immer bessere Entscheidungen treffen können.

In Europa und Nordamerika wurden nach der Phase der Industrialisierung einige interessante Ideen entwickelt, wie privatwirtschaftliche Unternehmen organisiert werden sollten und welche Rolle dabei den Mitarbeitern in den Unternehmen zukommt. Diese Organisationsentwürfe und die daraus gezogenen Schlussfolgerungen sind zwar durchaus unterschiedlich, weshalb sich an ihrem Beispiel die Entwicklung des personalwirtschaftlichen Wissens gut beobachten lässt, dennoch sind sie alle nach wie vor relevant und leisten als Entscheidungshilfe auch heute noch einen wichtigen Beitrag bei der personalwirtschaftlichen Ausgestaltung von privatwirtschaftlichen Unternehmen.

Zusammengefasst ist die wesentlichste Erkenntnis aus mehr als einem Vierteljahrtausend personalwirtschaftlicher »Feldversuche«, dass Unternehmen dann am erfolgreichsten sind, wenn sie sich nicht nur um ihre eigenen Ziele kümmern, sondern sich aktiv und mit hoher Priorität um die Realisierung der Ziele ihrer Mitarbeiter bemühen. Dies zum Nutzen aller Beteiligten umzusetzen, ist die unternehmerische Aufgabe der Personalwirtschaft.

So lautet daher auch die Überschrift des zweiten Teils dieses Lehrbuchs, in dem die personalwirtschaftlichen Aufgaben im operativen Tagesgeschäft eines Unternehmens detailliert beschrieben werden.

Die Ausgestaltung der personalwirtschaftlichen Aufgaben zeigt, auf welche Weise ein Unternehmen sich im Spannungsfeld seiner eigenen ökonomischen Interessen und den Wünschen sowie Bedürfnissen der Menschen im Unternehmen bewegt. Die zu beachtenden Variablen sind dabei vielfältig: notwendige Kompetenzen, Erfahrungen und Wissen müssen für jede Tätigkeit im Unternehmen gesondert geplant werden, um diese Tätigkeiten im nächsten Schritt einzelnen Menschen zuordnen zu können; Menschen, die dann auch noch bereit sein müssen, die Tätigkeiten im Sinne des Unternehmens auszuführen. Die personalwirtschaftlichen Aufgaben sind damit ein unverzichtbares Instrumentarium zur Planung und Absicherung des unternehmerischen Erfolgs; und das ist aus Unternehmenssicht ihr eigentlicher Zweck.

Verantwortlich für die Umsetzung der personalwirtschaftlichen Aufgaben ist übrigens keineswegs nur die Personalabteilung (sofern sie in kleineren Unternehmen überhaupt existiert), sondern jede einzelne Führungskraft in ihrem jeweiligen Verantwortungsbereich. Denn weil das Ergebnis personalwirtschaftlicher Entscheidungen alle Mitarbeiter des Unternehmens betrifft, sind alle Verantwortlichen in der Pflicht, diese Entscheidungen sorgfältig und mit dem nötigen personalwirtschaftlichen Wissen vorzubereiten. Schließlich sind die Auswirkungen der personalwirtschaftlichen Entscheidungen in jedem Fall erheblich: nicht nur auf die Qualität der innerbetrieblichen Zusammenarbeit und damit auf die Wettbewerbsfähigkeit des Unternehmens, sondern auch auf die ganz persönliche Lebensgestaltung aller Betroffenen. In diesem Sinne ist Personalwirtschaft in der Tat sowohl unternehmerische Aufgabe, als auch zugleich gesellschaftliche Verantwortung.

Dieses Lehrbuch spricht zwei Zielgruppen an: Studierende der Wirtschaftswissenschaften sowie Praktiker im Personalwesen.

Die einen können sich hoffentlich anhand der vielen Beispiele ein Bild von den Vorgängen in Unternehmen machen. Die anderen werden vielleicht an der einen oder anderen Stelle Parallelitäten zu ihrem eigenen Unternehmen erkennen. Und möglicherweise sind ja die Praxistipps und Werkzeuge für das operative Management für beide Zielgruppen gleichermaßen interessant; für die einen, um ein Instrumentarium für »später« zu besitzen, und für die anderen, um es sofort anzuwenden. Wenn das gelingt, dann hat das Lehrbuch seinen Zweck erfüllt.

Teil 1
Personalwirtschaft als gesellschaftliche Verantwortung

1 Personalwirtschaftslehre heute und in Zukunft

Die Einführung in die Personalwirtschaftslehre soll gleich mit einem Sprung in das kalte Wasser beginnen. Fast wöchentlich erscheinen in den Tageszeitungen Artikel über (drohende) Entlassungen in dem einen oder anderen Unternehmen.

Lesetipp
Recherchieren Sie in der überregionalen Tagespresse Meldungen über betriebliche Personalanpassungen, und notieren Sie sich die Namen der Unternehmen. Suchen Sie anschließend nach ähnlichen, aber etwas älteren Meldungen zu diesen Unternehmen.

Es handelt sich um ein Phänomen, mit dem sich Mitarbeiter in Unternehmen laufend auseinander setzen müssen. Eine zusätzliche Belastung resultiert dabei aus der Tatsache, dass es sich bei derartigen Personalanpassungen nicht etwa um Kündigungen auf Grund individueller, persönlicher Verfehlungen handelt, sondern dass jeder Mitarbeiter unabhängig von seiner Leistung jederzeit davon betroffen sein kann. Das erhöht den Druck weiter, denn es erzeugt ein Gefühl der Ohnmacht und hat etwas Schicksalhaftes, weil man die Konsequenzen auch bei noch so guter eigener Arbeit nicht beeinflussen, geschweige denn abwenden kann.

Man kann nur hoffen, dass die Mitarbeiter in dem betreffenden Unternehmen die geplanten Personalanpassungen wenigstens nicht erst aus der Zeitung erfahren, sondern bereits zuvor persönlich darüber informiert wurden, beispielsweise im Rahmen von Betriebsversammlungen. Unmittelbare Kommunikation ist bei so weitreichenden Veränderungen übrigens nicht nur für die Mitarbeiter wichtig, sondern auch für das Unternehmen von Vorteil, weil es die Akzeptanz erhöhen und Widerstände zumindest reduzieren kann, wenn auch vermutlich nicht ganz vermeiden.

Aber wie auch immer die Personalanpassungen kommuniziert werden, für die betroffenen Mitarbeiter sind das natürlich dennoch stets schlimme Nachrichten; noch dazu, wenn man bedenkt, dass man die Zahlen mal drei, vier oder auch fünf nehmen muss, um zu erkennen, wie viele Menschen davon tatsächlich betroffen sind. Denn nicht nur die Mitarbeiter selbst sind bei Personalabbau in ihrer wirtschaftlichen Existenz zumindest temporär bedroht. Auch deren Familien teilen das gleiche Schicksal. Aber auch damit ist das Problem noch nicht vollständig beschrieben. Denn selbst die im Unternehmen verbleibenden Mitarbeiter – froh, dass es sie nicht getroffen hat – werden sich die Frage stellen, wie oft das wohl noch gut geht, und wann es sie selbst treffen könnte.

Die unternehmerische Notwendigkeit dieser Personalmaßnahmen steht dabei meist außer Zweifel – wenn man von den natürlich auch vorkommenden Managementfehlern einmal absieht. Selbstverständlich kann es notwendig sein, Personal abzubauen, um auf sich verändernde Wettbewerbsbedingungen zu reagieren und das Unternehmen strategisch neu auszurichten. Denn in den immer globaler, volatiler und unübersichtlicher werdenden Märkten gehören eben auch Personalanpassungen mittlerweile zum Standardrepertoire eines jeden Unternehmens. Es handelt sich also um etwas, womit man als angestellter Mitarbeiter rechnen muss.

Und trotzdem kann Personalabbau für das Unternehmen zu einem erheblichen personalwirtschaftlichen Problem werden, wenn die Mitarbeiter derartige Meldungen über die eigene Firma oder auch nur über ähnliche Firmen im Wettbewerbsumfeld vernehmen und sich über ihre eigene Zukunft mehr Sorgen machen, als über die aktuell anstehenden Aufgaben im Unternehmen. Angst lähmt.

Lesetipp

Betrachten Sie Ihre Presse-Recherche zu betrieblichen Personalanpassungen. Wie würden Sie diese Nachrichten als Mitarbeiter des entsprechenden Unternehmens aufnehmen? Welche Gedanken hätten Sie dabei?

Für viele der betroffenen Mitarbeiter stellt sich in jedem dieser Fälle schnell die grundlegende, persönliche Existenzfrage. Aber auch auf die verbliebenen Mitarbeiter haben die wiederkehrenden schlechten Nachrichten eine nicht zu unterschätzende Wirkung. Auf sie muss es wirken, als ob die »Einschläge« immer näher kommen, und als ob es nur eine Frage der Zeit wäre, bis es auch sie einmal treffen könnte.

Gerade die gut ausgebildeten und von allen Unternehmen umworbenen Mitarbeiter werden in dieser Situation die Entwicklungen in ihrem Unternehmen kaum ruhig abwarten. Wahrscheinlicher ist es, dass sie ihr Glück selbst in die Hand nehmen und sich bietende Chancen ergreifen – auch wenn dies zum Nachteil ihres Arbeitgebers sein sollte. Denn in Situationen wie diesen ist sich jeder selbst der Nächste.

So verständlich es ist, dass Unternehmen zu den Personalanpassungen gezwungen sind, so klar ist es auch, dass Mitarbeiter dann ebenfalls nur an sich selbst und nicht an das Unternehmen denken. Je höher qualifiziert und flexibler sie sind, umso leichter fällt ihnen eine Neuorientierung, weil sie als Mitarbeiter für jedes Unternehmen interessant sind.

Es geht nicht darum, die Unternehmen, die derart weitreichende Personalanpassungen durchführen müssen, dafür auf den heißen Stuhl zu setzen. Viele dieser Maßnahmen sind notwendig, ohne dass das betreffende Unternehmen eine unmittelbare Schuld daran träfe. Schließlich sind Marktentwicklung oder auch gesellschaftliche Entwicklung mit Einfluss auf das Marktpotenzial nicht immer vorher- und absehbar. Man denke nur an den gesellschaftlichen Wandel nach der Katastrophe von Fukushima. Es ist also für jedes Unternehmen eine nicht zu unterschätzende Herausforderung, einerseits unternehmerisch zu agieren und sich im Wettbewerbsumfeld zu behaupten, und andererseits mit geeigneten personalwirtschaftlichen Maßnahmen einen ungewollten »brain drain« zu verhindern.

Unternehmen müssen sich auf zwei Märkten gleichzeitig behaupten: nicht nur in ihrem Absatzmarkt, sondern auch auf dem Arbeitsmarkt befinden sie sich heute immer mehr im Konkurrenzkampf um die besten Köpfe. Und das sind nun mal diejenigen Menschen, die sich relativ frei für eine Tätigkeit in dem einen oder auch anderen Unternehmen entscheiden können, weil sie auf dem Arbeitsmarkt nachgefragt sind. Und gerade in Fällen wie dem hier gezeigten, in dem der zeitliche Abstand zwischen zwei pauschalen – und damit für den einzelnen Mitarbeiter nicht durch Leistung und Anstrengung beeinflussbaren – Personalanpassungen ziemlich gering ist, steigt das Risiko auch für das Unternehmen.

Im Ergebnis müssen Unternehmen also einerseits stets flexibel auf sich verändernde Marktbedingungen reagieren, was auch Personalabbau bedeuten kann. Auf der anderen Seite sind jedoch gerade die hochqualifizierten Mitarbeiter in der Lage, ihre ganz persönlichen Ziele unabhängig von den Interessen ihres derzeitigen Arbeitgebers zu realisieren. Das tun sie in umso stärkerem Maße, je unsicherer ihr Verbleib bei ihrem aktuellen Arbeitgeber ist oder zumindest zu sein scheint.

Und so kommt es, dass die Ziele der Mitarbeiter und die Ziele des Unternehmens, für das sie arbeiten, in einem latenten Spannungsverhältnis zueinander stehen. In einem Verhältnis also, in dem es keineswegs sicher ist, dass die Ziele der Mitarbeiter tatsächlich zu den Zielen des Unternehmens passen, und dass die Mitarbeiter tatsächlich die gleichen Interessen verfolgen wie das Unternehmen, bei dem sie angestellt sind.

Unternehmen müssen mit größt möglicher Flexibilität auf sich ändernde strategische Rahmenbedingungen reagieren können. Zugleich haben sie jedoch viele Angestellte, deren größter Wunsch es ist, in genau diesem Unternehmen einen möglichst sicheren Arbeitsplatz zu haben. Um seine Mitarbeiter zu halten, müsste das Unternehmen eine Beschäftigungsgarantie über einen bestimmten, für die Mitarbeiter interessanten Zeitraum anbieten. Das wiederum kann es aber eigentlich nicht, wenn es tatsächlich in der Lage sein will, flexibel auf sich ändernde Rahmenbedingungen reagieren zu können. Dies ist ein klassisches Beispiel dafür, dass die Ziele der Mitarbeiter und die Ziele des Unternehmens stets in einem Spannungsverhältnis zueinander stehen. Die personalwirtschaftliche Herausforderung ist, dieses Spannungsverhältnis durch geeignete Maßnahmen soweit wie möglich aufzulösen, und zwar zum Nutzen aller: dem des Unternehmens und dem seiner Mitarbeiter.

1.1 Das Spannungsfeld der Interessen

Ein Unternehmen wird von seinen Kunden und Investoren daran gemessen, wie ökonomisch es handelt; wie gut es also mit den stets knappen Ressourcen haushält und wie gut es ihm gelingt, aus diesen Ressourcen den größt möglichen Nutzen zu erzielen. Die unternehmerischen Ziele können dabei sehr unterschiedlich sein. Natürlich steht früher oder später immer die Maximierung des Gewinns im Vordergrund. Die Frage ist jedoch, auf welche Weise und über welchen Zeitraum dieser Gewinn maximiert werden kann. Kurzfristige Gewinnmaximierung könnte bedeuten, dass das Unternehmen seine langfristige Wettbewerbsfähigkeit verliert. Denn die schnellste Art, den Gewinn im laufenden Geschäftsjahr zu maximieren, wäre, einfach einen großen Teil der Mitarbeiter zu entlassen. Die Maschinen können nicht einfach abgebaut werden, denn das würde die Produktion lahm legen. Die Anzahl der Mitarbeiter ist schon eher verhandelbar, denn im Gegensatz zu Maschinen kann man Mitarbeiter eine gewissen Zeit lang durchaus auch mal überlasten, ohne ihnen Schaden zuzufügen. Jeder Mensch ist bereit und auch fähig, mal etwas mehr zu arbeiten als ihm vielleicht unmittelbar gut tut; zumindest dann, wenn anschließend auch wieder Phasen der Entspannung kommen. Maschinen kann man jedoch auf keinen Fall und auch nicht kurzfristig überlasten. Sie laufen heiß und gehen kaputt.

Möglich ist es also, den Gewinn eines Unternehmens kurzfristig zu maximieren. Die Frage ist nur, zu welchem Preis. In dem eben genannten Beispiel der Maximierung des Gewinns durch Abbau eines Teils des Personals würde die kurzfristige Gewinnmaximierung zu Lasten der Zukunftsfähigkeit des Unternehmens erfolgen. Das Unternehmen hätte auf Dauer nichts davon, weil es für den kurzfristigen Erfolg sein langfristiges Überleben riskiert. Man muss also bei der Festlegung der ökonomischen Ziele des Unternehmens immer auch die langfristige Wirkung dieser Ziele im Blick behalten.

Andererseits hat es natürlich auch keinen Sinn, nur die langfristige Wirksamkeit der Zielplanung zu betrachten und die kurzfristigen Effekte außer Acht zu lassen. Denn was nützen langfristig attraktive Zielen, wenn das Unternehmen gar nicht lange genug existiert, um davon profitieren zu können? Der Zeitbezug ist also eine ganz wesentliche Komponente bei der Festlegung der ökonomischen Ziele des Unternehmens. Allerdings zeigt schon allein die Frage, wie kurz- oder langfristig die ökonomischen Ziele eines Unternehmens sein sollten, die Vielschichtigkeit des Problems.

Ein Beispiel hierfür ist die andauernde Kontroverse um die Bezahlung von angestellten Geschäftsführern und Vorständen. Viele Vorstände auch und gerade von Großunternehmen haben zeitlich befristete Arbeitsverträge. Welches Interesse haben sie wohl, dass das Unternehmen langfristig prosperiert, wenn sie angesichts der vergleichsweise kurzfristigen Arbeitsverträge erstens nicht absehen können, wie lange sie dem Unternehmen wohl dienen werden, und zweitens üblicherweise mit ihrem Gehalt und Bonus an den Ergebnissen jeweils eines Geschäftsjahres gemessen werden?

Es ist ein Dilemma: sollte man kurzfristig möglichen Gewinn nicht vollständig realisieren, weil es bedeuten könnte, zu Gunsten von langfristigem Profit die eigene Kostenbasis zu sehr zu drücken? Oder sollte man kurzfristigen Gewinn vielleicht sogar auf jeden Fall realisieren, weil die längerfristige Zukunft immer unsicher ist und weil man sonst vielleicht sogar Gefahr läuft, Übernahmekandidat zu werden?

Aber nicht nur die zeitliche Komponente der unternehmerischen Ziele ist vielschichtig. Auch ihr Inhalt ist durchaus nicht immer so klar, wie er erscheinen mag. Natürlich ist Profitabilität ein wichtiges Ziel. Daneben gibt es aber auch noch eine ganze Reihe weiterer unternehmerischer Ziele, wie beispielsweise Wachstum. In vielen Unternehmen ist es schon fast selbstverständlich, dass die Ziele des Vorjahres im darauffolgenden Geschäftsjahr übertroffen werden müssen; insbesondere die vertrieblichen Ziele wie Umsatz, Absatz und Auftragseingang. Aber auch das Wachstumsziel ist kein »Naturgesetz«, wie Max Frisch in seinen berühmt gewordenen 25 Fragen deutlich machte, die er anlässlich der Entgegennahme der Ehrendoktorwürde an der Technischen Universität Berlin am 29. Juni 1987 formulierte. Eine davon lautete: »Die Saurier überlebten 250 Millionen Jahre. Wie stellen Sie sich ein Wirtschaftswachstum über 250 Millionen Jahre vor? Stichworte genügen.«

Ist wirtschaftliches Wachstum also tatsächlich notwendig? Und wenn ja, in welcher Höhe ist es angemessen? All diese Fragen können natürlich nur in einem konkreten Fall beantwortet werden. Aber an dieser Stelle sollen sie ja auch nur zum Ausdruck bringen, wie vielschichtig die ökonomischen Ziele eines Unternehmens sein können. Verallgemeinert ist Grundlage jeder unternehmerischen Zielüberlegung immer die Abwägung zwischen erzielbarem Gewinn auf der einen Seite und den diesem entgegenstehenden Kosten auf der anderen Seite.

Der variabelste Kostenblock eines Unternehmens ist dabei immer die Belegschaft. Denn Mitarbeiter können – wie schon erwähnt – auch schon mal deutlich mehr arbeiten, als ursprünglich im Arbeitsvertrag vereinbart wurde. Oder sie können ihren Arbeitseinsatz stark reduzieren, wenn die Auftragslage gerade weniger gut ist, aber niemand entlassen werden soll. Allerdings können sie natürlich auch mal krank werden. Dann kosten sie, ohne dafür eine produktive Gegenleistung zu erbringen. Insgesamt ist es also ein sehr variabler, um nicht zu sagen stark volatiler Kostenblock des Unternehmens. Vor allem aber ist es ein Kostenblock mit eigenen Vorstellungen und wiederum eigenen Zielen.

Angesichts der Vielfältigkeit der Unternehmensziele, der Volatilität der Mitarbeiterziele und der möglichen Diskrepanz zwischen beiden ist es für das Unternehmen geradezu überlebensnotwendig, die Ziele der Belegschaft und damit die Ziele jedes einzelnen Mitarbeiters zu betrachten, sehr genau zu analysieren und in das unternehmerische Kalkül zu integrieren.

Das Problem ist jedoch, dass die Belegschaft nicht nur als solche bestimmte Ziele verfolgt, sondern dass die Ziele der Mitarbeiter natürlich genauso vielfältig sind wie die Menschen selbst. Ein sicherer Arbeitsplatz, ein ausreichendes oder sogar hohes Gehalt, ein freundlicher Umgang mit Kollegen und Vorgesetzten? All dies sind mögliche persönliche Ziele von Mitarbeitern. Es könnte aber auch sein, dass sie mit ihrem Engagement im Unternehmen ganz andere Ziele verfolgen. Vielleicht ist ja nur der nächste Karriereschritt wichtig, um anschließend den Arbeitgeber zu wechseln. Das könnte zumindest sein.

Die persönlichen Ziele von Mitarbeitern heraus zu finden, ist keine einfache, aber eine äußerst wichtige Aufgabe. Denn eines ist allen individuellen, persönlichen Zielen der Mitarbeiter gemein: sie stehen in latentem Konflikt zu den Zielen des Unternehmens. Profitabilität beispielsweise, also Umsatz minus Kosten, erreicht das Unternehmen am ehesten, wenn die Mitarbeiter viel arbeiten für wenig Geld. Das Interesse des Mitarbeiters ist mit hoher

Wahrscheinlichkeit jedoch genau entgegengesetzt. Aus diesem Grund ist die Kenntnis der persönlichen Ziele jedes einzelnen Mitarbeiters so wichtig. Zusammengefasst und verallgemeinert bezeichnet man diese als soziale Ziele, um den Unterschied zu ökonomischen Zielen des Unternehmens deutlich zu machen.

Die Personalwirtschaftslehre beschäftigt sich mit dem, was der Begriff der Personal-Wirtschaft ausdrückt: dem Spannungsverhältnis zwischen den Interessen der Menschen als dem Personal des Unternehmens und den wirtschaftlichen Interessen des Unternehmens.

Abbildung 1: Das Spannungsfeld der Personalwirtschaft

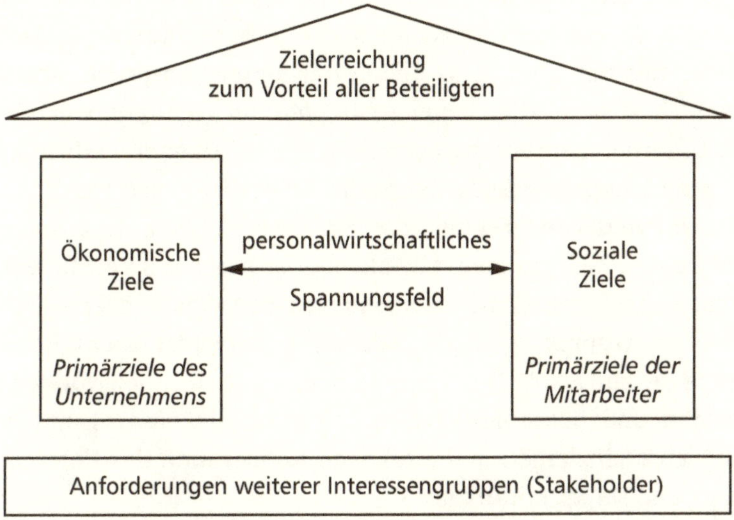

Um das Spannungsfeld zwischen den ökonomischen Zielen als den Primärzielen des Unternehmens und den sozialen Zielen als den Primärzielen der Mitarbeiter aufzulösen, sollte allen Beteiligten stets bewusst sein, dass dies nur im gegenseitigen Einvernehmen geht. Über allem muss daher die Realisierung der Ziele aller Beteiligten stehen. Denn weder das Unternehmen, noch die Mitarbeiter können auf Dauer ihre jeweiligen Ziele zu Lasten und zum Nachteil des jeweils anderen realisieren. Maximale Profitabilität des Unternehmens beispielsweise, ohne dass die Mitarbeiter auch etwas davon haben, wird diese so demotivieren, dass die Besten und Flexibelsten unter ihnen dem Unternehmen über kurz oder lang den Rücken kehren. Aber natürlich ist ebenso wenig akzeptabel, vom Unternehmen ständiges Verständnis dafür zu erwarten, dass der eine oder andere Mitarbeiter meint, gerade nicht so einsatzfähig sein zu können, weil das Wetter draußen so schön ist und er sowieso nicht weiß, was er gerade heute – am Brückentag – im Unternehmen soll, wo doch morgen Feiertag ist und die meisten Kollegen gleich ganz weggeblieben sind, um es einmal etwas überspitzt auszudrücken.

Beide Seiten können ihre jeweiligen Ziele nur unter der Voraussetzung erreichen, dass auch der jeweils andere profitiert. Leider tun sich aber beide Seiten mit diesem Anspruch oftmals ziemlich schwer. Mitarbeiter schimpfen auf »die da oben«, und die Unternehmensleitung betrachtet die Mitarbeiter vielfach nur als eine zu optimierende Kennzahl. Beides ist gleich wenig zielführend und verstärkt nur das Spannungsverhältnis zwischen den beiden Zielsystemen. Vor allem aber beschädigt es die wirtschaftliche Basis, das Fundament aus den Ansprüchen all der anderen Anspruchsgruppen, die als Stakeholder ebenfalls ein Interesse am Erfolg des Unternehmens haben: allen voran die Kunden und Investoren. Deren Erfolg beruht nämlich auf der möglichst effizienten und effektiven Kooperation des Unternehmens und seiner Mitarbeiter.

Die Fähigkeit zur Auflösung des personalwirtschaftlichen Spannungsfeldes zwischen den ökonomischen und den sozialen Zielen innerhalb eines Unternehmens ist Voraussetzung für den Bau eines wirklich stabilen wirtschaftlichen Fundaments, auf dessen Basis das Unternehmen sich erst für die Herausforderungen auf seinen Absatzmärkten wappnen kann. Aber: alle im Unternehmen müssen mitmachen; egal, ob sie als Führungskräfte auch für andere Personen Verantwortung tragen, oder ob sie nur für die Ergebnisse der eigenen Arbeitsleistung verantwortlich sind.

Abbildung 2: Zielbeziehungen im personalwirtschaftlichen Spannungsfeld

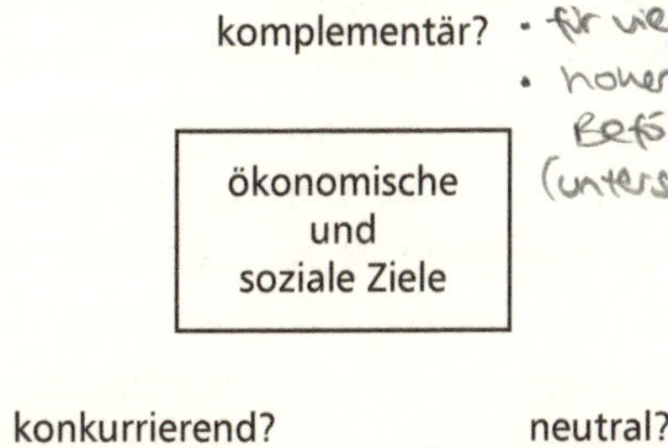

Das Spannungsverhältnis zwischen den ökonomischen und den sozialen Zielen ist dann abgemildert und relativ einfach beherrschbar, wenn das Unternehmen den betreffenden Mitarbeitern für ihre Mitarbeit ein für sie persönlich attraktives Gegenangebot machen kann. Wenn sie also beispielsweise für viel Arbeit auch viel Geld verdienen, oder wenn sie bei hohem persönlichen Einsatz einigermaßen verlässlich damit rechnen können, in naher Zukunft befördert zu werden, oder was auch immer sich die Mitarbeiter von ihrer Arbeit versprechen. In diesem Fall spricht man davon, dass die ökonomischen und sozialen Ziele komplementär sind: sie unterstützen sich gegenseitig.

Problematisch wird es, wenn die ökonomischen Ziele des Unternehmens und die sozialen Ziele der Mitarbeiter zueinander in Konkurrenz stehen. Das ist immer dann der Fall, wenn die Mitarbeiter den Eindruck bekommen, dass sie zwar zum Vorteil des Unternehmens arbeiten, selbst jedoch kaum etwas davon haben; sei es finanziell, wenn das Unternehmen trotz aus ihrer Sicht hoher Gewinne einen ebenfalls aus ihrer Sicht zu geringen Lohn bezahlt, oder aber weil sie sich angesichts immer mal wieder vorkommender Personalanpassungen im Unternehmen ganz allgemein Sorgen um ihre persönliche Zukunft machen.

In diesem leider gar nicht so seltenen Fall kann ein regelrechter Teufelskreis entstehen: wenn die Mitarbeiter nämlich meinen, sich nicht auf das Unternehmen verlassen zu können, arbeiten sie möglicherweise nicht so intensiv, wie sie vielleicht könnten.

Einen Teil ihrer Aufmerksamkeit und Arbeitskraft verwenden sie eventuell darauf, sich außerhalb des Unternehmens umzusehen und bei der nächst besten Gelegenheit die Firma zu wechseln. Stellen sie ihre Arbeitskraft jedoch nicht vollständig zur Verfügung, könnte sich ja aber das Unternehmen gerade deswegen gezwungen sehen, überhaupt erst über Alternativen zu dem betreffenden Mitarbeiter nachzudenken, was wiederum dazu führt, dass der Arbeitsplatz erst recht unsicher ist, und der Mitarbeiter umso mehr Grund hat, sich bedroht zu fühlen, worauf hin er seine Arbeitskraft tatsächlich für die Suche nach Alternativen einsetzt. Ein Teufelskreis, der keinem von beiden hilft und an dem irgendwann auch keiner mehr unmittelbar schuld ist. Konkurrierende Ziele sind immer für alle Beteiligten bedrohlich. Und dennoch kommen sie häufig vor.

Der dritte Fall ist eine eher hypothetische Möglichkeit: dass die ökonomischen und sozialen Ziele neutral zueinander sind. Das kann natürlich theoretisch passieren, wenn es für den Mitarbeiter beispielsweise keinen Unterschied macht, ob er für das Unternehmen intensiv arbeitet oder nicht und es genau deswegen tut, auch wenn er selbst davon nicht profitiert. Ein wie gesagt eher hypothetischer Fall. Denn wenn man davon ausgeht, dass Menschen nur dann für ein Unternehmen arbeiten, wenn sie etwas davon haben, wenn es sich also für sie lohnt, dann ist es unwahrscheinlich, dass sie sich im Unternehmen engagieren, wenn das Engagement keinerlei Auswirkungen auf die Erreichung ihrer persönlichen Ziele hat. Sie würden vermutlich irgendwann überlegen, ob sie sich nicht vielleicht doch in einem anderen Unternehmen um eine Anstellung bemühen sollten; und zwar in einem Unternehmen, in dem ihre Mitarbeit so sehr geschätzt wird, dass es sich positiv auf ihre eigenen Ziele auswirkt. Dies wäre dann wieder ein Fall komplementärer Ziele.

Selbst wenn die Ziele des Unternehmens und die Ziele des Mitarbeiters also neutral zueinander sein sollten, ist es äußerst unwahrscheinlich, dass sie auf Dauer neutral bleiben. Sehr bald werden sie gerade wegen der Neutralität als Konkurrenz wahrgenommen werden. Denn so altruistisch ist kein Mitarbeiter im Unternehmen, dass er sich auf Dauer engagiert, ohne selbst etwas davon zu haben. Zielneutralität ist also in der Tat eine ausgesprochen hypothetische Option. In der Praxis werden sowohl das Unternehmen, als auch seine Mitarbeiter laufend überprüfen, ob ihre jeweiligen Ziele und die des Gegenübers in Konkurrenz zueinander stehen, oder sich (hoffentlich) gegenseitig ergänzen.

1.2 Die personalwirtschaftlichen »W«-Fragen

Ziel der Personalwirtschaft ist es, dafür zu sorgen, dass die Ziele des Unternehmens und die Ziele der Mitarbeiter gleichzeitig und am besten jeweils auch zum Nutzen des anderen realisiert werden können, damit sie gar nicht erst in Konkurrenz zueinander treten. Verantwortlich dafür, dass das auch klappt, ist jedoch nicht nur die Personalabteilung, sondern jede einzelne Person im Unternehmen selbst.

Die Personalwirtschafts*lehre* beschäftigt sich mit den grundlegenden »W«-Fragen der Personalwirtschaft: mit dem »Was«, dem »Wer«, und vor allem mit dem »Wie« dieses personalwirtschaftlichen Ziels.

Bei dem »Was« geht es vor allem um die personalwirtschaftlichen Aufgaben, denen der zweite Teil dieses Moduls gewidmet ist.

Das »Wer« fragt danach, welche Personen im Unternehmen in welchen Funktionen und mit welchen Zielen in die personalwirtschaftlichen Fragestellungen einbezogen werden sollten. Nicht jeder kann und will managen. Manche sind aktiv gestaltende »Träger« der Personalwirtschaft und manche tatsächlich nur Objekte. In diesem Fall ist es allerdings gar nicht so schlimm, »Objekt« zu sein, wie sich noch zeigen wird.

Das »Wie« ist letztendlich die ganz große Frage, vor der alle Unternehmen stehen. Von der Art der Antwort auf diese Frage hängt ab, ob es dem betreffenden Unternehmen gelingt, einen

Wettbewerbsvorteil herauszuarbeiten, weil es in der Lage ist, die guten Leute zu halten und zu motivieren. Und weil es – ganz offen gesagt – auch in der Lage ist, die weniger guten Leute loszuwerden.

Das »Was«: die personalwirtschaftlichen Aufgaben

Die personalwirtschaftlichen Aufgaben sind das Handwerkszeug der Personalwirtschaft. Sie beziehen sich auf die Bereitstellung, den Erhalt und die Förderung der Leistung von Mitarbeitern. Durch sie sollte es möglich sein, gute Mitarbeiter für das Unternehmen zu gewinnen, und sie sowohl zu guter Leistung, als auch zum längerfristigen Verbleib im Unternehmen zu bewegen.

Abbildung 3: Definition personalwirtschaftlicher Aufgaben

> Die personalwirtschaftlichen Aufgaben dienen der Bereitstellung, dem Erhalt und der Förderung der Leistung der Mitarbeiter im Unternehmen.

Bei professioneller Umsetzung dieser Aufgaben wird das Unternehmen über eine Belegschaft verfügen, in der nicht nur jeder einzelne Mitarbeiter leistungsbereit und leistungsfähig die ihm zugedachten Aufgaben erledigen kann, sondern in der die Mitarbeiter auch harmonisch und relativ konfliktfrei zusammen arbeiten. Das ist natürlich der Idealfall, von dem sich die Realität aber nicht zu weit entfernen sollte. Denn schließlich ist es ja die Belegschaft, die all die wichtigen Wettbewerbsfaktoren, wie Marktposition, Innovationsfähigkeit und Produktivität, erarbeitet – oder eben auch nicht.

Die wesentlichen personalwirtschaftlichen Aufgaben sind in Abbildung 4 dargestellt und werden im Laufe des Buches jeweils in einem eigenen Kapitel detailliert erläutert. Für Personalreferenten in Personalabteilungen sind sie das tägliche Handwerkszeug. Aber auch alle anderen Mitarbeiter in den operativen Fachabteilungen sollten zumindest davon gehört haben. Besser wäre es, auch sie würden die personalwirtschaftlichen Aufgaben sicher beherrschen. Denn auch die Personalabteilung kann die Personalbedarfsplanung und die Personaleinsatzplanung nur in Kooperation mit den betreffenden Fachabteilungen sinnvoll durchführen.

Abbildung 4: Übersicht personalwirtschaftlicher Aufgaben

- Personalbedarfsplanung
- Personaleinsatzplanung
- Personalbeschaffung
- Personalabbau
- Personalbeurteilung
- Personalentlohnung
- Personalentwicklung

Bei der Personalbeschaffung, wie beispielsweise dem Bewerbungsgespräch, ist der Chef der jeweiligen Fachabteilung im Allgemeinen sogar federführend dabei; ebenso bei der oftmals euphemistisch als Freisetzung genannten Kündigung von Mitarbeitern, dem Personalabbau. Personalentlohnung ist ein Thema, das sowohl aus Kostengründen, als auch aus Gründen der Gerechtigkeit allerdings normalerweise unternehmensweit geregelt wird, und es ist damit eines der Kernthemen der Personalabteilung. Das Gleiche gilt für die Personalentwicklung, wobei auch hier die operativen Fachabteilungen mitwirken sollten, da Personalentwicklung eng mit der Planung und Entwicklung des Unternehmens als solchem verknüpft ist.

Das »Wer«: die personalwirtschaftlich Verantwortlichen

Die »Wer«-Fragen beziehen sich auf die organisatorische Umsetzung der personalwirtschaftlichen Aufgaben. Ziel des Personalmanagements ist es, dafür zu sorgen, dass die personalwirtschaftlichen Aufgaben so umgesetzt werden, dass sie die übergeordneten unternehmerischen Ziele möglichst optimal unterstützen. Allgemein ausgedrückt soll das Personalmanagement also dafür sorgen, dass das Unternehmen profitabel bestehen und nach Möglichkeit wachsen kann. Damit ist auch klar, dass für das Personalmanagement jede einzelne Person im Unternehmen verantwortlich ist; unabhängig von ihrer hierarchischen Einordnung und operativen Fachfunktion.

Im alltäglichen Sprachgebrauch der Unternehmenspraxis wird der Begriff des Personalmanagements häufig gleichgesetzt mit dem des Personalwesens. Gemeint ist dann meistens die Personalabteilung. Diese hat natürlich eine wichtige Funktion, aber nicht, um dafür zu sorgen, dass das Personal im operativen Tagesgeschäft auch tatsächlich mit Sachverstand organisiert und geleitet wird. Dafür sind alle, und insbesondere die Führungskräfte selbst verantwortlich. Personalmanagement ist der Begriff für diese operative Steuerung des Personals.

Abbildung 5: Definition von Personalwesen, bzw. Personalbereich

Das Personalwesen, bzw. der Personalbereich ist die Organisation der Personalwirtschaft

- als separate Abteilung (Personalabteilung),
- zur Erledigung der personalwirtschaftlichen Aufgaben,
- in kleinen und mittelständischen Unternehmen (KMU) oft auch »nur« Teilaufgabe der Führungskräfte.

Personalwesen hingegen ist der übergeordnete Begriff für die Funktion der Personalabteilung, die in kleineren Unternehmen oft gar nicht als eigene Abteilung, sondern eher als Teilaufgabe einer damit betrauten Führungskraft existiert. Das Personalwesen (in der Abteilungssprache auch Personalbereich genannt) ist dafür verantwortlich, dass die personalwirtschaftlichen Aufgaben professionell erledigt werden; und zwar auch dann, wenn dies im Verantwortungsbereich der operativen Führungskräfte liegt.

Das Personalwesen, bzw. der Personalbereich ist damit ein ganz besonders interessanter Bereich im Unternehmen. Er ist natürlich nicht wichtiger als andere Bereiche, wie z.B. Vertrieb, Marketing, Entwicklung oder Produktion. Aber er hat mit jedem einzelnen dieser Bereiche zu tun und muss die jeweiligen personalwirtschaftlichen Anforderungen aus diesen operativen Fachbereichen sehr genau verstehen, um z.B. die richtigen Mitarbeiter für diese Bereiche zu finden und sie auch richtig weiterzuentwickeln. Aus diesem Grund versteht sich der Personalbereich oft als interner Dienstleister oder auch als interne Beratung.

Abbildung 6: Definition von »Träger der Personalwirtschaft«

Träger der Personalwirtschaft setzen die personalwirtschaftlichen Entscheidungen kooperativ um:

Geschäftsleitung	—	Zielvorgabe
Vorgesetzte	—	Durchführung
Personalabteilung	—	Planung
Betriebsrat	—	Mitbestimmung

Quelle: nach Jung (2006), S. 11

Als »Träger« der Personalwirtschaft werden die Entscheidungsträger auf den verschiedenen hierarchischen Ebenen eines Unternehmens bezeichnet. Auch in diesem Kontext wird nochmal deutlich, dass die Personalabteilung die personalwirtschaftlichen Entscheidungen zwar vorbereiten sowie initiieren kann und in der Umsetzung selbstverständlich beratend zur Seite steht. Verantwortlich für die Umsetzung sind jedoch darüber hinaus auch die Geschäftsleitung, die die Ziele vorgibt, und die jeweiligen disziplinarischen Vorgesetzten, die im operativen Tagesgeschäft bei einem großen Teil der personalwirtschaftlichen Aufgaben aktiv involviert ist. Personalwirtschaft ist daher eine Fachdisziplin, in der alle Funktionsträger im Unternehmen bewandert sein sollten, unabhängig von ihrer eigentlichen Fachexpertise.

Träger der Personalwirtschaft ist jedoch auch der Betriebsrat, dessen Mitwirkungs- und Mitbestimmungsrechte im Betriebsverfassungsgesetz verankert sind. In der Unternehmenspraxis ist sowohl der Zeitpunkt als auch der Grad der Einbindung des Betriebsrats durch die Geschäftsleitung bei betrieblichen Entscheidungen immer wieder ein Politikum, das für Konfliktpotenzial sorgen kann. Aber auch unabhängig von der rechtlichen Lage ist es selbst aus Sicht der Geschäftsleitung sinnvoll, den Betriebsrat bei geplanten Personalmaßnahmen möglichst frühzeitig einzubinden, weil das Unternehmen ja nur bei Abstimmung seiner ökonomischen Ziele mit den sozialen Zielen der Mitarbeiter erfolgreich sein kann. Konkurrenz zwischen ökonomischen und sozialen Zielen erhöht immer das Konfliktpotenzial im Unternehmen und sorgt daher für unnötige und das Unternehmen im Wettbewerb benachteiligende interne Reibungsverluste.

In jeder Hinsicht ist es also wichtig, dass die Träger der Personalwirtschaft die notwendigen personalwirtschaftlichen Entscheidungen kooperativ umsetzen.

Abbildung 7: Definition von »Objekte der Personalwirtschaft«

Personalwirtschaftliche Objekte sind alle im Unternehmen beschäftigten Menschen (Belegschaft / Mitarbeiter / Personal).

Sie sind:	Sie haben:
– Arbeits- und Entscheidungsträger	– Bedürfnisse
– Kooperationspartner	– Werte
– Kostenverursacher	– Ziele
– Gewinnproduzenten	

Quelle: nach Olfert (2005), S. 24 f.; Jung (2006), S. 8 f.

Nun zu den Objekten der Personalwirtschaft: Der Begriff »Objekt« ist eigentlich sehr unpassend, denn Menschen sind niemals Objekte. In diesem Fall ist der Begriff des Objekts jedoch trotzdem sinnvoll, weil er ausdrückt, dass bei der Umsetzung der personalwirtschaftlichen Aufgaben mit den Menschen im Unternehmen etwas passiert, was sie selbst nicht unbedingt beeinflussen können. So erfolgt beispielsweise die Festlegung des Entlohnungssystems, die Entwicklung bestimmter Angebote zur persönlichen Weiterentwicklung der Mitarbeiter, aber auch bereits die Festlegung der erforderlichen Anzahl von Mitarbeitern im Rahmen der Personalbedarfsplanung ohne deren Zutun. Sie werden vielleicht beratend gehört, aber da die personalwirtschaftlich relevanten Entscheidungen in den meisten Fällen unternehmensweit umgesetzt werden, ist die Berücksichtigung aller individuellen Wünsche hierbei kaum möglich.

Insofern ist der Begriff des Objekts durchaus passend. Aber er zeigt damit natürlich auch, mit welch hohem Maß an vorausschauender Verantwortung die personalwirtschaftlichen Maßnahmen geplant und umgesetzt werden müssen. Denn schließlich handelt es sich um ganz besondere Objekte, um solche nämlich mit eigenen Bedürfnissen, eigenen Werten und individuell höchst unterschiedlichen persönlichen Zielen.

Die Objekte der Personalwirtschaft sind natürlich in aller erster Linie Arbeitsträger: In ihren jeweiligen Tätigkeits- und Verantwortungsbereichen erledigen sie die unternehmerisch notwendigen Aufgaben.

Um dies effektiv (d.h. zielorientiert) und effizient (d.h. ressourcenschonend) tun zu können, müssen sie jedoch auch Entscheidungsträger sein. Und die Frage ist dabei nicht, ob ein bestimmter Mitarbeiter überhaupt etwas entscheiden darf oder nicht, sondern bis zu welchem Grad er selbstständig Entscheidungen treffen und umsetzen darf, denn Entscheidungen treffen alle Mitarbeiter, auch auf der untersten Hierarchieebene. Daher muss man sich auch für jedes einzelne »Objekt« der Personalwirtschaft über diesen Punkt Gedanken machen, nicht nur bei Führungskräften.

Darüber hinaus ist jeder Mitarbeiter im Unternehmen Kooperationspartner von anderen Mitarbeitern und damit zugleich auch Kostenverursacher. Unternehmerisch stellt sich daher unmittelbar auch die Frage, wie weit man die innerbetrieblichen Kosten der Abstimmung zwischen den verschiedenen Mitarbeitern (die Transaktionskosten) reduzieren kann, damit die Mitarbeiter auch das sind, was für das Unternehmen am interessantesten ist: Gewinnproduzenten.

Der Begriff des »Objekts« mag negativ klingen, der Inhalt dieses Begriffs ist aber äußerst positiv: Arbeitsträger, Entscheidungsträger, Kooperationspartner, Gewinnproduzent. Und bei richtiger Umsetzung der personalwirtschaftlichen Aufgaben ist er dies auch für beide zugleich: für das Unternehmen und für dessen Mitarbeiter.

Das »Wie«: die Verbindung unterschiedlicher personalwirtschaftlicher Ziele

Die Frage nach dem »Wie« der Personalwirtschaftslehre könnte man auch mit »auf welche Weise« übersetzen. Es klang eben schon bei der Frage an, zu welchem Zeitpunkt man den Betriebsrat involvieren sollte: jede der genannten personalwirtschaftlichen Aufgaben kann man kooperativ und integrativ, oder auch konfrontativ umsetzen. Welchen dieser Wege das Unternehmen und die Mitarbeiter wählen, hängt ganz wesentlich davon ab, welche Philosophie in dem Unternehmen herrscht; wie sich das Unternehmen und seine Mitarbeiter also selbst wahrnehmen, wofür sie stehen und wovon sie überzeugt sind. Diese grundsätzlichen Einstellungsfragen bestimmen das Verhalten der innerbetrieblichen Kooperationspartner untereinander und haben damit zugleich auch Auswirkung auf die Wahrnehmungen externer Partner. Die Unternehmensphilosophie und ihre Umsetzung (die Unternehmenspolitik) prägen das Bild des Unternehmens bei allen Interessengruppen (Stakeholdern): intern wie extern.

Wichtige Stakeholder des Unternehmens sind natürlich die Mitarbeiter. Sie sind an der Unternehmenskultur als für sie sichtbares Zeichen der Unternehmensphilosophie und Unternehmenspolitik interessiert. Die Unternehmenskultur kann sehr unterschiedlich ausgestaltet sein. So herrscht beispielsweise in Unternehmensberatungen manchmal eher eine Kultur der individuellen Leistung, während in sozialen Berufen Leistung natürlich auch zählt, die Kultur jedoch teils eher von einer bestimmten Art und Weise des Umgangs untereinander und mit den Klienten geprägt wird. So unterschiedlich die Unternehmenskulturen sein können, es geht niemals um richtig oder falsch. Das einzige Kriterium, das bei der Beurteilung der Unternehmenskultur zählt, ist, ob sie zu dem Unternehmen und den Mitarbeitern passt oder nicht, ob sich die Mitarbeiter dabei wohl fühlen, und ob das Unternehmen auf diese Weise erfolgreich ist.

Für die Kunden ist das sichtbare Zeichen der Unternehmensphilosophie und der daraus resultierenden Unternehmenspolitik die Unternehmensidentität. Denn für Kunden stellt sich die Frage, ob sie sich mit dem Unternehmen und seinem Verhalten identifizieren können. In diesem Zusammenhang ist durchaus nicht nur das Verhalten des Unternehmens im Markt wichtig, also wie es sich gegenüber den Kunden mit ihren Wünschen oder Problemen verhält, sondern auch, ob es sich gegenüber seinen Mitarbeitern ebenso korrekt verhält wie gegenüber seinen Kunden. Die Werte, die ein Unternehmen nach außen wie auch nach innen transportiert und lebt, bestimmen das mögliche Identifikationspotenzial. Ein sehr aktuelles Thema.

Sowohl bei der Ausgestaltung der Unternehmenskultur, als auch mit Blick auf die Unternehmensidentität ist letztlich die Frage, auf welche Weise das Unternehmen die ökonomischen und sozialen Ziele seiner wichtigsten Stakeholder miteinander verbindet. Das wiederum hängt davon ab, wie es das Verhalten und damit die Einstellungen und Werte seiner als wichtig erachteten Interessengruppen interpretiert. Die daraus resultierenden Handlungsweisen des Unternehmens zeigen seine ethische und moralische Verortung.

Das ethische Grundgerüst eines Unternehmens zu ermitteln und kennen zu lernen ist nicht nur für die Mitarbeiter, Kunden und Investoren wichtig und vielleicht noch für einige weitere Stakeholder, sondern für die gesamte Gesellschaft. Denn jedes Unternehmen ist neben seinen privatwirtschaftlichen Verpflichtungen zugleich auch gesellschaftlicher Akteur, und zwar einer mit einer oftmals erheblichen ökonomischen Macht. Auf Grund dieser Macht müssen Unternehmen nicht nur entscheiden, wie viel Gewinn es in welchem Zeitraum aus seinen unternehmerischen Aktivitäten zu generieren plant, sondern auch auf welche Weise und unter Anwendung welcher Mittel es dies tut.

Die wirtschaftliche Macht zur Gewinnerzielung nur soweit zu nutzen, wie daraus kein Schaden für andere entsteht, ist eine erhebliche ethische und moralische Herausforderung für ein Unternehmen. Denn in dem Moment, in dem es das tut, stellt es sich zumindest bis zu einem gewissen Maße gegen die Interessen seiner Investoren und vielleicht sogar seiner Kunden. Und trotzdem wäre es aus ethischer Sicht gut beraten, dies in bestimmten Fällen dennoch zu tun oder zumindest zu erwägen; nicht auf Grund seiner Rolle als Marktteilnehmer, aber als Mitglied der Gesellschaft.

Das »Wie« der Personalwirtschaft als Frage nach der Art und Weise der Verbindung ökonomischer und sozialer Ziele wichtiger Stakeholder des Unternehmens ist so schwierig zu definieren, weil es wie schon erwähnt kein Richtig und kein Falsch gibt. Die Frage ist einzig, wofür das Unternehmen stehen möchte und wie es wahrgenommen werden möchte. Und manchmal ist die Frage auch nur, womit es »durchkommt«.

Ob es dann tatsächlich mit seinen Handlungsweisen »durchkommt«, kann sich immer erst im Nachhinein erweisen. Diese »ex post«-Betrachtung führt allerdings häufig dazu, dass sich das Unternehmen mit seiner wirtschaftlichen Macht gegen die Interessen anderer durchsetzt.

Ethischer und moralischer wäre eine »Ex ante«-Betrachtung; also zu überlegen, was man tun möchte, was man auf keinen Fall tun wird, selbst wenn es ökonomisch interessant wäre, und wie man von den wichtigen Interessengruppen wahrgenommen werden möchte. Das ist natürlich ein hoher Anspruch. Blickt man jedoch zurück auf die jüngsten Katastrophen mit Unternehmensbeteiligung, wie zum Beispiel das Ölleck im Golf von Mexiko oder der Atomunfall in Fukushima, dann stellt sich die Frage, ob die Gesellschaft nicht viel häufiger »ex ante«-Betrachtungen durchführen sollte.

1.3 Zukünftige personalwirtschaftliche Herausforderungen

Was wird in der Zukunft personalwirtschaftlich wichtig sein? Es gibt sicherlich eine ganze Reihe wichtiger Einflussfaktoren auf die zukünftigen personalwirtschaftlichen Aufgaben und Herausforderungen. Einige davon sind in Abbildung 8 dargestellt.

Abbildung 8: Zukünftige personalwirtschaftliche Herausforderungen

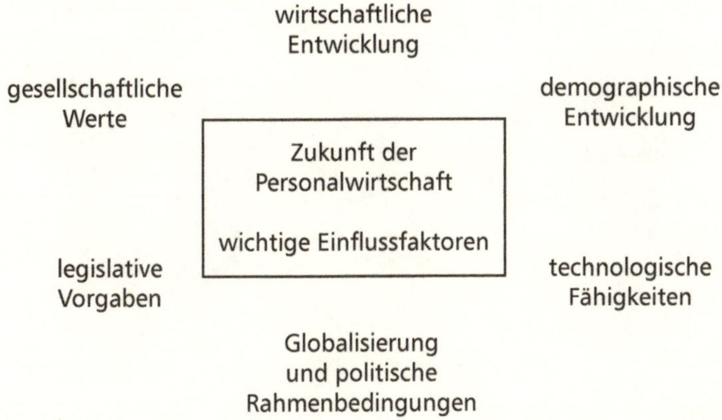

Die Komplexität der Herausforderungen ergibt sich vor allem aus der Tatsache, dass bei all diesen unterschiedlichen Einflussfaktoren nicht nur die Entwicklungen am Standort des Unternehmens berücksichtigt werden müssen, sondern immer auch die auf all seinen Absatzmärkten. Einige dieser personalwirtschaftlichen Herausforderungen können aber selbst innerhalb eines einzigen Zielmarktes äußerst heterogen sein, wie das folgende Beispiel der demographischen Entwicklung verdeutlicht.

Auf der Grafik in Abbildung 9 ist der Altersaufbau der Bevölkerung in Deutschland im Jahr 2009 als Linie dargestellt und der vermutliche Aufbau der Bevölkerung in Deutschland im Jahr 2060 als Fläche markiert, und zwar in zwei verschiedenen Szenarien: links die geringste vermutete Bevölkerungszahl als Untergrenze und rechts die vermutliche Obergrenze. Diese graduellen Unterschiede können hier jedoch vernachlässigt werden. Die Grafik verdeutlicht dennoch sehr prägnant das zunehmende demographische Problem in Deutschland: wenige junge Menschen und zunehmend viele ältere, die früher oder später von den Jüngeren mitfinanziert werden müssen. Für viele Unternehmen ist die abnehmende Bevölkerungszahl im Erwerbsbereich schon jetzt ein großes Problem.

Abbildung 9: Altersaufbau in den Jahren 2009 und 2060

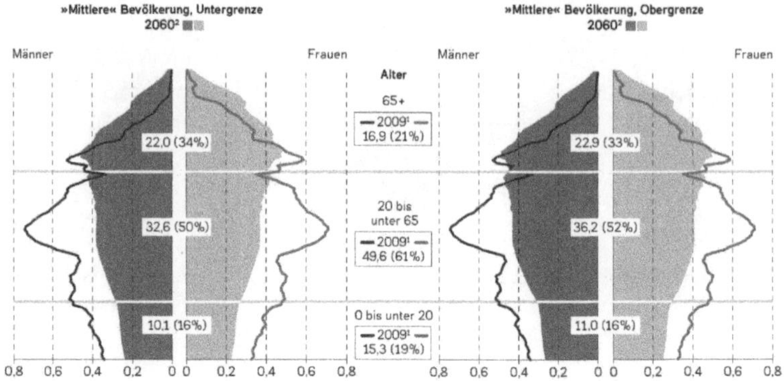

1 Ergebnisse der Bevölkerungsfortschreibung 2009; in Mill. (in %)
2 Ergebnisse der 12. koordinierten Bevölkerungsvorausberechnung; in Mill. (in %)

Quelle: Grobecker, Krack-Roberg, et al. (2011), S. 23

Aus personalwirtschaftlicher Sicht müssen diese Entwicklungen allerdings noch sehr viel genauer untersucht werden. Die Frage ist nämlich außerdem, wie sich die Bevölkerungsstruktur nach Ausbildungsstand, nach Mobilitätsbereitschaft und insbesondere innerhalb des Landes auch geographisch ausdifferenziert. Solche Zahlen liegen zwar vielfach bereits vor. Für die personalwirtschaftlichen Aufgaben werden sie jedoch nicht nur für Deutschland benötigt, sondern für alle Länder auf der Welt, in denen das Unternehmen auf Mitarbeiter angewiesen ist; und innerhalb der Länder ausdifferenziert nach relevanten Regionen. Das ist eine gigantische Herausforderung für das strategische Personalmanagement.

Und nun noch ein zweites Beispiel für die personalwirtschaftlichen Herausforderungen der Zukunft: die Entwicklung der Werte und Einstellungen der Gesellschaft in Bezug auf die privatwirtschaftlichen Unternehmen. Abbildung 10 zeigt einen Vergleich der Faktoren, die der Unternehmer Fayol 1908 als erfolgsbestimmend für einen Betrieb ausgemacht hat, mit denen, die sich Studierende im Jahr 2005 für ihr Berufsleben in einem Unternehmen wünschen. Da stehen Einheit der Leitung, hierarchische

Befehlskette, Festlegung von Machtbefugnissen, Zentralisation, Befehl, Gehorsam und Disziplin Karriere-Kriterien gegenüber, wie zum Beispiel interessante Arbeitsinhalte, Anerkennung der eigenen Leistung, Ausgewogenheit von Arbeit und Privatleben, persönliche Entwicklungschancen, Weiterbildung, Selbstständigkeit und Vereinbarkeit von Familie und Beruf. Unterschiedlicher geht es nicht; und das obwohl zwischen diesen beiden Einschätzungen gerade einmal knapp einhundert Jahre liegen. Das klingt nach viel, es sind aber tatsächlich nur vier Generationen. Die meisten Unternehmen wollen erheblich länger erfolgreich existieren und tun es vielfach auch bereits.

Abbildung 10: Entwicklung der Werte und Einstellungen im Zeitvergleich

1908 Henry Fayol: Erfolgsfaktoren für einen Betrieb	*2005* Studenten über ihre Zukunft: Die wichtigsten Karriere-Kriterien
– Einheit der Leitung – Hierarchische Befehlskette – Festlegung von Machtbefugnissen – Entscheidung über Zentralisation – Befehl und Gehorsam – Disziplin – Planung – hierarchische Organisationsstruktur – Einheit der Ziele und Aktivitäten – Ergebnisplanung auf allen Ebenen	– Interessante Arbeitsinhalte – Anerkennung eigener Leistung – Ausgewogenheit von Arbeit und Privatleben – Entwicklungschancen der eigenen Persönlichkeit – Weiterbildungsmöglichkeiten – Selbständiges Arbeiten – Vereinbarkeit von Familie und Beruf – Arbeitsplatzsicherheit – Verantwortung/Führungsposition – Internationale Kontakte – Hohes Einkommen – Hohes Ansehen/Prestige von Beruf bzw. Position
Quelle: Wren, Bedeian, et al. (2002), S. 912 ff.	Quelle: o.V. (2005)

Wenn man davon ausgeht, dass sich die Wünsche, die Menschen an ihren Arbeitgeber haben, auch in Zukunft weiter entwickeln und verändern werden, dann wird deutlich, wie wichtig die Personalwirtschaft als unternehmerische Funktion ist. Was sind die Konsequenzen? Als Arbeitgeber muss ein Unternehmen mit dem Personalmarkt ebenso professionell umgehen können, wie es sich auf seinen Absatzmärkten bewegt. Es muss für Bewerber jederzeit attraktiv sein, muss sich für seine Mitarbeiter attraktiv halten, damit diese sich entscheiden zu bleiben, und es ist daher darauf angewiesen, dass die personalwirtschaftlichen Aufgaben in allen Unternehmensbereichen und auf allen Hierarchieebenen mit derselben hohen Professionalität umgesetzt werden: heute und in aller Zukunft. Ja, das ist ein hoher Anspruch an die Personalabteilung und an alle operativen Führungskräfte; aber kleiner geht es nicht.

1.4 Zusammenfassung

Trotz seiner größeren wirtschaftlichen Macht erreicht das Unternehmen seine ökonomischen Ziele nur, wenn die Mitarbeiter ihre persönlichen Ziele auch realisieren können. Das ist eine der wesentlichen personalwirtschaftlichen Erkenntnisse. Allerdings herrscht in vielen Fällen ein nicht zu unterschätzendes Konfliktpotenzial zwischen den ökonomischen Zielen des Unternehmens und den zusammengefasst als soziale Ziele bezeichneten Wünschen und Bedürfnissen der Mitarbeiter. Natürlich ergänzen sich im Idealfall die Ziele des Unternehmens und die seiner Mitarbeiter gegenseitig. Häufig konkurrieren sie jedoch miteinander. Personalwirtschaftliche Aufgabe ist es dann, dieses Spannungsfeld zum Vorteil aller Beteiligten so weit wie möglich aufzulösen. Hierfür steht das personalwirtschaftliche Instrumentarium zur Verfügung, das Inhalt dieses Moduls ist.

Kernbestandteil des personalwirtschaftlichen Instrumentariums sind die personalwirtschaftlichen Aufgaben: von der Personalbedarfs- und Personaleinsatzplanung, über Personalbeschaffung und -abbau, bis zu Entlohnungssystemen und Fragen der Personalentwicklung. Zur Umsetzung der personalwirtschaftlichen Aufgaben bedarf es in jedem Fall einer leitenden und steuernden Organisationseinheit: Personalwesen, oder auch Personalbereich genannt. Ob hierfür allerdings tatsächlich eine ganze Personalabteilung zur Verfügung steht, oder dies in kleineren Unternehmen von einzelnen Führungskräften mitübernommen wird, ist sekundär. Wichtig ist nur, dass die personalwirtschaftlichen Aufgaben mit hoher Professionalität umgesetzt werden, und dass sie über die organisationale Verankerung auch einen hohen Stellenwert im Unternehmensgeschehen haben. Die Art und Weise der Ausgestaltung der personalwirtschaftlichen Aufgaben lässt dabei Rückschlüsse auf die Unternehmensphilosophie zu. Diese äußert sich gegenüber den Mitarbeitern des Unternehmens als Unternehmenskultur. Von außen ist eher das Verhalten des Unternehmens als solches sichtbar und lässt Rückschlüsse auf seine ethische und moralische Disposition zu. Die Personalwirtschaft ist damit trotz ihrer innerbetrieblichen Ausrichtung ein durchaus sichtbarer Faktor der Unternehmensführung. Ihr Ergebnis sollte für alle Beteiligten im Unternehmen, aber auch für externe Interessengruppen wie Kunden, Investoren und die Gesellschaft als solche gleichermaßen nützlich und wertvoll sein.

Die zukünftigen personalwirtschaftlichen Herausforderungen sind vielfältig. Einige, wie beispielsweise der demographische Wandel und die Entwicklung der Einstellungen und Werte von Menschen in Bezug auf das Unternehmen, in dem sie arbeiten, sind in diesem einführenden Kapitel beispielhaft skizziert worden. Insgesamt sollte deutlich werden, dass Personalwirtschaft in mehrerer Hinsicht ein wesentlicher Faktor erfolgreicher Unternehmensführung und ein differenzierendes Merkmal im Wettbewerb sein kann.

Vorausberechnet und rechnerisch prognostiziert werden kann der Einfluss einer professionellen personalwirtschaftlichen Arbeit auf das Unternehmensergebnis jedoch nicht. Das macht die Argumentation für eine Investition in die innerbetriebliche Personalarbeit oftmals schwierig. Der finanzielle und personelle Aufwand lohnt sich aber dennoch. Denn die Mitarbeiter sind die wertvollste Ressource des Unternehmens; und die volatilste.

2 Sozialgeschichte und Geschichte der Arbeit

In praktisch allen Unternehmen ist das Geschehen heutzutage geprägt von einer Philosophie der gegenseitigen Rücksichtnahme und des gegenseitigen Respekts. Rücksichtnahme nicht nur auf die Wünsche der Kunden des Unternehmens, sondern auch auf die der Mitarbeiter. Und Respekt für die Ziele der Mitarbeiter sowie dafür, dass ihre Ziele nicht unbedingt immer und zu jedem Zeitpunkt mit denen des Unternehmens, für das sie arbeiten, übereinstimmen müssen. Meistens ist es nicht weiter schwer, die Ziele der Mitarbeiter auch dann zu berücksichtigen, wenn sie nicht vollständig zu denen des Unternehmens passen. Denn Diskrepanzen sind eher zeitlicher Natur und daher auflösbar.

Sollten die Ziele des Unternehmens und die seiner Mitarbeiter aber doch einmal miteinander konkurrieren, dann steht ein breites Instrumentarium personalwirtschaftlicher Maßnahmen zur Verfügung, um die unternehmerischen Notwendigkeiten umzusetzen, ohne sie gegen die Interessen der Mitarbeiter durchsetzen zu müssen.

Die Überzeugung, dass ein Unternehmen nur dann erfolgreich ist, wenn auch seine Mitarbeiter sich selbst entsprechend ihrer persönlichen Wünsche und Bedürfnisse als erfolgreich betrachten können, ist zu einer allgemein gültigen Philosophie geworden; eine Philosophie, die zwar nicht immer und zu jedem Zeitpunkt auch umgesetzt wird, der jedoch grundsätzlich vermutlich alle Menschen, die in privatwirtschaftlichen Unternehmen beschäftigt sind, zustimmen würden.

Und dennoch ist das Vorhandensein des heutigen personalwirtschaftlichen Instrumentariums keineswegs selbstverständlich. Immerhin hat seine Entwicklung fast zweihundert Jahre gedauert.

2.1 Die Entstehung der Industrialisierung

Die besondere Schwierigkeit lag darin, die in der Industrialisierung faktisch unbeschränkte Macht der vermögenden Fabrikbesitzer so zu begrenzen, dass die Humanität einer aufgeklärten Gesellschaft auch in Arbeitsverhältnissen, die von wirtschaftlicher und persönlicher Abhängigkeit gekennzeichnet sind, stets gewahrt bleibt. Denn da es die industrielle Welt heutigen Zuschnitts vor 1800 ganz einfach noch nicht gab[1], fehlten auch Vorbilder zur Gestaltung der Veränderung in den Arbeitsprozessen von der Kleinstfertigung im Handwerk zur Massenfertigung industriellen Maßstabs.

Um zu verstehen, warum es solange gedauert hat, ein funktionierendes System von Einschränkungen persönlicher Handlungsfreiheiten im Interesse der Allgemeinheit zu etablieren, und warum die personalwirtschaftlichen Grundsätze in heutigen Unternehmen so aufgebaut sind, wie sie es sind, ist es wichtig, ihre Entstehungsgeschichte zu kennen. Vor allem aber ist es wichtig, sich mit der geschichtlichen Entwicklung der Arbeitsbeziehungen, mit der Geschichte der Arbeit also, und der damit unmittelbar zusammenhängenden Sozialgeschichte seit der frühen Industrialisierung zu beschäftigen. Denn nur das Wissen um vergangene Fehler kann zukünftige Fehler vermeiden.

Mechanisierung und Technisierung der Produktion

Mit der Erfindung der Dampfmaschine und der Eisenbahn sowie mit der Entwicklung mechanischer Produktionsverfahren waren die technischen Voraussetzungen für industrialisierte Produktionsverfahren zu erheblich geringeren Transaktionskosten für alle Marktteilnehmer gegeben. Menschliche Arbeitskraft konnte durch dampfgetriebene Maschinen ersetzt werden, standardisierte Massenproduktion konnte die Nachfrage zu erschwinglicheren Preisen befriedigen, und mithilfe der Eisenbahn wurden auch die Güter- und Handelsströme wesentlich vereinfacht.[2] Dies in Verbindung mit der Möglichkeit zu freierem Handel und damit auch zu freierem Aufbau von privatem Vermögen führte in England bereits Mitte des 18. Jahrhunderts, und damit im Vergleich zu anderen europäischen Staaten relativ früh, zu industrialisierten Strukturen.

Der Vorteil der Mechanisierung und Technisierung der Produktion mit Hilfe der Dampfmaschine war die Möglichkeit, die Nachfrage der zu jener Zeit ebenfalls stark wachsenden Bevölkerung bedienen zu können.

Ein Zurück in die alte Ständegesellschaft war jedoch natürlich nicht mehr möglich.[3] Es kam also fortan darauf an, diesen technischen Wandel und den damit einhergehenden Wandel der Arbeitsweisen und Arbeitsbedingungen zu gestalten; ein Wandel, der in kürzester Zeit von Zünften und Landwirtschaft zu industrieller Produktion führte.

Handwerkliche Zunftbetriebe waren kleine Betriebe, in denen Menschen in unmittelbarem und direktem persönlichem Kontakt gemeinsam an der Herstellung des kompletten Produktes arbeiteten. Die wenigen Personen in einem solchen Betrieb kannten sich untereinander sehr gut, und wenn es nicht gerade grundsätzliche Probleme gab, dann achtete man auch aufeinander und auf das Wohlergehen aller. Die Manufaktur fand im eigenen Haus oder in einem kleinen Betrieb statt. Die Arbeit wurde gemeinsam organisiert und aufgeteilt. Der großen Konkurrenz der mechanisierten und industrialisierten Massenproduktion zu minimalisierten Transaktionskosten hatten diese kleinen Handwerksbetriebe aber natürlich nichts entgegenzusetzen. Denn in der industriellen Produktion herrschte eine vollkommen andere Arbeitsorganisation.

Die industriellen Strukturen waren geprägt von einer sehr ungleichen Machtverteilung. Hier die wohlhabenden Besitzer des Produktivvermögens, also z.B. der Fabrikanlagen. Dort die schlecht bis gar nicht ausgebildeten Arbeitskräfte, die nichts anderes anzubieten hatten, als ihre physische Arbeitskraft. Weil die Arbeitskräfte durch sprunghaftes Bevölkerungswachstum und durch eine allgemeine Landflucht zudem auch noch in großer Zahl zur Verfügung standen, konnten die Fabriken bei minimalsten Arbeitskosten enorm effizient produzieren. Durch das Überangebot an Arbeitskräften und der daraus resultierenden Entlohnung nahe des Existenzminimums, verschärfte sich das Problem der ungleichen Machtverteilung natürlich weiter und mündete schließlich in einer erheblichen sozialen Schieflage.

Letztendlich bildete sich ein sogenannter »Vierter Stand« von Lohnarbeitern heraus, die tagtäglich bis zur Erschöpfung arbeiteten und dennoch aufgrund der Bevölkerungsentwicklung und der Landflucht jederzeit und sofort gegen andere Lohnarbeiter ausgetauscht werden konnten. Diese Menschen, die nur über ihre Arbeitskraft verfügten und sonst nichts anzubieten hatten, waren den Besitzern der Fabriken auf Gedeih und Verderb ausgeliefert. Das führte gerade in den Hochburgen der Industrialisierung, wie zum Beispiel Manchester, so weit, dass die Menschen nach nur wenigen Jahren der Berufstätigkeit körperlich berufsunfähig wurden. Wenn man bedenkt, dass eine funktionierende Arbeitsschutzgesetzgebung praktisch nicht existent und Kinderarbeit zu dieser Zeit normal war, dann ist das schon eine katastrophale Entwicklung. Für diese Auswüchse der frühen Industrialisierung etablierte sich dann auch der Begriff des Manchester-Kapitalismus.

Natürlich gab es auch Ausnahmen. Robert Owen, der Besitzer der Fabrik in New Lanark bei Edinburgh, führte beispielsweise bereits zu Beginn des 19. Jahrhunderts für die damalige Zeit sehr weit reichende Arbeitsschutzregelungen für seine Mitarbeiter ein. So arbeiteten in seiner Fabrik beispielsweise keine kleinen

Kinder. Für seine Arbeiter richtete er Abendschulen ein, damit diese sich fortbilden konnten. Außerdem organisierte er eine Einkaufskooperative für Lebensmittel sowie sonstige Utensilien des täglichen Bedarfs, und gab den Preisvorteil des Einkaufs in dem kleinen Laden auf seinem Fabrikgelände an seine Arbeiter weiter. All das war für die damalige Zeit ungewöhnlich fortschrittlich.

Das grundlegende Problem blieb jedoch bestehen: die Arbeiter waren auch in diesem Fall dem Fabrikbesitzer persönlich und wirtschaftlich ausgeliefert und von dessen Wohlwollen abhängig. Die Arbeiter in New Lanark hatten zwar Glück, aber das allein ist natürlich keine ausreichende Basis für eine akzeptable personalwirtschaftliche Organisation eines Betriebs.

Das neue Denken als Voraussetzung für die Industrialisierung

Aber wie kam es eigentlich zu dieser plötzlichen Industrialisierung, die die Lebens- und Arbeitsverhältnisse der Menschen so grundlegend änderte, dass es für sie einen gerade schon revolutionären Charakter haben musste? Die Technisierung ist eine Erklärung. Ihr voran ging jedoch ein grundlegender Wandel im Denken der Menschen.

Mit der Aufklärung gewann das Vernunftprinzip als grundlegendes Denkmuster erheblich an Bedeutung, und mit ihm auch die Vorstellung von der Berechenbarkeit aller Dinge: Rationalismus genannt.

Das damit einhergehende positivistische Streben nach der Erforschung und möglichst exakten Feststellung von Tatsachen mündete schließlich in Pragmatismus und Utilitarismus: in dem Wunsch nach praktischer Anwendung des theoretischen Wissens und im Streben, daraus einen Nutzen zu ziehen.[4]

Diese neuen Denkmuster waren die vielleicht wichtigste Voraussetzung für den technischen Fortschritt und damit für die Industrialisierung. Dass es dabei nicht nur zur Industrialisierung der Gesellschaft, sondern zu einer regelrechten industriellen Revolution gekommen ist, hat sicherlich sehr viel mit dem Freiheitsbegriff zu tun, der in der zweiten Hälfte des 18. Jahrhunderts sowohl im politischen, als auch fast parallel dazu im ökonomischen Bereich Einzug in das Denken hielt.

2.2 Der Freiheitsbegriff in der Industrialisierung

Im Jahre 1762 formulierte Rousseau seine Vorstellung von einem Staat, der auf dem Vernunftprinzip aufbauend Freiheit und Gleichheit aller Menschen garantiert. Sein »Gesellschaftsvertrag« lautet:

> *»Da sich Menschen zur Erhaltung ihrer Freiheit und Gleichheit zum Staat zusammenschließen, ruht die Staatsgewalt beim Volk, die Regierenden sind seine Funktionäre, Gesetze bedürfen der Zustimmung aller; denn die Volkssouveränität ist absolut, unteilbar, unveräußerlich und bekundet sich in der Volonté générale (allgemeinen Wille der Nation), die auf das Beste aller abzielt, also immer richtig und mit dem Einzelwillen identisch ist. Freiheit existiert nur in der Gleichheit, d.h. im Anerkennen des allgemeinen Willens. Dieser ist nicht identisch mit der Volonté de tous (Summe der egoistischen Einzelwillen), er kann auch von einer Minderheit für die Allgemeinheit vertreten werden.«*[5]

Liberalismus nach Adam Smith

Nur vierzehn Jahre später, also praktisch zur selben Zeit, schrieb Adam Smith sein berühmt gewordenes Buch »der Wohlstand der Nationen«, in dem er als Ursache des Wohlstandes die Arbeit ausmachte und dann ebenfalls mit dem Begriff der Freiheit argumentierte. Nach Smith werden Güter aus natürlichem Selbstinteresse erzeugt und zu einem Marktpreis angeboten, der sich wie von selbst aus Angebot und Nachfrage ergibt. Diese Eigenständigkeit des Marktes, der aus sich selbst heraus handelt, bezeichnet

Smith sogar als »Naturgesetz«; als etwas also, dessen Richtigkeit sich aus einer natürlich Ordnung ergeben würde und daher nicht sinnvoll diskutiert oder sogar bezweifelt werden kann. Freie Konkurrenz und freier Handel auf einem freien Markt sorgen nach Smith für soziale Harmonie und Gerechtigkeit.[6]

Auch wenn dieser Klassiker der Wirtschaftswissenschaften damit sicherlich verkürzt wiedergegeben worden ist, wird doch aus seiner Grundthese, dass die Wirtschaftsteilnehmer die Freiheit haben sollten, im Markt tun und lassen zu können, was sie wollen, deutlich, wie es zu den sozialen Schieflagen in der Zeit der Industrialisierung kommen konnte. Denn die reine Marktfreiheit berücksichtigt in keiner Weise die unterschiedlichen Startbedingungen der Marktteilnehmer. Wie sollen die Angehörigen des vierten Standes, die jeden einzelnen Tag solange und so hart arbeiten müssen, dass ihnen tatsächlich keine Zeit bleibt, sich zu bilden, jemals aus ihrer prekären Situation herauskommen? Sie konnten ja noch nicht einmal dafür sorgen, dass es ihren Kindern in Zukunft besser geht. Denn auch diese mussten bereits von frühestem Kindesalter an täglich in den Fabriken arbeiten.

Dieser ökonomische Freiheitsbegriff, der die Freiheit des Marktes als natürliche und unantastbare Ordnung ansah, ist unter dem Begriff des Markt-Liberalismus bekannt geworden. Weil er für viele Generationen in einer ziemlich negativen Weise lebensbestimmend geworden ist, ist es notwendig, ihn im Folgenden noch ein wenig genauer zu betrachten.

Adam Smith schreibt im vierten Buch seines Werkes zum Wohlstand der Nationen über die Systeme der politischen Ökonomie:

> *»... So wird in jeder Wirtschaftsordnung, in der durch besondere Förderung mehr volkswirtschaftliches Kapital in einzelne Erwerbszweige gelenkt werden soll, als von selbst dorthin fließen würde oder durch außerordentliche Beschränkung Teile des Kapitals von Branchen ferngehalten werden, in denen sie sonst investiert worden wären, in*

Wirklichkeit das Hauptziel unterlaufen, das man zu fördern vermeint. Sie verzögert den Fortschritt des Landes zu Wohlstand und Größe, anstatt ihn zu beschleunigen, und sie verringert den wirklichen Wert des Jahresprodukts aus Boden und Arbeit, statt ihn zu vergrößern.

Gibt man daher alle Systeme der Begünstigung und Beschränkung auf, so stellt sich ganz von selbst das einsichtige und einfache System der natürlichen Freiheit her. Solange der Einzelne nicht die Gesetze verletzt, lässt man ihm völlige Freiheit, damit er das eigene Interesse auf seine Weise verfolgen kann und seinen Erwerbsfleiß und sein Kapital im Wettbewerb mit jedem anderen oder einem anderen Stand entwickeln oder einsetzen kann. Der Herrscher wird dadurch vollständig von einer Pflicht entbunden, bei deren Ausübung er stets unzähligen Täuschungen ausgesetzt sein muss und zu deren Erfüllung keine menschliche Weisheit oder Kenntnis jemals ausreichen könnte, nämlich der Pflicht oder Aufgabe, den Erwerb privater Leute zu überwachen und ihn in Wirtschaftszweige zu lenken, die für das Land am nützlichsten sind.

Im System der natürlichen Freiheit hat der Souverän lediglich drei Aufgaben zu erfüllen, die sicherlich von höchster Wichtigkeit sind, aber einfach und dem normalen Verstand zugänglich: Erstens die Pflicht, das Land gegen Gewalttätigkeit und Angriff anderer unabhängiger Staaten zu schützen, zweitens die Aufgabe, jedes Mitglied der Gesellschaft soweit wie möglich vor Ungerechtigkeit oder Unterdrückung durch einen Mitbürger in Schutz zu nehmen oder ein zuverlässiges Justizwesen einzurichten, und drittens die Pflicht, bestimmte öffentliche Anstalten und Einrichtungen zu gründen und zu unterhalten, die ein einzelner oder eine kleine Gruppe aus eigenem Interesse nicht betreiben kann, weil der Gewinn ihre Kosten niemals decken könnte, obwohl er häufig höher sein mag als die Kosten für das ganze Gemeinwesen.«[7]

Die beiden wesentlichen Passagen in diesem Text von Adam Smith sind der Hinweis auf die völlige Freiheit des Einzelnen, das eigene Interesse zu realisieren, solange er nicht Gesetze verletzt. Und als Zweites die Beschreibung der Aufgabe des Staates, »jedes Mitglied der Gesellschaft so weit wie möglich vor Ungerechtigkeiten oder Unterdrückung durch einen Mitbürger in Schutz zu nehmen«.

Im Prinzip ist damit für alle gesorgt. Die völlige Freiheit des Einzelnen sorgt dafür, dass die Besitzer des Produktivvermögens und die gut ausgebildeten Leistungsträger bereit sind, sich in der Gesellschaft und für die Gesellschaft zu engagieren. Und auf der anderen Seite sorgt der Staat mit seiner Gesetzgebung für das notwendige Maß an Gerechtigkeit.

Auswirkungen der ökonomischen Freiheit

Diese Koexistenz von Freiheit und Gerechtigkeit setzt allerdings voraus, dass die existierenden Gesetze die Menschen auch tatsächlich vor Ungerechtigkeiten und Unterdrückung schützen. Und zwar auch im Arbeitsleben.

Das war allerdings damals nicht der Fall. Und so kam es, dass mehr als einhundertfünzig Jahre lang der eigentlich gut gemeinte Freiheitsbegriff in der ökonomischen Welt zu Ausbeutung und zu fast schon menschenverachtenden sozialen Schieflagen geführt hat, wie die folgenden Fotos vom Anfang des 20. Jahrhunderts eindrucksvoll und zugleich bedrückend dokumentieren.

Auf Abbildung 11, einem Foto aus dem Jahre 1910, kann man sehen, wie ein siebenjähriger Junge abends um halb zehn in New York auf der Straße Zeitungen verkauft. Er hilft einem älteren Jungen aus und steht dort immer bis abends um 10:00 Uhr. Das Foto stammt aus einer ganzen Reihe von Aufnahmen des Fotografen Lewis Hine über Kinderarbeit in den USA zu Beginn des 20. Jahrhunderts. Es zeigt die äußerst prekäre Lage vieler Kinder in einer Zeit, in der die fast absolute ökonomische Freiheit maßgeblich war.

Abbildung 11: Kinderarbeit

»Jerald Schaitberger of 416 W. 57th St. N.Y. who helps an older boy sell papers until 10 P.M. on Columbus Circle. 7 yrs. old. 9:30 P.M., October 8, 1910. Location: New York, New York (State).« Lewis W. Hine, Library of Congress, Prints & Fotographs Division, National Child Labor Committee Collection, Repr.Nr. LC-DIG-nclc-03620, no known restrictions on publication.

Mit Sicherheit entsprach die nach Adam Smith mit der Freiheit korrespondierende Gerechtigkeit der Gesetzeslage. Aber sie ließ eben auch Kinderarbeit bereits ab dem frühesten Kindesalter zu. Diese war sogar normaler Bestandteil des alltäglichen Straßenbildes, wie man hier sehen kann.

Vermutlich ist diese Arbeit nicht allzu schwer, und auch heute tragen Jugendliche schon mal Zeitungen aus, um ihr Taschengeld aufzubessern. Und könnte man in Bezug auf die späte Abendzeit nicht auch mal ein Auge zudrücken? Nun, wenn ja, wie wäre es dann mit dem folgenden Beispiel von Kinderarbeit?

Das Foto aus Abbildung 12 wurde im November 1910 aufgenommen und zeigt ein Kind, das am Webstuhl in einer Textilfabrik arbeitet. Auch dieses Bild stammt von Lewis Hine, der im

Auftrag des Nationalen Komitees für Kinderarbeit in den USA dokumentierte, wie Kinder im ganz regulären Produktionsablauf in Fabriken tagtäglich und von morgens bis abends schuften mussten.

Abbildung 12: Kinderarbeit

»A young doffer working in Central Mills. Location: Sylacauga, Alabama.« Lewis W. Hine, Library of Congress, Prints & Fotographs Division, National Child Labor Committee Collection, Repr.Nr. LC-DIG-nclc-01956, no known restrictions on publication.

Kinder arbeiteten aber nicht nur auf der Straße und in Fabriken, sondern sehr oft auch in Bergwerken. Für den Arbeitsablauf in Bergwerken haben Kinder nämlich einen großen Vorteil: weil sie noch nicht so groß sind, passen sie problemloser auch durch niedrigere Stollen.

So wie das in Abbildung 13 portraitierte Kind beispielsweise, das im Oktober 1908 in einer Mine in West Virginia fotografiert wurde – übrigens nicht am Mineneingang, sondern etwa eineinhalb Kilometer tief im Inneren der Mine. Auf dem Foto kann man sehen, wie niedrig der Stollen ist. Selbst das Kind muss sich bücken und steht deswegen etwas nach vorne gelehnt, wie Lewis Hine sein Foto beschreibt.

Abbildung 13: Kinderarbeit

»Trapper Boy, Turkey Knob Mine, Macdonald, W. Va. Boy had to stoop on account of low roof, Foto taken more than a mile inside the mine. Witness E. N. Clopper. Location: MacDonald, West Virginia.« Lewis W. Hine, Library of Congress, Prints & Fotographs Division, National Child Labor Committee Collection, Repr.Nr. LC-DIG-nclc-01070, no known restrictions on publication.

Abbildung 14 zeigt ein Mädchen, das in einer Textilfabrik arbeitet. Lewis Hine hat es überschrieben mit: ein flüchtiger Blick in die Welt da draußen. Das Mädchen sagte ihm, dass es 10 Jahre alt sei und bereits seit einem Jahr in der Textilfabrik arbeite.

Abbildung 14: Kinderarbeit

»Rhodes Mfg. Co., Lincolnton, N.C. Spinner. A moments glimpse of the outer world Said she was 10 years old. Been working over a year. Location: Lincolnton, North Carolina.« Lewis W. Hine, Library of Congress, Prints & Fotographs Division, National Child Labor Committee Collection, Repr.Nr. LC-DIG-nclc-01345, no known restrictions on publication.

In Abbildung 15 ist ein vierzehnjähriges Mädchen zu sehen, das gleich sechs Textilmaschinen bedient.

Gerade die Arbeit in Fabriken war zudem auch noch alles andere als ungefährlich. Insbesondere die Lederriemen, die die Maschinen antrieben, bargen ein hohes Verletzungsrisiko.

Im Vordergrund dieses Fotos kann man einen solchen Lederriemen sehen, der selbst wiederum von Lederriemen und Übertragungsrollen unter der Decke der Maschinenhalle angetrieben wird. Alle Riemen bewegten sich schnell und standen unter hoher Spannung. Wenn einer davon riss, dann konnten die Verletzungen schwer und der folgende Verdienstausfall angesichts mangelhafter Vorsorgesysteme existenzbedrohend sein. Das Bild wurde im November 1913 aufgenommen.

Abbildung 15: Kinderarbeit

»Fourteen year old spinner in a Brazos Valley Cotton Mill at West. Matty Lott runs six sides.« Lewis W. Hine, Library of Congress, Prints & Fotographs Division, National Child Labor Committee Collection, Repr.Nr. LC-DIG-nclc-02873, no known restrictions on publication.

Das Foto in Abbildung 16 vom Oktober 1908 trägt den Titel: den Jüngeren etwas beibringen. Es zeigt ein etwa neun bis zehn Jahre altes Kind, dem der Chef der Glasbläserei die Technik des Glasblasens beibringt. Der Chef ist übrigens bereits seit 30 Jahren Glasbläser und hat selbst im Alter von etwa 10 Jahren damit angefangen, wie Lewis Hine notierte.

Dieses Bild ist ein gutes Beispiel dafür, dass es sich bei Kinderarbeit tatsächlich um ein viele Generationen umfassendes Problem handelte, aus dem es für die Betroffenen kaum eine Möglichkeit des Entkommens gab. Denn weil sie bereits als Kinder tagtäglich unter teils extremen Bedingungen, wie zum Beispiel in der Bergmine oder auch hier in dem körperlich anstrengenden Beruf des Glasbläsers, arbeiten mussten, hatten sie keine Zeit, zur Schule zu gehen, und damit auch keine Möglichkeit, sich aus diesen prekären Arbeitsverhältnissen heraus zu qualifizieren.

Abbildung 16: Kinderarbeit

»›Teaching the young idea.‹ The Boss (who began at 10 years of age, and has been at it for 30 years) showing a beginner (who is apparently 9 or 10). Location: Morgantown, West Virginia.« Lewis W. Hine, Library of Congress, Prints & Fotographs Division, National Child Labor Committee Collection, Repr.Nr. LC-DIG-nclc-01198, no known restrictions on publication.

Und in Abbildung 17 noch abschließend ein kleines Mädchen, das »seine« Maschinen bedient wie ein alter Hase, wie Lewis Hine berichtet, der das Foto am 3. Dezember 1908 aufgenommen hat.

Er schildert weiter, dass gerade als er das Foto machte, ein Aufseher vorbeikam, der in einem entschuldigenden und pathetischen Tonfall sagte, dass dieses Mädchen nur zufällig gerade vorbeigekommen sei.

Lewis Hine schreibt weiter, dass die Textilfabriken ganz offenbar voll von kleinen Kindern seien, die nur gerade »zufällig vorbei gekommen seien«, oder nur gerade »ihrer Schwester helfen«. Und Hine kann sogar Zeugen benennen, die die Situation ebenfalls beobachtet haben.

Kinderarbeit war normaler Bestandteil des öffentlichen Lebens; und das über sehr viele Generationen.

Abbildung 17: Kinderarbeit

»A little spinner in the Mollohan Mills, Newberry, S.C. She was tending her ›sides‹ like a veteran, but after I took the Foto, the overseer came up and said in an apologetic tone that was pathetic, ›She just happened in.‹ Then a moment later he repeated the information. The mills appear to be full of youngsters that ›just happened in,‹ or ›are helping sister.‹ Dec. 3, 08. Witness Sara R. Hine. Location: Newberry, South Carolina.« Lewis W. Hine, Library of Congress, Prints & Fotographs Division, National Child Labor Committee Collection, Repr.Nr. LC-DIG-nclc-01451, no known restrictions on publication.

Neoliberalismus nach Alexander Rüstow

Die Verlagerung des Denkens auf das Vernunftprinzip, die rasant voranschreitende Technisierung durch das Interesse an der Wissenschaft, daran wie etwas funktioniert und wozu man es nutzen kann, ermöglichten eine erhebliche Steigerung der Effizienz in der Produktion von Gütern. Die langsame und ineffiziente Werkstattfertigung eines Handwerkers wurde von effizienter Produktion im industriellen Maßstab abgelöst. Die Überwindung absolutistischer Herrschaftsordnungen und die damit einhergehende Freiheit des Handels ermöglichten Wohlstand auch für Bevölkerungsschichten, die davon bisher ausgeschlossen waren. Die wirtschaftliche Freiheit ermöglichte es jedem, der über entsprechende wirtschaftliche Ressourcen verfügte, dass er »das eigene Interesse auf seine Weise verfolgen kann und seinen Erwerbsfleiß und sein Kapital im Wettbewerb mit jedem anderen oder einem anderen Stand entwickeln oder einsetzen kann« – wie es Adam Smith ausdrückte. Allen anderen drohte jedoch ein unentrinnbares Prekariat. Denn die damaligen Gesetze reichten ganz offenbar nicht aus, die Freiheit des Einzelnen so zu lenken, dass andere nicht unter dieser Freiheit leiden müssen.

Die alles entscheidenden Fragen sind also erstens, wie weit die Freiheit des Einzelnen begrenzt werden muss, um Schaden von der Allgemeinheit abzuwenden. Und zweitens, wer das tun kann. Die damalige Lösung war, es dem weitestgehend liberalisierten Markt zu überlassen. Das Ergebnis kann man auf den gerade gesehenen Bildern studieren.

Wir wissen heute aus den Erfahrungen mit der Industrialisierung, dass sich auch bei vorhandener Freiheit die notwendige Gerechtigkeit nicht automatisch einstellt.. Denn jeder Marktteilnehmer ist selbstverständlich vor allem von dem eigenen Nutzen getrieben, den er durch seine Marktteilnahme realisieren möchte. Und im Zweifelsfall hat der eigene Nutzen eben höhere Priorität als der Anderer.

Freiheit führt zu Macht, wenn sie mit der Konzentration wirtschaftlicher Ressourcen in einer Hand gekoppelt ist. Daher ist die Gesellschaft in der Verantwortung, die Möglichkeit zur Ausübung dieser Macht so weit zu begrenzen, dass sie anderen, schwächeren Marktteilnehmern nicht zum Schaden gereicht. Das ist eine der großen, zentralen und wirklich wichtigen Erfahrungen aus den hundertfünfzig Jahren Industrialisierung seit Adam Smith. Denn es darf nicht sein, dass weite Teile der Bevölkerung aufgrund fehlenden materiellen Besitzes ihr gesamtes Leben über selbst bei höchstem Intellekt und Leistungswillen keine Möglichkeit haben, sich aus diesen prekären Verhältnissen hoch zu arbeiten und zu befreien.

Eine Gesellschaft darf diese fehlende Gerechtigkeit aus falsch verstandener Freiheit nicht zulassen. Denn beides ist gleichermaßen schützenswert: die Freiheit des Einzelnen, sein persönliches Vermögen und seinen Besitz nach eigenem Dafürhalten und zum eigenen Vorteil einzusetzen. Aber eben auch die Gerechtigkeit, die allen Menschen unabhängig von ihrer Ausgangssituation die Chance einräumt, sich mit entsprechendem Leistungswillen weiter zu entwickeln. Der reine Wirtschaftsliberalismus, wie er sich über die Jahrhunderte letztlich aus den Ideen von Adam Smith entwickelte, erwies sich dafür als untauglich.

Diese Erkenntnis formulierte Alexander Rüstow, einer der Gründungsväter der sozialen Marktwirtschaft in Deutschland, auf einer Konferenz des Vereins für Sozialpolitik in Dresden am 28. September 1932 unter dem Titel: »freie Marktwirtschaft – starker Staat (die staatspolitischen Voraussetzungen des wirtschaftspolitischen Liberalismus)« folgendermaßen:

> *»Der neue Liberalismus jedenfalls, der heute vertretbar ist, und den ich mit meinen Freunden vertrete, fordert einen starken Staat, einen Staat oberhalb der Wirtschaft, oberhalb der Interessenten, da, wo er hingehört. Und mit diesem Bekenntnis zum starken Staat im Interesse liberaler Wirtschaftspolitik und zu liberaler Wirtschaftspolitik im Interesse eines starken Staates – denn das bedingt sich gegenseitig, mit diesem Bekenntnis lassen Sie mich schließen.«*[8]

Rüstow forderte einen gesetzlich vorgegebenen ordnungspolitischen Rahmen, um den ansonsten selbstverständlich freien Markt soweit – und nur soweit – zu begrenzen, wie es zum Schutz der schwächeren Marktteilnehmer vor Ausnutzung notwendig ist. Es ging ihm dabei nicht darum, den freien Markt als solchen abzuschaffen. Denn die Freiheit von Marktteilnehmern, ihre Mittel nach eigenen Vorstellungen zu verwenden, ist eine wichtige und absolut notwendige Grundvoraussetzung dafür, dass sie überhaupt bereit sind, sich einzusetzen und sich zu engagieren.

Die Freiheit des Einzelnen endet nur eben dort, wo sie die Entwicklungschancen anderer begrenzt.

Bei der Begrenzung der Freiheit einzelner Marktteilnehmer durch einen ordnungspolitischen Rahmen darf es jedoch niemals um Gleichheit gehen. Das Ziel einer solchen Maße muss stets Gerechtigkeit und nicht Gleichheit sein. Gleichheit der Marktteilnehmer hieße, dass alle über die gleichen ökonomischen Mittel verfügen sollten. Das kann kein Ziel sinnvoller Wirtschaftspolitik sein. Denn die gleichmäßige Verteilung von Mitteln würde bedeuten, dass diejenigen, die mehr besitzen, von ihrem Besitz abgeben müssten, ohne dafür eine für sie interessante Gegenleistung zu bekommen. Dieses Ansinnen würde jegliche Leistungsbereitschaft und jeglichen Einsatzwillen der Betroffenen zunichte machen. Denn warum sollte man sich einsetzen, wenn man nichts davon hat? Das Ziel der Etablierung eines ordnungspolitischen Rahmens oberhalb des ansonsten freien Marktes kann also nicht Gleichheit, sondern nur Gerechtigkeit sein. Und zwar eine Gerechtigkeit, bei der nach John Rawls‹ zweitem Gerechtigkeitsgrundsatz soziale und wirtschaftliche Ungerechtigkeiten nur dann akzeptabel sind, wenn diese »den am wenigsten Begünstigten den größtmöglichen Vorteil bringen« und wenn Ämter und Positionen »allen gemäß fairer Chancengleichheit offen stehen«[9].

Um die für die Leistungsbereitschaft notwendige Freiheit zu erhalten und zugleich aber auch die Chancen der wirtschaftlich Benachteiligten zu gewährleisten, forderte Rüstow einen neuen Liberalismus: den Neo-Liberalismus.

Dieser Begriff steht im heutigen Sprachgebrauch leider für das, was wir als Gesellschaft nicht wollen: den reinen Markt-Liberalismus, bei dem alle Markt-Teilnehmer sich selbst überlassen sind. Ursprünglich ist der Begriff »Neo-Liberalismus« aber für das genaue Gegenteil dessen eingeführt worden: für eine Ordnungs- und Sozialpolitik, die die Marktfreiheit gewährleistet und dennoch für das notwendige Maß an Gerechtigkeit sorgt. Man kann sich immer darüber unterhalten, wie weit sich der Staat und damit die Gesellschaft in das Marktgeschehen einmischen sollte und wo sich der Staat besser heraushält. Aber darüber, dass die schwächeren Marktteilnehmer vor Ausbeutung geschützt werden müssen, besteht Einvernehmen. Und für dieses Einvernehmen stand ursprünglich der Begriff »Neo-Liberalismus«.

Natürlich kann sich die Verwendung und Interpretation von Begriffen im Lauf der Zeit verändern. Das ist ein normaler Vorgang. Problematisch ist nur, dass wir durch diese vermutlich aus Unwissenheit entstandene Uminterpretationen des Begriffes »Neoliberalismus« nun keinen Begriff mehr für das haben, was wir als Gesellschaft eigentlich anstreben: Leistung fördernde Handlungs- und Entscheidungsfreiheit bei gleichzeitiger Chancen-Gerechtigkeit.

2.3 Erfahrungen aus der Industrialisierung für die globalisierte Welt

Die Freiheit der Wirtschaftsmärkte ist ein hohes Gut. Die Ausgestaltung des Spannungsfeldes zwischen Freiheit und Gerechtigkeit ist daher eine umso herausforderndere Aufgabe; heute noch genauso wie damals zu Zeiten der Industrialisierung. Denn auch heute existieren noch ganz ähnliche Strukturen wie damals zu Zeiten der Industrialisierung in Europa und Nordamerika.

Die International Labour Organization der Vereinten Nationen schätzt, dass heute »rund 180 Millionen Kinder im Alter von 5 bis 17 Jahren (oder 73 Prozent aller arbeitenden Kinder) in den schlimmsten Formen der Kinderarbeit tätig sind, wozu gefährliche Arbeiten und die unbestreitbar schlimmsten Formen der Kinderarbeit gehören[10]«[11].

In der folgenden Grafik ist die nach der Definition der International Labour Organization akzeptable Kinderarbeit weiß dargestellt, ungefährliche Kinderarbeit horizontal schraffiert, gefährliche Kinderarbeit diagonal schraffiert, und an der Spitze der Pyramide stehen die sogenannten »unbestreitbar schlimmsten Formen« von Kinderarbeit. Die genauen Definitionen dieser verschiedenen Formen von Kinderarbeit sind in der angegebenen Quelle nachlesbar. Die grau eingefärbten Bereiche der Pyramide sollten jedoch nach Einschätzungen der Vereinten Nationen allesamt abgeschafft werden.

Abbildung 18: Kinder in unterschiedlichen Formen ökonomischer Aktivität (in Millionen)

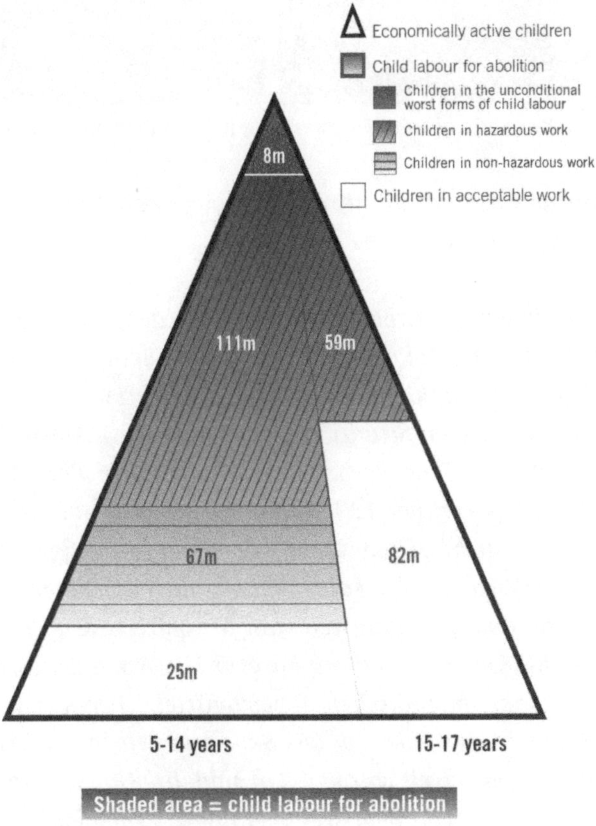

Quelle: ILO (2002), S. 17

Wie man auch auf den folgenden Fotos heutiger Kinderarbeit sehen kann, ist das Problem im Lauf der letzten Jahrzehnte keineswegs kleiner, sondern zahlenmäßig vermutlich sogar erheblich größer geworden.

Abbildung 19: »Teppichkinder« und »Müllkinder« in Indien

Quelle: © Benjamin Pütter/MISEREOR (mit freundlicher Genehmigung)

So schreibt Misereor auf ihrer Homepage zum Projekt »Kinderarbeit wirksam bekämpfen«:

> *»Wo Kinder zur Arbeit gezwungen werden, sind die Folgen für sie meist fatal: körperliche, nicht selten auch seelische Schäden, Analphabetismus – und keinerlei Chance, sich selbst aus dieser Situation zu befreien. (...) Am weitesten verbreitet ist Kinderarbeit in Asien und im Pazifikraum: Hier müssen rund 122 Millionen Jungen und Mädchen arbeiten, nicht selten unter menschenunwürdigen Bedingungen. Welche Folgen dies haben kann, weiß Pater Deepak. Er leitet das Übergangszentrum für befreite Kindersklaven der MISEREOR-Partnerorganisation DDWS in der Nähe von Allahabad, im indischen Teppichgürtel. Hier kümmert er sich um Jungen, die u.a. aus Sklavenarbeit in den Teppichknüpfereien befreit wurden. ›Oft sind ihre Hände deformiert – das kommt von dem stundenlangen, ermüdenden Knüpfen. Viele leiden durch das ständige Einatmen von Staub an schweren Lungen-, Magen und Darmkrankheiten. Auch das Rückgrat ist häufig geschädigt‹, erzählt er.«*[12]

Als Menschen und als Gesellschaft sind wir auch heute noch aufgerufen, den Wirtschaftsliberalismus ständig neu zu definieren:

und zwar sowohl freiheitlich, als auch gerecht. Aber wie kann es überhaupt zu solchen Strukturen kommen, und vor allem: was kann man, was können wir als mittlerweile globalisierte Gesellschaft dagegen tun?

Zum Reflektieren

Bilden Sie sich Ihre eigene Meinung, und versuchen Sie, entsprechende Argumente zu formulieren: Ist es für die Größe des Problems relevant, wie viele Kinder von unakzeptablen Formen der Arbeitstätigkeit betroffen sind? Sicherlich nicht. Warum sind dann aber gerade die hohen Zahlen so bedrückend?

Eine der wesentlichen Voraussetzungen für einen gerechteren, für einen neuen Liberalismus ist Transparenz. Denn das Streben nach Gerechtigkeit innerhalb einer freiheitlichen Grundordnung setzt voraus, dass etwaige Ungerechtigkeiten überhaupt erst einmal bekannt werden.

In der heutigen Zeit tragen Kunden, die ungerecht (unfair) hergestellte Produkte kaufen, eine erhebliche Mitschuld an den Verhältnissen in den Produktionsstätten. Denn das Wissen um die Produktionsbedingungen in vielen Teilen der Welt ist vorhanden. Nicht zuletzt durch Reporte wie die der International Labour Organization der Vereinten Nationen, aber auch durch diverse Dokumentationen in den Medien. Allerdings werden trotz dieses Wissens weiterhin Produkte gekauft, die unter unwürdigen Bedingungen und teils sogar von Kindern hergestellt wurden. Die Freiheit zu solchen Kaufentscheidungen ist selbstverständlich unantastbar. Die Freiheit als solche ist jedoch heute ebenso wenig das Problem wie damals zu Zeiten der Industrialisierung.

Die Frage ist vielmehr, wie man mit wirtschaftlicher Freiheit umgeht; auch als Kunde. Denn nicht nur als Besitzer von Produktivvermögen, sondern auch als Kunde führt ökonomische Entscheidungsfreiheit gleichzeitig zu einem beträchtlichen Maß an Macht über Menschen, die abhängig beschäftigt dafür arbeiten.

Es kommt also nach wie vor nicht auf die Freiheit selbst an, sondern darauf, wie diese Freiheit ausgestaltet wird und wie die aus der Freiheit resultierende Macht im Sinne eines sozialen Liberalismus begrenzt werden muss, um Ungerechtigkeiten, Willkür und Schaden für die schwächeren Marktteilnehmer zu vermeiden; heute allerdings weltweit.

Zum Reflektieren

Die Frage ist, wie wir die Errungenschaften der aus der Industrialisierung hervorgegangenen sozialen Marktwirtschaft in Zeiten der Globalisierung erhalten können.

Die Freiheit der Kunden, sich für das eine oder andere Produkt zu entscheiden, kann nicht durch einen ordnungspolitischen Rahmen gesetzlich reglementiert werden. Das unterscheidet die heutigen, weltweiten Herausforderungen von denen während des Übergangs vom reinen Marktliberalismus zur sozialen Marktwirtschaft in Deutschland. Die Entscheidungsfreiheit der Kunden bleibt, und damit auch ihre ökonomische Macht. Das einzige Regulativ ist das persönliche Wertesystem und die persönliche Ethik jedes Einzelnen. Eine große Verantwortung. Für uns alle.

2.4 Zusammenfassung

Die Zeit der Industrialisierung war geprägt von äußerst prekären Arbeitsverhältnissen für einen Großteil der Bevölkerung. Ausbeutung und Kinderarbeit waren an der Tagesordnung. Und es bildete sich ein sogenannter vierter Stand heraus, bestehend aus Menschen, die nichts weiter anzubieten hatten, als ihre physische Arbeitskraft. Aufgrund nahezu unkontrollierter Arbeitsbedingungen mussten sie fast ununterbrochen arbeiten und hatten so faktisch keine Zeit, sich auszubilden. Im Ergebnis waren sie über Generationen in diesen prekären Arbeitsverhältnissen gefangen; und das bereits von frühester Kindheit an.

Dabei war der Grundgedanke der Industrialisierung durchaus positiv. Die Aufklärung führte zu einem neuen Interesse an Wissenschaften: an Zusammenhängen, dem Funktionieren der Dinge und auch an deren Nutzen. Mit dem technischen Fortschritt war dann die Möglichkeit zu höherer Effizienz und Effektivität der Produktion gegeben. Fast zeitgleich mit der zunehmenden geistigen Freiheit kamen auch gesellschaftspolitische und ökonomische Freiheitsbestrebungen. Der Grundgedanke der Freiheit war in beiden Fällen, dass der Mensch als Individuum frei in seiner Entscheidung sein sollte.

Die Ausgestaltung dieser individuellen Freiheit als wirtschaftliche Freiheit der Marktteilnehmer erwies sich jedoch als problematisch. Denn die ökonomische Freiheit, die eigenen Finanzmittel nach Gutdünken einzusetzen, war eben nicht an ein gesellschaftspolitisches Versprechen gekoppelt, dies nur zum Wohle aller zu tun. Und so blieb es beispielsweise den Fabrikbesitzern mehr oder weniger selbst überlassen, inwieweit sie sich um das Wohl ihrer Belegschaft kümmerten. Eine funktionierende Arbeitsgesetzgebung war nicht wirklich existent.

Aus diesen Erfahrungen mit den negativen Begleiterscheinungen des Liberalismus entwickelte sich schließlich der Gedanke des Neoliberalismus und mit ihm die soziale Marktwirtschaft. Nun kommt es darauf an, diese laufend weiter zu verbessern und an neue Beschäftigungsformen anzupassen: nicht nur in Deutschland und Europa, sondern weltweit. Denn wir stehen heute noch vor den gleichen Herausforderungen wie zu Zeiten der Industrialisierung, nur dass es diesmal um erheblich mehr Menschen geht.

3 Personalwirtschaftliche Aspekte des Arbeitsrechts

In Deutschland haben die Erfahrungen aus den Zeiten der Industrialisierung zur Entwicklung der sozialen Marktwirtschaft geführt. Ihr Kennzeichen ist die Einschränkung der individuellen und organisationalen Handlungs- und Entscheidungsfreiheit in dem Maße, in dem es zur Gewährleistung der Chancengerechtigkeit für alle Marktteilnehmer notwendig ist – ohne allerdings die Leistungsbereitschaft der Marktteilnehmer zu gefährden. Die für diesen Spagat notwendigen gesetzlichen Vorgaben sind im Arbeitsrecht zusammengefasst. Der Grundgedanke der Arbeitsgesetze in Deutschland ist:

> *»Das Arbeitsrecht dient der Herstellung sozialer Gerechtigkeit bei freiheitsrechtlicher Gestaltung der Arbeitsbedingungen.«*[13]

Die gedankliche Herkunft dieser Philosophie aus den Erfahrungen mit der Industrialisierung und ihren gesellschaftlichen wie personalwirtschaftlichen Auswirkungen ist unverkennbar.

Das Arbeitsrecht ist Rechtsgrundlage für das Arbeitsverhältnis zwischen Arbeitgeber und Arbeitnehmer, also für fremdbestimmte Arbeit. Das zentrale Kriterium für abhängige Beschäftigung und damit für die Anwendung des Arbeitsrechts ist die persönliche Abhängigkeit des Arbeitnehmers vom Arbeitgeber, unabhängig von einer eventuellen wirtschaftlichen Abhängigkeit.

Üblicherweise würde man annehmen, dass zwischen Arbeitgeber und Arbeitnehmer eine wirtschaftliche Abhängigkeit besteht, denn schließlich geht es ja bei der Mitarbeit im Unternehmen letzten Endes um das erzielbare Entgelt für geleistete Arbeit in Form von Lohn und Gehalt. Die wirtschaftliche Abhängigkeit ist jedoch keineswegs das alleinige Kriterium, um von abhängiger Beschäftigung zu sprechen. Ja mehr noch: sie ist noch nicht einmal erforderlich. Denn selbst wenn man genug Geld hätte, um davon für den Rest des Lebens gut leben zu können: sobald man zum Zwecke der Mitarbeit in einem Unternehmen einen Arbeitsvertrag unterschreibt, ist man abhängig beschäftigt. Die persönliche Abhängigkeit ergibt sich aus dem Umstand, dass der Arbeitgeber als Vertragspartner des Arbeitnehmers nach §106 der Gewerbeordnung ein Weisungsrecht gegenüber dem Arbeitnehmer besitzt, wonach er Inhalt, Ort und Zeit der Arbeitsleistung bestimmen kann.

Auf Grund dieser persönlichen Abhängigkeit schränkt das Arbeitsrecht die privatrechtliche Vertragsfreiheit zwischen Arbeitgeber und Arbeitnehmer ganz bewusst ein. Aus den Erfahrungen zu Zeiten der Industrialisierung nimmt es an, dass der Arbeitnehmer in privatrechtlichen Vertragsverhandlungen mit einem Arbeitgeber in der schwächeren Position sein könnte. Es dient deshalb nicht nur zur Absicherung der Vertragsfreiheit, sondern ganz explizit auch dem Schutz der Arbeitnehmer.[14] Konkret: »Das Arbeitsrecht enthält (...) nicht nur privatrechtliche, sondern auch öffentlich-rechtliche Bestandteile, weil die Durchsetzung bestimmter Gestaltungen nicht von den Beteiligten selbst abhängen, sondern unmittelbar in staatlicher Verantwortung stehen soll, wie der Gefahrenschutz, der Arbeitszeitschutz, der Mutterschutz und der Jugendarbeitsschutz.«[15]

Unterschieden wird im Arbeitsrecht zwischen dem Individualarbeitsrecht und dem Kollektivarbeitsrecht. Das Individualarbeitsrecht beschäftigt sich mit dem Verhältnis zwischen dem Arbeitgeber und einem individuellen Arbeitnehmer. Es bezieht sich im Wesentlichen auf die Ausgestaltung der Arbeitsverträge, auf Haftungsfragen und auf den notwendigen Arbeitsschutz.

Abbildung 20: Das Arbeitsrecht in Deutschland

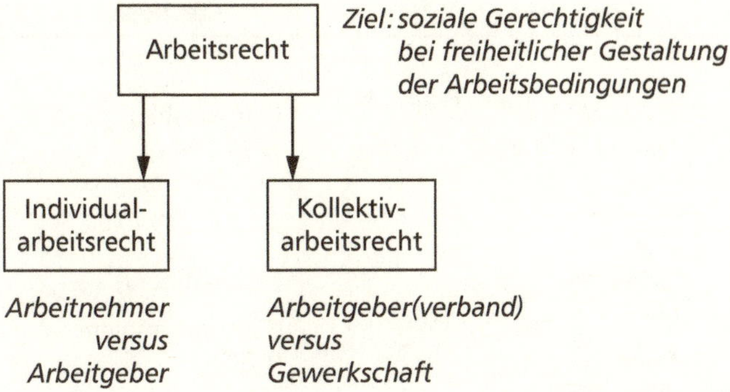

Das Kollektivarbeitsrecht regelt das Verhältnis zwischen den Vertretungen der beiden Seiten, also zwischen den Arbeitgeberverbänden und den Gewerkschaften. Hierbei geht es vor allem um die Ausgestaltung der Tarifverträge und um die betriebliche und unternehmerische Mitbestimmung.

3.1 Einführung in das Individualarbeitsrecht

Zunächst zu dem Teil des Arbeitsrechts, der das Verhältnis zwischen einem Arbeitgeber und einem individuellen Arbeitnehmer regelt, dem Individualarbeitsrecht. Es regelt insbesondere die jeweiligen Pflichten der Vertragspartner sowie Haftungsfragen und den großen Bereich des Arbeitsschutzes.

Wie in Abbildung 21 dargestellt steht der Hauptpflicht des Arbeitnehmers zur Arbeitsleistung die Hauptpflicht des Arbeitgebers zur Entgeltzahlung gegenüber.

Daneben haben beide Parteien aber auch noch eine Reihe von Nebenpflichten. Eine Nebenpflicht des Arbeitgebers ist zunächst einmal, für Beschäftigung zu sorgen. Darüber hinaus ist er aber auch dem Gleichbehandlungsgrundsatz verpflichtet, hat die Pflicht zur Zeugniserteilung und noch eine ganze Reihe von Fürsorgepflichten.

Abbildung 21: Individualarbeitsrecht: Pflichten im Arbeitsverhältnis

	Arbeitnehmer	Arbeitgeber
Hauptpflicht	– Arbeitsleistung (§§ 611, 613 BGB)	– Entgeltzahlung (§ 611 BGB)
Nebenpflichten	– Gehorsam (§§ 6 Abs. 2, 106 GewO) – Treue (§242 BGB) – Haftung (§§ 280 ff. BGB, ggf. §§ 60 ff. HGB)	– Beschäftigung – Gleichbehandlung (AGG) – Zeugniserteilung (§ 630 BGB, § 109 GewO) – Fürsorge (§§ 242, 618 BGB) – Urlaubsgewährung (§ 1 BUrlG)

Quelle: vgl. Wien (2009), S. 73 ff.; Teschke-Bährle (2011), S. 84, 104

Einige dieser Fürsorge- und Schutzpflichten des Arbeitgebers sind in Abbildung 22 exemplarisch zusammengefasst.

Abbildung 22: Arbeits- und Sozialrecht Fürsorge- u. Schutzpflichten

– Arbeitszeitgesetz (ArbZG)	– Bundesurlaubsgesetz (BUrlG)
– Betriebliche Altersversorgung (BetrAVG)	– Arbeitnehmererfindungsgesetz (ArbNErfG)
– Mutterschutzgesetz (MuSchG)	– Heimarbeitsgesetz (HAG)
– Kündigungsschutzgesetz (KSchG)	– Berufsbildungsgesetz (BBiG)
– Entgeltfortzahlungsgesetz (EntgeltfortzG)	– Sozialgesetzbuch III (SGB III) Arbeitsförderung
– Arbeitssicherheitsgesetz (ArbSichG)	– Sozialgesetzbuch IV (SGB IV) gesetzliche Unfallversicherung
– Jugendarbeitsschutzgesetz (JArbSchG)	– Schwerbehindertenrecht (SGB IX)

Die Pflichten des Arbeitgebers und bereits dieser kurze Auszug aus dem Arbeitsschutzrecht sind schon bemerkenswert, wenn man bedenkt, wie kurz die Zeit der Industrialisierung mit all ihren negativen personalwirtschaftlichen Begleiterscheinungen erst her ist, und wie lange sie zuvor gedauert hatte.

Zum Reflektieren

Erinnern Sie sich doch mal zurück an die Auswirkungen der Industrialisierung, wenn Sie die Liste der Arbeitsschutzgesetze durchlesen. Und vielleicht schlagen Sie ja das eine oder andere dieser Gesetze mal nach. Es handelt sich dabei um wirkliche Errungenschaften der sozialen Marktwirtschaft. Errungenschaften, die in weiten Teilen der Welt nach wie vor nicht selbstverständlich sind.

Aber nicht nur der Arbeitgeber hat im heutigen Arbeitsrecht Nebenpflichten, sondern auch der Arbeitnehmer. Die Gehorsamspflicht des Arbeitnehmers ergibt sich aus dem Weisungsrecht des Arbeitgebers nach § 106 der Gewerbeordnung. Besonders wichtig ist darüber hinaus auch die Treuepflicht des Arbeitnehmers. Aus ihr ergeben sich eine ganze Reihe von Haftungsfragen. Denn bei Verletzung der Treuepflicht ist der Arbeitnehmer unter Umständen schadensersatzpflichtig. Persönlich!

3.2 Personalwirtschaftliches Problem: Haftung versus Weisungsgebundenheit

Die Haftung des Arbeitnehmers setzt natürlich voraus, dass die Arbeiten durch den Betrieb veranlasst sind und aufgrund eines Arbeitsverhältnisses geleistet werden. Dann allerdings gilt die anteilige Haftung des Arbeitnehmers wie vom Großen Senat des Bundesarbeitsgerichts in der Grundsatzentscheidung vom 27.09.1994 festgelegt: »Bei grober Fahrlässigkeit hat der Arbeitnehmer in aller Regel den gesamten Schaden zu tragen, bei leichtester Fahrlässigkeit haftet er dagegen nicht, während bei normaler Fahrlässigkeit der Schaden in aller Regel zwischen Arbeitgeber und Arbeitnehmer quotal zu verteilen ist, wobei die Gesamtumstände von Schadensanlass und Schadensfolgen nach Billigkeitsgrundsätzen und Zumutbarkeitsgesichtspunkten gegeneinander abzuwägen sind.«[16]

Im Urteil vom 28.10.2010 hat das Bundesarbeitsgericht dann die Höhe der Beteiligung eines Arbeitnehmers an den Schadensfolgen, also das Ausmaß seiner persönlichen Haftung konkretisiert: »Die Beteiligung des Arbeitnehmers an den Schadensfolgen ist durch eine Abwägung der Gesamtumstände zu bestimmen, wobei insbesondere Schadensanlass, Schadensfolgen, Billigkeits- und Zumutbarkeitsgesichtspunkte eine Rolle spielen. Eine möglicherweise vorliegende Gefahrgeneigtheit der Arbeit ist ebenso zu berücksichtigen wie die Schadenshöhe, ein vom Arbeitgeber einkalkuliertes Risiko, eine Risikodeckung durch eine Versicherung, die Stellung des Arbeitnehmers im Betrieb und die Höhe der Vergütung, die möglicherweise eine Risikoprämie enthalten kann. Auch die persönlichen Verhältnisse des Arbeitnehmers und die Umstände des Arbeitsverhältnisses, wie die Dauer der Betriebszugehörigkeit, das Lebensalter, die Familienverhältnisse und sein bisheriges Verhalten können zu berücksichtigen sein.«[17]

Was sich hinter den unterschiedlichen Fahrlässigkeitsbegriffen genau verbirgt und wann von Vorsatz auszugehen ist, zeigt die folgende Übersicht.[18]

- *Leichteste Fahrlässigkeit:* »wenn es trotz sorgfältiger Arbeit zu dem Schaden gekommen ist.«
- *Normale Fahrlässigkeit:* »der Arbeitnehmer hat die im Verkehr erforderliche Sorgfalt nicht beachtet, ohne dass ihm ein besonders schwerer Vorwurf gemacht werden kann.«
- *Grobe Fahrlässigkeit:* »Wenn schon einfachste, ganz naheliegende Überlegungen nicht angestellt werden, die im konkreten Fall jedem hätten einleuchten müssen.«
- *Vorsatz:* »Wer Vorsatz ›nur‹ hinsichtlich der Pflichtverletzung hat, im Übrigen aber hofft, es werde schon gut gehen, handelt

fahrlässig und im Allgemeinen grob fahrlässig; vorsätzlich würde er nur handeln, wenn er zumindest in Kauf nähme, dass jemand verletzt wird oder Sachen beschädigt werden.«

Die Frage der Haftung von Arbeitnehmern ist in vielen, gerade technisch orientierten Unternehmen ein ernsthaftes Problem. So schildert beispielsweise Wilke (2005) unter der Überschrift »Haftung – auch bis hin zur Haft?« folgenden Fall:

Fallbeispiel 1: Haftung bis zur Haft?

»Zweimal innerhalb von kurzer Zeit wurden Arbeiter im vergangenen Jahr durch den gleichen Maschinentyp verletzt, zweimal wurde der Hersteller, ein deutsches Maschinenbauunternehmen, von den Unfällen informiert – und zweimal passierte einfach nichts.

Erst als beim dritten Unfall ein Arbeiter aufgrund des offensichtlichen Konstruktionsfehlers ums Leben kam, weil er wie bereits seine Kollegen zuvor durch eine entstandene Gummischlaufe ins Gerät gezogen worden war, interessierte sich der Hersteller plötzlich für die Sicherheit seines Produktes – zwangsläufig. Denn vor der Tür stand die Staatsanwaltschaft, die wegen fahrlässiger Körperverletzung und fahrlässiger Tötung Ermittlungen gegen zwei Konstrukteure aufgenommen hatte.«

Je nach festgestelltem Grad der Fahrlässigkeit kann es passieren, dass die betreffenden Arbeitnehmer in so einem Fall für den entstandenen Schaden persönlich haften; und zwar ohne, dass der Arbeitgeber sie bei der Begleichung des Schadens unterstützen müsste.

An dieser Stelle wird es personalwirtschaftlich interessant. Aber vor der Diskussion der personalwirtschaftlichen Implikationen der Haftungsproblematik noch ein weiteres Beispiel, bei dem die persönliche Haftung einzelner Mitarbeiter ebenfalls gerichtlich überprüft wurde: der Brand der Kapruner Standseilbahn im

Jahre 2000. Zur Einführung in diesen Fall mit vielen Todesopfern im Folgenden zunächst die Pressemitteilung der Staatsanwaltschaft Heilbronn vom 25.09.2007.

Fallbeispiel 2: Der Brand der Standseilbahn in Kaprun im Jahr 2000

»Die Staatsanwaltschaft Heilbronn hat das hier seit November 2005 geführte Ermittlungsverfahren gegen die Verantwortlichen der Fa. Fakir aus Vaihingen/Enz wegen Verdachts der fahrlässigen Tötung im Zusammenhang mit dem Brand der Kapruner Standseilbahn mangels hinreichenden Tatverdachts eingestellt.

Am 11.11.2000 war im Tunnel der von der Gletscherbahnen Kaprun AG betriebenen Standseilbahn am Kitzsteinhorn in Österreich ein bergwärts fahrender Zug in Brand geraten. Bei diesem Brand sind 155 Menschen ums Leben gekommen.

In der von der Gletscherbahn zunächst bei der Staatsanwaltschaft Salzburg erstatteten, im November 2005 von dort hierher abgegebenen Strafanzeige gegen die Verantwortlichen der Fa. Fakir war der Vorwurf erhoben worden, die eigentliche Ursache für die Katastrophe von Kaprun sei darin zu sehen, dass der von der Firma Fakir gefertigte Heizlüfter Modell »Hobby TLB«, der im Zuge der Renovierung der Züge im Jahr 1994 durch eine österreichische Firma in den talseitigen Führerstand der Bahn eingebaut worden war, sowohl einen Konstruktionsfehler als auch einen Produktionsfehler des Kunststoffgehäuses aufgewiesen habe. Zudem hätten die Verantwortlichen der Firma Fakir es unterlassen, eine Rückrufaktion durchzuführen oder Warnhinweise her auszugeben. (...)

Die Verantwortlichen der Fa. Fakir konnten sich daher darauf verlassen, dass das geprüfte Gerät dem Stand der Technik entsprach und die (...) Geräte bei dem vorgesehenen Betrieb als Haushaltsgeräte keine Gefahr darstellten.

Ein von hier aus mit Untersuchungen zu der Frage, ob ein Produktions- oder Konstruktionsfehler bei der Herstellung des Kunststoffgehäuses der Geräte vorlag, beauftragter Kunststoff-Sachverständiger kam (...) zu dem Ergebnis, dass keine Produktionsfehler erkennbar seien und die Gehäuseteile sowohl vom verwendeten Kunststoff als auch von der Konstruktion her dem damaligen und dem heutigen Stand der Technik entsprächen. (...)

Schließlich entsprach der Betrieb des Heizlüfters in dem Zug der Gletscherbahn weder der vorgesehenen noch der üblichen Verwendung. Die Heizlüfter waren von der Fa. Fakir zur Verwendung im Haushalt konstruiert, produziert und vertrieben worden. Nach der Gebrauchsanleitung durften sie nicht in Fahrzeugen betrieben werden. Dem widersprach die Verwendung in den Zügen. Die Verantwortlichen der Fa. Fakir mussten und konnten nicht vorhersehen, dass das von ihnen für den »Hausgebrauch« auf den Markt gebrachte Gerät entgegen der Gebrauchsanleitung in eine Zuggarnitur eingebaut werden würde. Durch den Einbau in den Steuerpult des Zuges wurde das Gerät zudem noch technisch verändert. (...)

Auch der Vorwurf, die Verantwortlichen der Fa. Fakir hätten pflichtwidrig eine Rückrufaktion der alten Geräte unterlassen, hat sich nicht bestätigt. (...)«[19]

Offenbar haben die verantwortlichen Mitarbeiter des Herstellers sehr sorgfältig gearbeitet. Aber dennoch standen sie erst einmal jahrelang vor Gericht; nicht nur als Vertreter ihrer jeweiligen Unternehmen, sondern als persönlich Angeklagte. Die zu untersuchende Frage war, ob sie durch verantwortliches und sachgemäßes Verhalten das Unglück hätten verhindern können.

Ingenieure müssen nach dem sogenannten »Stand der Technik« entwickeln. Allerdings ist nicht pauschal definierbar, was der Stand der Technik ist und wann eine Entwicklungsarbeit dem Stand der Technik genügt. Das herauszufinden obliegt dem zuständigen Ingenieur als technischem Experten selbst. Wenn er den Stand der Technik nicht erfüllt oder wenn er ein bestimmtes Schadensereignis aufgrund seiner Expertise hätte vorhersehen müssen, dann ist im Schadensfall er selbst haftbar – und eben nicht nur das Unternehmen, denn dieses muss sich ja auf die Expertise seines Mitarbeiters verlassen können.

Es kommt jedoch auch vor, dass Mitarbeiter sich nicht vollkommen frei entscheiden können, auf welche Art und Weise sie ihre Aufgaben erledigen wollen. Schließlich ist jeder Mitarbeiter auch Teil des Organisationssystems des Unternehmens, dessen ökonomische Aufgabe es ist, die Wertschöpfungsabläufe möglichst effizient zu gestalten. Kein Mitarbeiter hat daher unbegrenzte zeitliche und finanzielle Ressourcen zur Verfügung. Vielmehr muss er stets abwägen, wie viel Aufwand bei der Entwicklung, Konstruktion, Produktion, Dokumentation usw. von Produkten ökonomisch vertretbar ist und wie viel Aufwand aber andererseits aus Gründen der Haftung, aber auch aus ethischen Gründen mindestens notwendig ist.

Diese Abwägung kann er jedoch nicht alleine vollziehen, da er ja zugleich auch im Rahmen seiner Gehorsamspflicht weisungsgebunden ist. Das personalwirtschaftliche Problem dabei ist, dass selbstverständlich kein Unternehmen einen Mitarbeiter anweisen wird, weniger Sorgfalt walten zu lassen als notwendig. Das wäre auch gar nicht im unternehmerischen Interesse. Andererseits ist aber im Vorhinein nur schwer abschätzbar, wie viel Aufwand tatsächlich notwendig ist. Der Mitarbeiter steht also vor dem Dilemma, entscheiden zu müssen, ob eine theoretisch mögliche Maßnahme wirklich so notwendig ist, dass sie zusätzliche Kosten rechtfertigt. Aus Eigenschutz würde er vermutlich eher mehr Aufwand betreiben. Andererseits muss er letztlich um seinen Job fürchten, wenn er aus Sicht anderer (mächtigerer) Personen im Unternehmen »zu viel« macht, oder »zu lange« braucht. Da nicht definierbar ist, wie viel Aufwand mindestens notwendig ist, müssen die Mitarbeiter in einem Unternehmen abwägen, wie viel Aufwand vertretbar ist; auch ökonomisch.

Kommt es jedoch zum Schadensfall, dann ist das ökonomische Argument, sich gegen eine weitere Vorsichtsmaßnahme entschieden zu haben, juristisch natürlich nicht stichhaltig. Menschen kamen zu Schaden, weil eine als sinnvoll, oder sogar notwendig erachtete Sicherheitsmaßnahme aus Kostengründen nicht umgesetzt wurde? Undenkbar. Und dennoch passiert genau das immer wieder; so z.B. auch im Vorfeld der Ölkatastrophe der Deepwater Horizon im Golf von Mexiko im Jahre 2010, wie eine Analyse der MIT Sloan School of Management zeigt:

Fallbeispiel 3: Die Ölkatastrophe im Golf von Mexiko im Jahr 2010

»Regardless of what the ultimate causes are found to be, the conditions on the Deepwater Horizon, and the culture and organizational architecture of BP and its relationships with its contractors is worth examining. (...) Throughout the decision making process, we see some actors who were advocates of caution over cost, for fixing problems even when inconvenient. Yet court testimony indicates that the three key decisions, and perhaps others as well, came down on the side of cost-reduction and expediency, over caution.«[20] *Kostenreduktion und wirtschaftliche Zweckmäßigkeit über Vorsicht. Wenn so die Schlussfolgerung aus einem Schadensereignis wie der Ölkatastrophe im Golf von Mexiko lautet, welcher Grad an Fahrlässigkeit war dann wohl im Spiel? Die Frage soll und kann an dieser Stelle nicht beantwortet werden. Henry A. Waxman, der Vorsitzende des »Committee on Energy and Commerce« im Repräsentantenhaus der USA, stellte jedoch in einem Brief an den damaligen Vorstandsvorsitzenden von BP fest: »In several instances, these decisions appear to violate industry guidelines and were made despite warnings from BP‹s own personnel and its contractors. In effect, it appears that BP repeatedly chose risky procedures in order to reduce costs and save time and made minimal efforts to contain the added risk.«*[21]

Die aus personalwirtschaftlicher Sicht interessante Frage bei solchen Vorgängen ist, wie es dazu kommen konnte, wenn man doch annehmen kann, dass keiner der handelnden Personen absichtlich eine derartige Katastrophe verursachen wollte. Die Antwort ergibt sich aus dem latenten Zielkonflikt zwischen Verantwortung für das eigene Handeln vor sich selbst sowie gleichzeitig gegenüber dem Unternehmen und dessen Interessen, und zwar bei auch noch gleichzeitiger Weisungsgebundenheit im Unternehmen und Treuepflicht gegenüber dem Unternehmen. All dies wirkt zugleich und ohne verlässliche Zukunftsprognosen über die Folgen des eigenen Handelns. Die Frage ist damit oftmals nicht mehr, *ob* man Risiken eingeht, sondern *welche* Risiken.

Abbildung 23: Typische Erklärungsversuche und Haftungskonsequenzen

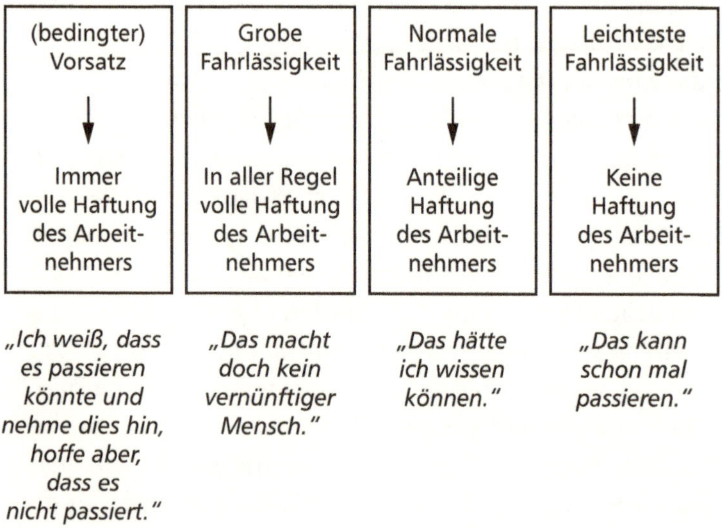

Und so kommt es, dass man Formulierungen wie »das ist zwar ärgerlich, kann aber schon mal passieren« im Unternehmensalltag relativ häufig hört. Eine Formulierung, die auf leichteste Fahrlässigkeit schließen lässt. Einen eventuellen Schaden würde das Unternehmen tragen.

Was man auch relativ oft hört, sind Formulierungen wie »das hätte ich wissen können«. Eine solche Äußerung weist schon auf normale Fahrlässigkeit hin, bei der eine anteilige Haftung des betreffenden Mitarbeiters möglich wäre. Seltener sind Aussprüche wie »das macht doch kein vernünftiger Mensch«. Denn normalerweise bemüht sich jeder Mitarbeiter im Rahmen seines fachlichen Könnens und seiner persönlichen Expertise um möglichst gute Arbeitsergebnisse. Grobe Fahrlässigkeit ist daher zum Glück selten. Wie kommt es aber, dass dann ausgerechnet Formulierungen, die auf bedingten Vorsatz schließen lassen können, durchaus vorkommen? So wie beispielsweise »Ich weiß, dass es passieren könnte und nehme dies hin, hoffe aber, dass es nicht passiert«. Wenn Verhaltensweisen, die als grob fahrlässig eingestuft werden könnten, absolute Ausnahmen sind, dann sollten solche, die als Vorsatz interpretiert werden können, doch eigentlich noch seltener sein. Und trotzdem ist das »Prinzip Hoffnung« durchaus nachvollziehbar.

Das Problem ist die organisatorische Eingebundenheit des Mitarbeiters im Unternehmen. Es ist durchaus möglich, dass der betreffende Mitarbeiter mit deutlich größerer Sorgfalt seine Aufgaben erledigt hätte, wenn er nur genügend Zeit und genügend (Finanz-)Mittel zur Verfügung gehabt hätte. Aber viele Mitarbeiter – nicht nur in technischen Berufen – stehen unter dem Druck, schneller und kostengünstiger arbeiten zu müssen, oder zumindest zu sollen. Wenn das der Fall ist, hat der Mitarbeiter im übertragenen Sinne nur noch »die Wahl zwischen Pest und Cholera«: Das Drängen des Unternehmens, bei dem er abhängig beschäftigt ist, Zeit und Geld zu sparen, erhöht das Risiko eines möglichen Schadensereignisses. Dieses Risiko trägt er je nach Grad der Haftung gegebenenfalls anteilig oder auch voll als Einzelperson. Wenn er aber darauf bestehen sollte, nach höheren Sorgfaltsmaßstäben zu arbeiten, als es dem Unternehmen als notwendig erscheint, dann läuft er Gefahr, im Unternehmen in Ungnade zu fallen, weil er aus kaufmännischer Sicht zu viel Geld ausgibt und zu lange braucht. So kann es dazu kommen, dass der Mitarbeiter als Experte auf seinem Gebiet die möglichen Folgen seines Tuns anders bewertet als seine Vorgesetzten. Setzt er sich mit seinen Bedenken durch, dann riskiert er seinen Job. Entscheidet er sich in dieser Situation jedoch dafür, seine berufliche Zukunft in dem Unternehmen auf keinen Fall aufs Spiel zu setzen, dann kann er in der Tat nur noch hoffen, dass nichts von dem passieren wird, was er sich im Geiste durchaus vorstellen kann. Kann man diesem Mitarbeiter tatsächlich bedingten Vorsatz unterstellen? Man muss es, weil jeder erwachsene Mensch für seine Handlungen verantwortlich ist.

Und doch bleiben Restzweifel, denn im Konflikt zwischen individueller Interpretation möglicher Folgen und unternehmerischer Zweckmäßigkeit ist der Mitarbeiter in einer schwachen Position: erstens weil er persönlich abhängig beschäftigt ist und zweitens weil er ja nur vermutet, dass es zu einem schweren Schadensereignis kommen könnte. Oftmals sind weder die Wahrscheinlichkeit noch die Schwere prognostizierbar. Und wenn er sich mit seinen Bedenken doch durchsetzen und sowohl deutlich langwieriger als auch deutlich kostenintensiver arbeiten sollte, dann wird vermutlich das Schadensereignis nicht eintreten, denn es ist ja bei aller Brisanz immer noch relativ unwahrscheinlich. Anschließend wird er sich allerdings vor seinem Chef rechtfertigen müssen, dass er »unnötigerweise« so viel Geld ausgegeben und so lange gebraucht hätte, worüber einige Kunden sehr ungehalten seien.

Dieser Mitarbeiter wird sich beim nächsten Mal sehr genau überlegen, ob er sich mit seinen Bedenken und Sorgfaltsvorstellungen noch einmal durchsetzen möchte, oder ob er nicht lieber darauf vertraut, dass schon nichts passieren wird. Und genau so passiert es dann.

Kann man ihm einen Vorwurf machen? Das ist nach den zuvor diskutierten Beispielen des Kaprun-Unglücks und der Öl-Katastrophe eine interessante Frage. Bilden Sie sich Ihre eigene Meinung, denn Sie brauchen sie. Und Sie müssen sich ihre Meinung gebildet haben, bevor Sie selbst in einer solchen Situation

Entscheidungen treffen müssen. Denn eines ist auch klar: viele Dinge, die man aus Gehorsam und Loyalität mitgemacht hat, oder die man aus Angst vor Repressalien toleriert hat, können nicht mehr rückgängig gemacht werden. Und das gilt nicht nur für Ingenieure, sondern für viele Berufsgruppen, und seien sie »nur« in Schmiergeldzahlungen verwickelt – um ein weiteres sehr lebensnahes Beispiel persönlicher Haftung zu nennen.

Aus personalwirtschaftlicher Sicht ist es unbedingt notwendig, Mitarbeiter bei Entscheidungsprozessen wie diesen intern beratend zu begleiten und Systeme zu etablieren, die die Last der Verantwortung für eine in ihren Haftungskonsequenzen kaum absehbare Entscheidung nicht bei Einzelpersonen belassen: erstens aus Fürsorgepflicht diesen Mitarbeitern gegenüber und zweitens auch zum Schutz des Unternehmens als solchem. Denn Haftungsrisiken können auch für das Unternehmen bedrohlich werden.

Notwendig ist eine Unternehmenspolitik, die vollkommen klar macht, welche Risiken vertretbar sind und welche nicht; allgemein genug, um längerfristig gültig sein zu können, aber auch konkret genug für den Einzelfall. So könnte eine unternehmensweit gültige Regel beispielsweise lauten, dass Mitarbeiter prinzipiell keine Risiken eingehen dürfen, die sie selbst mit ihrem Expertenwissen nicht für vertretbar halten.

Sollte auf Grund einer solchen neuen Regel plötzlich ein Unternehmensbereich still stehen, weil einige Mitarbeiter deutlich mehr Zeit für die Entwicklung eines Produktes brauchen oder im Einkauf mehr Zeit für die Auswahl von Zulieferern benötigen, die dann auch noch teurer sind, dann ist das eine gute Nachricht. Denn es bedeutet, dass die aus Sicht der jeweiligen Experten notwendigen Standards eingehalten werden und Zeit nicht nur Geld ist.

Die Abwägung zwischen Aufwand und Ertrag darf im operativen Tagesgeschäft nicht zulasten der Sorgfalt gehen. Vor allem aber dürfen hierarchisch unterstellte Mitarbeiter bei dieser Entscheidung nicht mit subtilen Hinweisen darauf, sie seien sich ihrer Verantwortung für das Unternehmen ja wohl bewusst, allein gelassen werden. Sie würden sonst eventuell sogar kündigen; aus Selbstschutz.

3.3 Einführung in das Kollektivarbeitsrecht

Die Abstimmung der Rechte und Pflichten zwischen Arbeitgeber und Arbeitnehmer ist ein laufender Prozess; und sicherlich wird sich das Individualarbeitsrecht kontinuierlich weiterentwickeln. Aber auch im Kollektivarbeitsrecht sind die Erkenntnisse aus den Fehlentwicklungen der Industrialisierung deutlich ablesbar.

Das Kollektivarbeitsrecht regelt das Verhältnis zwischen den Arbeitgebern, üblicherweise als Vereinigung der Arbeitgeber im Arbeitgeberverband, und der Vertretung der Arbeitnehmer, den Gewerkschaften. Dabei geht es insbesondere um das Tarifrecht und das Mitbestimmungsrecht.

Abbildung 24: Das Kollektivarbeitsrecht

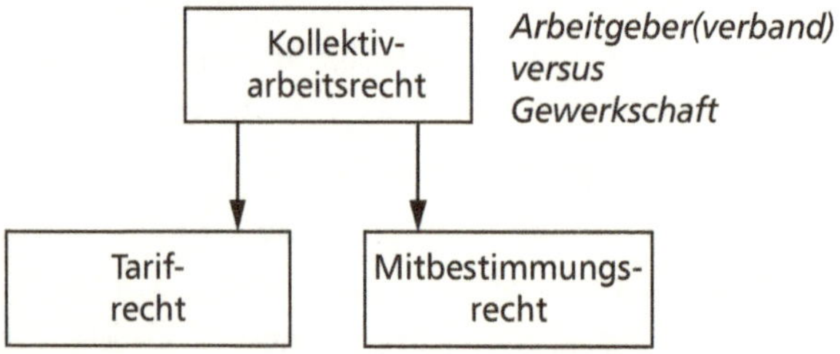

Das Tarifrecht basiert u.a. auf dem im Grundgesetz in Artikel 9, Absatz 3 garantierten Recht zur Bildung von Gewerkschaften. Auf dieser Basis regelt es nach § 1 des Tarifvertragsgesetzes »die Rechte und Pflichten der Tarifvertragsparteien und enthält Rechtsnormen, die den Inhalt, den Abschluss und die Beendigung von Arbeitsverhältnissen sowie betriebliche und betriebsverfassungsrechtliche Fragen ordnen können.« Das Verhältnis der Tarifvertragsparteien zueinander ist in Abbildung 25 dargestellt.

Abbildung 25: Das Verhältnis der Tarifparteien zueinander

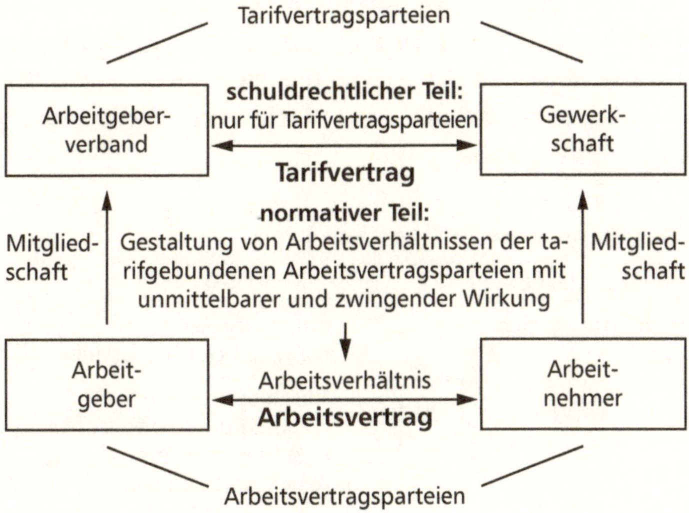

Quelle: Hromadka, Maschmann (2010), S. 41

Die Tarifvertragsparteien sind die Organisationen der Arbeitgeber (Arbeitgeberverband) und der Arbeitnehmer (Gewerkschaft). Diese handeln einen Tarifvertrag aus, der wiederum einen schuldrechtlichen und einen normativen Teil hat.

Der schuldrechtliche Teil bestimmt, dass sich beide Seiten an die Vereinbarung des Tarifvertrags zu halten haben, und dass er für die in den jeweiligen Organisationen zusammengeschlossenen Mitglieder während der vereinbarten Dauer des Vertrags bindend ist. Dieser Teil des Tarifvertrags ist nur für die Tarifvertragsparteien relevant.

Der normative Teil enthält die eigentlichen Regelungen, zu deren Zweck der Tarifvertrag zwischen dem Arbeitgeberverband und der Gewerkschaft ausgehandelt wurde. Er hat unmittelbare Auswirkungen auf die Gestaltungsmöglichkeiten des Arbeitsvertrags zwischen einem einzelnen Arbeitgeber und einem individuellen Arbeitnehmer.[22] Diese sind als Arbeitsvertragsparteien damit nicht vollständig frei, individuelle Vereinbarungen im Arbeitsvertrag zu treffen. Auch diese Einschränkung der privatrechtlichen Vertragsgestaltung ist vom Gesetzgeber gewollt, gibt sie doch den in Gewerkschaften zusammen geschlossenen Arbeitnehmern selbst als Einzelpersonen eine größere Verhandlungsmacht. In Abbildung 26 sind die wichtigsten schuldrechtlichen und normativen Rechte und Pflichten der Tarifvertragsparteien zusammengefasst.

Abbildung 26: Inhalt von Tarifverträgen

Schuldrechtlicher Teil	Normativer Teil
– Durchführungspflicht: Die Tarifvertragsparteien sind verpflichtet, sich an die Normen des Tarifvertrages zu halten und für ihre Erfüllung Sorge zu tragen. – Friedenspflicht: Aufrechterhaltung eines bestehenden Tarifvertrages	– Inhaltsnormen: Lohn, Arbeitszeit, Urlaub, ... – Abschlussnormen: Gebote und Verbote zum Abschluss bestimmter Arbeitsverhältnisse – Beendigungsnormen: in der Regel eine Erweiterung des Kündigungsschutzes – Betriebsnormen: bspw. Arbeitsschutz, Einrichtung einer Kantine, Rauchverbote, Torkontrollen, ... – Betriebsverfassungsrechtliche Fragen: bspw. zum Aufgabenbereich des Betriebsrats, gemeinsame Einrichtungen, wie Lohnausgleichs- und Urlaubskassen, ...
Quelle: Wien (2009), S. 153 ff.	Quelle: Wien (2009), S. 155 ff.

Im Prozess der Einigung auf einen neuen Tarifvertrag verfügen beide Seiten über eine ganze Reihe von Instrumenten, um ihre jeweiligen Positionen zu verdeutlichen. Die wesentlichen Instrumente und ihr Einsatz in der jeweiligen Phase des Arbeitskampfes sind in Abbildung 27 dargestellt. Der Erfolg hängt allerdings nicht nur von der Macht der jeweiligen Partei, die Mittel wirksam einsetzen zu können, ab, sondern auch von ihrer Expertise in den unterschiedlichsten Verhandlungstechniken.

Abbildung 27: Der Weg zum neuen Tarifvertrag – Phasen des Arbeitskampfes

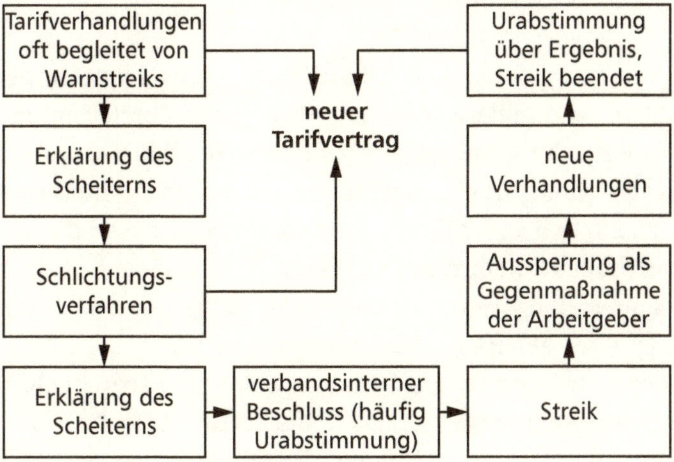

Quelle: nach Jung (2006), S. 81

Eines der wichtigsten Instrumente der Gewerkschaften, um nach gescheiterten Tarifverhandlungen ihre Position zu verdeutlichen, ist der Streik. Die Arbeitgeber können darauf mit Aussperrung reagieren.

Dass der Gesetzgeber diese Instrumente des Arbeitskampfes zulässt, zeigt das große Vertrauen in die Fähigkeiten der Tarifvertragsparteien, einvernehmlich und ohne äußere Einwirkungen zu einer Einigung zu kommen. Dieses gesetzgeberische Vertrauen resultiert aus der grundlegenden Annahme, dass Arbeitgebervertreter und Arbeitnehmervertreter auf Augenhöhe miteinander verhandeln, dass sie also beide über ein vergleichbares Machtpotenzial verfügen und keiner von beiden dem anderen unter- oder überlegen ist.

3.4 Personalwirtschaftliches Problem: neue prekäre Beschäftigungsformen

Die jüngsten personalwirtschaftlichen Entwicklungen deuten jedoch in eine andere Richtung. Mit neuen Beschäftigungsformen jenseits der unmittelbar abhängigen Beschäftigungsverhältnisse versuchen Arbeitgeber immer wieder, ihre unternehmerische Flexibilität zu erhöhen. Es werden dabei die traditionellen Normalarbeitsverhältnisse abgebaut, unter denen man nach Neubäumer und Tretter (2008) »eine auf Dauer und Kontinuität angelegte abhängige Beschäftigung versteht, die in Vollzeit ausgeübt wird und in das System arbeits- und sozialrechtlicher (Schutz-)Bestimmungen eingebunden ist.«[23] Aufgebaut werden hingegen Beschäftigungsformen, die sich von diesem herkömmlichen Verständnis von Beschäftigung deutlich unterschieden. Zu diesen sogenannten atypischen Beschäftigungsverhältnissen zählen die Leiharbeitsformen, zeitlich befristete Arbeit, geringfügige Beschäftigung.[24]

Von Vorteil sind diese Beschäftigungsformen dabei vor allem für die Arbeitgeber, bei denen die Arbeitsleistung erbracht werden soll. So stellen beispielsweise Hetru und Yonnet (2001) fest: »Leading enterprises are seeking to downsize permanent employment and relying on the low cost, skills and responsiveness of their subcontractors to make them more competitive and able more rapidly to adapt to market trends. Subcontractors which have not been in business for so long and are relatively small in size are able to count on a less restrictive collective agreement in order to keep a less costly and more flexible workforce. All they then have to do is to provide minimal training so that the products or services supplied meet the minimum quality requirements of their principals. As a general rule, the downsizing of permanent employment is more of a problem for subcontractors forced to cope with the vagaries of their order books by recruiting temporary personnel or subcontracting part of their work. The downsizing of stable employment then has two pernicious effects: it encourages ›cascade subcontracting‹, which places a growing proportion of the workforce in a precarious position, and it reduces enterprise size, which prevents the establishment of bodies representing personnel and able to insist on their rights to information, consultation and bargaining. Social dialogue, led in the past by large enterprises, then loses much of its substance.«[25]

Zusammengefasst bedeutet das: Abbau fester Arbeitsverhältnisse, weniger restriktive kollektive Vereinbarungen, durch kaskadiertes Sub-Contracting immer mehr prekäre Arbeitsverhältnisse, kleinere Unternehmenseinheiten und dadurch zunehmend weniger Arbeitnehmervertreter, weniger sozialer Dialog. Aus Sicht der Beschäftigten handelt es sich dabei um eine ungute Entwicklung.

Aber worin liegt die Ursache für die Zunahme dieser sogenannten atypischen Beschäftigungsverhältnisse? Die Hauptgründe sind wohl zunehmender Wettbewerbsdruck, zunehmender Kostendruck und höhere Anforderungen an die unternehmerische Flexibilität.[26] Da dieser Trend aller Voraussicht nach auch nicht umkehrbar sein wird, ist es aus personalwirtschaftlicher Sicht interessant und notwendig, sich mit den innerbetrieblichen Folgen der zunehmenden Anzahl atypischer Beschäftigungsverhältnisse auseinanderzusetzen. Neubäumer und Tretter (2008) haben diese untersucht und kommen zu folgenden Ergebnissen:

- »Die Nichteinbindung in das System der sozialen Sicherung und/oder abweichende Arbeitsverträge mit niedrigeren Bruttolöhnen und weniger Sozialleistungen führen zur Senkung der Arbeitskosten.
- Bei nicht auf Dauer angelegten Arbeitsverhältnissen fallen häufiger Einarbeitungskosten und Transaktionskosten für Suche und Auswahl an bzw. bei nicht sorgfältiger Auswahl muss mit höheren Transaktionskosten für Kontrollen und durch unzureichende Arbeitsleistungen gerechnet werden. Dagegen entfallen Kündigungskosten weitgehend.
- Kürzere Arbeitszeiten führen ebenfalls häufiger zu Einarbeitungskosten und Transaktionskosten für Suche und Auswahl.

Sie erhöhen zudem die internen Transaktionskosten und die Weiterbildungskosten gegenüber Normalarbeitsverhältnissen, denn unternehmensinterne Information und Kommunikation sowie Weiterqualifizierung nehmen einen höheren Anteil der Arbeitszeit in Anspruch.

- Mehr externe Flexibilität ermöglicht mehr Beschäftigungssicherheit für die Stammbelegschaft. Damit lassen sich bei ihr »externe Erlöse« durch niedrigere Kündigungs- und Arbeitskosten erzielen.«[27]

Die unternehmerische Notwendigkeit für vermehrte Flexibilität angesichts gestiegenen Kostendrucks und zunehmend globalem Wettbewerb ist offensichtlich. Die personalwirtschaftliche Aufgabe ist es, Beschäftigungsformen zu entwickeln, die beiden Seiten gerecht werden: dem Unternehmen, aber auch den Mitarbeitern.

Zum Reflektieren

Was spricht für und was gegen den vermehrten Einsatz von Leiharbeitnehmern und Selbständigen?

Das heutige Arbeitsrecht ist Ergebnis einer langen und für die betroffenen abhängig beschäftigen Mitarbeiter zeitweise nicht immer erfreulichen Entwicklung. Die Errungenschaften des Arbeitsrechts schränken natürlich den Arbeitgeber in seiner Handlungsfreiheit ein. Sie schaffen jedoch auch sozialen Frieden im Unternehmen. Und das ist ebenfalls ein durchaus ökonomisch relevanter Faktor. Die Konsequenzen einer einseitigen Aufkündigung des vom Arbeitsrecht vorgesehenen sozialen Ausgleichs durch die Unternehmen wären mit hoher Wahrscheinlichkeit geringere Motivation, geringere Leistungsbereitschaft und höhere Wechselbereitschaft der Mitarbeiter. Das personalwirtschaftliche Problem bei einer Argumentation wie dieser ist allerdings, dass die Konsequenzen nicht nachweisbar sind, weil man den Gegenbeweis natürlich nicht antreten kann.

3.5 Personalwirtschaftliche Errungenschaft: Mitbestimmung im Unternehmen

Eine weitere wesentliche Errungenschaft des kollektiven Arbeitsrechts ist das Mitbestimmungsrecht; ein bemerkenswertes und im internationalen Vergleich ziemlich einmaliges Rechtssystem, das in seiner Philosophie wie auch seiner Ausgestaltung ebenfalls auf die Erfahrungen mit historischen (Fehl)-Entwicklungen zurückzuführen ist. Hromadka und Maschmann (2010) formulieren den Zweck der Mitbestimmung in Unternehmen und Betrieben folgendermaßen: »Mitbestimmung meint die Beteiligung der Beschäftigten an Entscheidungen in Betrieb, Unternehmen und Verwaltung durch gewählte Repräsentanten. Ziel ist die Einbringung ihrer Interessen sowohl bei Maßnahmen, die sie unmittelbar betreffen, als auch bei solchen, die sie mittelbar berühren, weil sie über kurz oder lang Auswirkungen auf ihre Arbeitsbedingungen haben oder haben können. Eingeschränkt werden die Handlungsfreiheit des Unternehmers sowie seine Rechte aus dem Arbeitsvertrag, d.h. seine Freiheit bei tatsächlichen Entscheidungen, bei Vereinbarungen mit den Arbeitnehmern oder zumindest bei deren Umsetzung sowie bei der Ausübung von Leistungsbestimmungsrechten.«[28]

Auch die Regelungen zur Mitbestimmung dienen also dem Schutz der Arbeitnehmer und auf diese Weise dem Ausgleich der Interessen des Unternehmens und seiner Belegschaft.

Betriebliche Mitbestimmung

Auf betrieblicher Ebene wird nach dem Betriebsverfassungsgesetz von 1972 die Mitbestimmung vom Betriebsrat ausgeübt. In diesem Gesetz ist festgelegt, wie der Betriebsrat als Vertretung der Arbeitnehmer organisiert sein muss und welche Rechte er, aber auch der einzelne Arbeitnehmer hat.

Die Rechte des Betriebsrats beziehen sich auf vier verschiedene Bereiche der Unternehmensorganisation – im Betriebsverfassungsgesetz »Angelegenheiten« genannt: soziale Angelegenheiten, Fragen des Arbeitsplatzes, personelle Angelegenheiten und sogar wirtschaftliche Angelegenheiten. Sie reichen also sehr weit und greifen bis zu einem gewissen Grad selbst in die Kernkompetenzen der Unternehmensleitung ein.

Abbildung 28: Rechte des Betriebsrats

Rechte des Betriebsrats (BetrVG):

– Soziale Angelegenheiten	(§§ 87–89)
– Gestaltung von Arbeitsplatz, -ablauf, -umgebung	(§§ 90f.)
– Personelle Angelegenheiten	(§§ 92–105)
– Wirtschaftliche Angelegenheiten	(§§ 106–113)

Mitwirkungsrechte:
- Informationsrecht
- Beratungsrecht
- Vorschlagsrecht
- Anhörungsrecht

Mitbestimmungsrechte:
- Widerspruchsrecht
- Recht, seine Zustimmung zu verweigern
- Initiativrecht

Der Betriebsrat hat nicht nur Mit*wirkungs*rechte, sondern sogar Mit*bestimmungs*rechte. Er muss also nicht nur in bestimmten Angelegenheiten informiert, angehört und zu Beratungen hinzugezogenen werden oder darf Vorschläge unterbreiten. Zu bestimmten Themen hat er sogar ein Widerspruchsrecht, das Recht seine Zustimmung zu verweigern und auch das Recht, selbst Themen in die Diskussion mit der Unternehmensleitung einzubringen (Initiativrecht).

All diese Rechte haben einen übergeordneten Zweck, der sich wie ein roter Faden durch alle personalwirtschaftlichen Themen zieht. Dieser Zweck ist in § 2, Abs. 1 des Betriebsverfassungsgesetztes in Form eines Appells folgendermaßen formuliert: »Arbeitgeber und Betriebsrat arbeiten unter Beachtung der geltenden Tarifverträge vertrauensvoll und im Zusammenwirken mit den im Betrieb vertretenen Gewerkschaften und Arbeitgebervereinigungen zum Wohl der Arbeitnehmer und des Betriebs zusammen.« Vertrauensvoll und zum Wohle aller.

Lesetipp

Das Betriebsverfassungsgesetztes ist für jeden in einem Unternehmen beschäftigten Mitarbeiter lesenswert. Denn der Betriebsrat vertritt nicht nur die Mitarbeiter gegenüber dem Unternehmen, sondern kann auch für reibungslose Abläufe im Unternehmen sorgen und damit im Interesse der Mitarbeiter und des Unternehmens gleichermaßen handeln.

Unternehmerische Mitbestimmung

Auf Unternehmensebene wird die Mitbestimmung im Wesentlichen durch das Montan-Mitbestimmungsgesetz von 1951, das Mitbestimmungsgesetz von 1976 und das Drittelbeteiligungsgesetz von 2004 geregelt. Es gilt für Kapitalgesellschaften und Genossenschaften mit in der Regel mehr als 500 Arbeitnehmern.

Bei dieser Form der Mitbestimmung werden die Arbeitnehmervertreter nicht nur als »Gegenspieler« der Unternehmensleitung wahrgenommen, wie im Falle des Betriebsrats, der ja durch seine Mitwirkungs- und Mitbestimmungsrechte die Interessen der Arbeitnehmer »gegen« die Unternehmensleitung vertreten soll. Vielmehr sind sie bei der Mitbestimmung auf Unternehmensebene gleichberechtigte Mitglieder der Unternehmensorgane und als Aufsichtsratsmitglieder sogar gleichberechtigte Mitentscheider im Unternehmen.

Aus personalwirtschaftlich-historischer Sicht besonders interessant ist unter den Gesetzen, welche die Mitbestimmung auf Unternehmensebene regeln, das Montan-Mitbestimmungsgesetz. Es wurde in der noch jungen Bundesrepublik erlassen und regelt – wie der Name schon sagt – die Mitbestimmung in Unternehmen der Stahlindustrie.

Abbildung 29: Beispiel für unternehmerische Mitbestimmung: das Montan-Mitbestimmungsgesetz von 1951

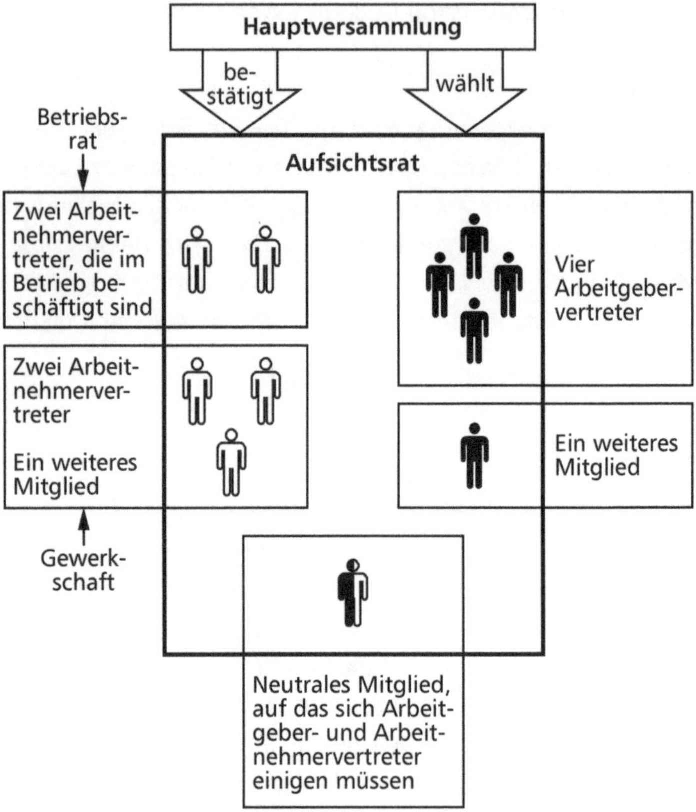

Quelle: Jung (2006), S. 99

Nach dem Montan-Mitbestimmungsgesetz wird der Aufsichtsrat paritätisch mit jeweils vier Vertretern der Arbeitgeber und der Arbeitnehmer besetzt. Zwei der vier Arbeitnehmervertreter müssen dabei in einem Betrieb des Unternehmens beschäftigt sein und werden von den Betriebsräten der Betriebe des Unternehmens gewählt. Die zwei weiteren Arbeitnehmervertreter werden von Gewerkschaftsseite vorgeschlagen. Damit sitzen im Aufsichtsrat sowohl Repräsentanten des Betriebsrats, der ja für die Mitbestimmung auf betrieblicher Ebene verantwortlich ist, als auch Abgesandte der Gewerkschaften, die die tarifvertraglichen Regelungen auf Unternehmensebene mitverhandeln. Beide Gruppen haben wichtige arbeitsrechtliche Aufgaben im oder für das Unternehmen und sind aus diesem Grund im Aufsichtsrat vertreten.

Das Montan-Mitbestimmungsgesetz ist aber vor allem deshalb so interessant, weil es unter dem Eindruck und aus den Erfahrungen mit der Rolle der Stahlindustrie und ihrer Rüstungsprodukte während des zweiten Weltkriegs erlassen wurde. Mit dem Montan-Mitbestimmungsgesetz wollte der Gesetzgeber vermeiden, dass ein Unternehmen aus eigenem ökonomischem Interesse heraus Entscheidungen zum Nachteil der gesellschaftlichen Allgemeinheit treffen kann. Dem Aufsichtsrat in Unternehmen der Montan-Industrie gehören daher nicht nur paritätisch Vertreter der Arbeitgeber- und der Arbeitnehmerseite an, sondern zusätzlich jeweils eine weitere Person als Vertreter der Bevölkerung, die nicht im Unternehmen beschäftigt sein darf. Damit der Aufsichtsrat handlungsfähig bleibt, gibt es darüber hinaus noch ein weiteres Mitglied: den Arbeitsdirektor. Dieser ist zwar als Arbeitgebervertreter üblicherweise Vorstandsmitglied, kann aber andererseits nur mit Zustimmung der Arbeitnehmervertreter ernannt und abberufen werden.

Das Montanmitbestimmungsgesetz ist ein gutes Beispiel dafür, wie fein ausdifferenziert die Mitbestimmung im Unternehmen geregelt ist. Es verfolgt – wie das Arbeitsrecht insgesamt – eigentlich nur ein Ziel: die Gewährleistung des sozialen Friedens im Unternehmen. Mit diesem Ziel dient das Arbeitsrecht aber bei weitem nicht nur den Arbeitnehmern, obwohl es zu deren Schutz etabliert worden ist. Sozialer Frieden ist auch im ökonomischen Interesse des Unternehmens, weil er das innerbetriebliche Konfliktpotenzial reduziert und damit die Wettbewerbsfähigkeit des Unternehmens unmittelbar steigert.

Die weiteren Gesetze zur Regelung der Mitbestimmung auf Unternehmensebene sind letztlich aus dem Montan-Mitbestimmungsgesetz entstanden und regeln die Mitbestimmung in den verschiedenen Rechtsformen von Kapitalgesellschaften und Genossenschaften sowie in unterschiedlichen Unternehmensgrößen.

Der große Vorteil der Mitbestimmung auf Unternehmensebene ist, dass durch die Gleichberechtigung von Arbeitgeber- und Arbeitnehmerseite bei unternehmerischen Entscheidungen viele Konflikte und auch Streiks von vornherein vermieden werden. Außerdem haben die Arbeitnehmervertreter so die Möglichkeit, ihre Belange an relevanter Stelle anzubringen, was die Arbeitsbedingungen der abhängig Beschäftigten auf Dauer verbessern dürfte. Und natürlich ist nach den Erfahrungen mit der Industrialisierung und angesichts der Hintergründe des Montan-Mitbestimmungsgesetzes auch die Kontrolle wirtschaftlicher Macht durchaus eine wichtige Errungenschaft. Diesen Vorteilen stehen jedoch auch einige signifikante Nachteile gegenüber.

Eines der wesentlichsten Probleme resultiert daraus, dass diese Form der Mitbestimmung eine deutsche Spezialität ist, die in internationalen oder ausländischen Unternehmen vielfach unbekannt ist. Den Gedanken der Mitbestimmung in internationale Abläufe zu integrieren ist daher nicht trivial. Insbesondere wenn man bedenkt, dass derartige Gremien in großen Konzernen dazu tendieren, selbst relativ groß zu werden und damit Umsetzungsfähigkeit verlieren könnten. In Unternehmen, die dem Mitbestimmungsgesetz unterliegen und die mehr als 20.000 Arbeitnehmer beschäftigen, besteht nach § 7, Satz 1, Nr. 3 Mitbestimmungsgesetz der Aufsichtsrat beispielsweise aus 20 Personen. Ein Gremium dieser Größe kann operative Umsetzungsprobleme bekommen, und das würde die Legitimation im internationalen Kontext nicht erhöhen. Ein weiteres Problem kann aus Interessenkonflikten der externen gegenüber den internen Arbeitnehmervertretern im Aufsichtsrat entstehen. Denn Vertreter der Gewerkschaften verfolgen nicht notwendigerweise dieselben Interessen wie intern Beschäftigte. Vor allem aber – und das ist ein durchaus ernstes Problem – ist die Qualifikation mancher Vertreter in Aufsichtsräten nicht adäquat und oft auch tatsächlich nicht ausreichend für das Maß an unternehmerischer Verantwortung, das an eine solche Aufgabe gekoppelt ist. Und trotzdem ist das Arbeitsrecht sowohl in seiner Gesamtheit als auch in seinen individuellen und kollektiven Ausdifferenzierungen eine erstaunliche und große Errungenschaft, wenn man bedenkt, aus welcher Historie heraus es in doch relativ kurzer Zeit entstanden ist. Es ist damit auch etwas Schützenswertes, das nicht durch immer neue, »kreative« (d.h. atypische) Arbeitsverhältnisse aufs Spiel gesetzt werden sollte. Derartige Arbeitsverhältnisse dienen oftmals nur einem Ziel: die Position der Arbeitnehmer als Vertragspartei zu schwächen.

Die Geschichte der Arbeit zeigt, welche Auswirkungen einseitige Machtverteilung in Arbeitsbeziehungen haben kann. Es ist nicht erstrebenswert, dies zu wiederholen. Wichtig wäre vielmehr, die Errungenschaften des modernen Arbeitsrechts in Deutschland zu schützen und es kontinuierlich weiter zu entwickeln, um dann mit Recht aktiv für eine ähnliche Entwicklung in anderen Teilen der Erde eintreten zu können: als Kunden auf globalen Märkten und noch wichtiger: als eine einzige integrierte globale Gesellschaft.

3.6 Zusammenfassung

Das heutige Individual- und Kollektivarbeitsrecht in Deutschland ist für die abhängig beschäftigten Arbeitnehmer eine große Errungenschaft. An vielen Stellen des modernen Arbeitsrechts sind die Erfahrungen aus der Industrialisierung und die daraus gezogenen Konsequenzen durchaus noch erkennbar. So resultieren einige Bestimmungen des Arbeitsrechts – vom Arbeitsschutz des Individualarbeitsrechts bis zur Mitbestimmung des Kollektivarbeitsrechts – nicht zuletzt aus den sozial- und arbeitsgeschichtlichen Erfahrungen.

Einige Probleme sind jedoch nach wie vor ungelöst, andere entwickeln sich erst auf Grund sich ändernder Rahmenbedingungen. Die Frage, inwieweit Mitarbeiter persönlich haften sollten angesichts der Weisungsgebundenheit, die ihre Entscheidungsfreiheit einschränkt, ist ein offenes personalwirtschaftliches Problem im modernen Arbeitsrecht. Andererseits würde ein Verzicht auf persönliche Haftung der handelnden Personen einen hohen Anspruch an deren Verantwortungsbewusstsein stellen.

Aber auch im kollektiven Arbeitsrecht gilt es, personalwirtschaftliche Herausforderungen zu lösen. So ist die Entwicklung von Normalarbeitsverhältnissen hin zu atypischen Beschäftigungsformen Ausdruck einseitiger Machtverteilung in dem eigentlich auf Ausgleich der Interessen basierenden System des Arbeitsrechts. Zur Lösung dieser Probleme ist eine enge interdisziplinäre Kooperation von Ökonomen und Juristen wichtig, denn es handelt sich um *personalwirtschaftliche* Aspekte des Arbeitsrechts.

4 Organisationstheorien und ihre Menschenbilder

Jedes Unternehmen und alle Vorgänge im Unternehmen kann man aus sehr verschiedenen Blickwinkeln betrachten. Und je nachdem welchen Blickwinkel man einnimmt, wird man zu ganz unterschiedlichen Vorstellungen darüber kommen, welche Entscheidungen im Unternehmen getroffen werden müssen.

Im Lauf der Zeit haben sich aufgrund dieser verschiedenen Sichtweisen ganz unterschiedliche Handlungsempfehlungen für das Vorgehen in einem Unternehmen herausgebildet. Das Ziel war immer das gleiche: das Unternehmen erfolgreich zu machen. Nur die Vorstellungen, wie dies am besten geschehen könne, wichen stark voneinander ab. Nicht zuletzt übrigens, weil das Menschenbild derjenigen, die Vorschläge machten, sehr unterschiedlich war.

Beginnen soll die Diskussion der unterschiedlichen Organisationsentwürfe und der mindestens so unterschiedlichen Empfehlungen für erfolgreiches Handeln im Unternehmen mit einer kurzen Geschichte, die hoffentlich verdeutlicht, warum die Sichtweisen auf ein und dieselbe Unternehmensorganisation so unterschiedlich sein können:

Fallbeispiel 4: Die Elefanten-Organisation

»Sechs blinde Männer stoßen auf einen Elefanten. Der eine fasst den Stoßzahn und meint, die Form des Elefanten müsse die eines Speeres sein. Ein anderer ertastet den Elefanten von der Seite und behauptet, er gleiche eher einer

Mauer. Der dritte fühlt ein Bein und verkündet, der Elefant habe große Ähnlichkeit mit einem Baum. Der vierte ergreift den Rüssel und ist der Ansicht, der Elefant gleiche einer Schlange. Der fünfte fasst an ein Ohr und vergleicht den Elefanten mit einem Fächer; und der sechste, welcher den Schwanz erwischte, widerspricht und meint, der Elefant sei eher so etwas wie ein dickes Seil.«[29]

Diese Geschichte beschreibt die Situation in heutigen Unternehmen sehr gut. Denn auch ein Unternehmen ist viel zu groß, zu vielfältig, und vor allem sind seine diversen Teilbereiche viel zu unterschiedlich, als dass man es in seiner Gesamtheit einfach so erfassen und verstehen könnte. Aber gerade das ist eigentlich unbedingt notwendig, um im Unternehmen Entscheidungen treffen zu können, die sowohl für das Unternehmen und seine ökonomischen Ziele, als auch für die Mitarbeiter mit ihren persönlichen Zielen relevant und richtig sind.

Jedem Mitarbeiter, egal auf welcher Hierarchieebene, geht es genauso, wie den sechs blinden Männern mit dem Elefanten. Er kann sich nur Stück für Stück an das Unternehmen herantasten. Wie das Unternehmen aber wirklich tickt, kann er nur erkennen, wenn er im übertragenen Sinne einmal um den Elefanten herum gegangen ist. Um das Unternehmen und die Verhaltensweisen seiner Mitarbeiter wirklich zu verstehen, muss er es aus möglichst vielen verschiedenen Perspektiven betrachten und – um bei dem Bild zu bleiben: »betasten und befühlen«.

Man stelle sich beispielsweise einen Vorstand vor, der im obersten Stockwerk des Verwaltungsgebäudes am Fenster seines Büros steht und auf die Montage- und Fertigungshallen herunterblickt. Dort unten sieht er, wie ein mit Arbeitskleidung gekleideter Werker zwischen den Hallen entlang geht. Es ist mitten am Tag, die Frühstückspause ist lange vorbei und das Mittagessen noch in weiter Ferne. Der Vorstand wundert sich, wie es sein kann, dass der Arbeiter dort so entspannt entlang läuft, und fragt sich, ob der nichts zu tun hat. Für den nächsten Tag nimmt er sich vor, sich mal wieder in den Montage- und Produktionshallen blicken zu lassen, um allein durch seine Anwesenheit klarzumachen, dass Schlendrian nicht toleriert wird.

Das ist sicherlich eine etwas pointierte Geschichte. Aber es kommt durchaus vor, dass ein Controlling-Vorstand in einem per E-Mail verschickten Schreiben an die gesamte Belegschaft vorrechnet, wie viel Geld unnütze E-Mails die Firma kosten, und dass dies zu unterlassen sei. Als Beispiel dienen dann solche E-Mail-Korrespondenzen von einem Angestellten mit Massenverteiler an alle Kollegen wie beispielsweise: »Auto auf dem Mitarbeiterparkplatz mit dem Nummernschild XXX: Licht brennt noch.« Worauf hin nur wenige Minuten später ein anderer Kollege ebenfalls an die gesamte Belegschaft antwortet, dass das Licht schon von selbst ausginge, sobald die Batterie leer sei. In jedem einzelnen Büro des Unternehmens wird dieser Vorgang dann sicherlich mindestens fünf Minuten lang belustigt diskutiert werden. Natürlich kostet solch ein Briefwechsel und die anschließende Diskussion das Unternehmen jede Menge Geld. Und darauf hat der Vorstand ja nur hingewiesen. Aus seiner Perspektive ist dieser Hinweis nachvollziehbar, denn das Unternehmen und die Vorgänge darin müssen auf ihn wie eine undurchdringliche Blackbox wirken. Die Mitarbeiter werden sich über solch eine Rüge vom Vorstand jedoch mit Sicherheit ärgern. Vielleicht suchen sie sich Ihre Freiräume anschließend woanders: denn wer sagt denn, dass man Kollegen, die in einem Büro am anderen Ende des Firmengeländes arbeiten, immer nur anrufen sollte. Man könnte sie doch eigentlich auch mal wieder persönlich besuchen. Oder?

Diese für viele Unternehmen ganz typischen Probleme resultieren aus unterschiedlichen Sichtweisen der einzelnen Akteure auf die Organisation. Weil jeder das Unternehmen aus einem anderen Blickwinkel betrachtet, nimmt er auch etwas anderes wahr. Folglich interpretiert er die Vorgänge im Unternehmen vollkommen anders, als seine Kollegen oder Vorgesetzten, die auf der anderen Seite des Elefanten stehen. Das ist unproblematisch, solange man sich stets darüber bewusst ist, dass die Perspektive, die man einnimmt, auch die eigenen Handlungen bestimmt, und dass die Handlungen anderer Menschen, die einen anderen Blick auf das Unternehmen haben, ebenso legitim sein können, selbst wenn sie unverständlich erscheinen sollten. Jeder Mensch auf jeder Hierarchieebene im Unternehmen versucht, sich ein Bild von dem Unternehmen zu machen, um anhand dieses Bildes entscheiden zu können, wie er sich wohl verhalten sollte. Dieses Bild hängt wie gesagt von der eigenen Perspektive auf das Unternehmen ab, es hängt jedoch darüber hinaus maßgeblich auch davon ab, welches Bild man von den anderen Menschen im Unternehmen hat und wie man deren Verhaltensweisen interpretiert.

Aus der Geschichte von dem Elefanten wird deutlich, dass jeder Versuch, das Geschehen im Unternehmen zu erklären, immer nur einen Teil des tatsächlichen Organisationsgeschehens beleuchten kann. Denn die Interpretation des Organisationsgeschehens hängt von der eigenen Perspektive ab, und vor allem auch von dem eigenen Menschenbild. Das Menschenbild ist dabei nichts anderes, als die Interpretation der Verhaltensweisen der anderen Menschen. Und diese Interpretation wird maßgeblich von der eigenen Perspektive auf das Unternehmen und auf das Geschehen im Unternehmen geprägt.

Um im Unternehmen sinnvolle Entscheidungen treffen zu können, ist es daher von großer Bedeutung, sich des eigenen Menschenbildes bewusst zu werden und mit den Bildern, die sich andere Menschen von dem Unternehmen und den darin beschäftigten Kollegen machen, zu beschäftigen. Denn das Menschenbild spiegelt die Sichtweise des Betreffenden auf andere. Im Laufe der Zeit haben sich sowohl die Menschenbilder als auch die Interpretationen des Unternehmensgeschehens ziemlich gewandelt. Entsprechend unterschiedlich sind auch die wissenschaftlichen Vorschläge, wie man Unternehmensorganisationen ausgestalten sollte.

Einige dieser Organisationsentwürfe sollen im Folgenden etwas näher vorgestellt werden, da sie wichtige Ansätze zur Erklärung und Gestaltung von Organisationen enthalten. Jeder dieser

Organisationsentwürfe ist auch heute noch aktuell und seine Kenntnis notwendig, um sinnvolle Entscheidungen im Unternehmen treffen zu können, aber auch um zu verstehen, warum sich andere Menschen im Unternehmens so vordergründig unverständlich verhalten, wie sie es tun. Eingehender betrachtet wird:

- der physiologische Ansatz des Scientific Management von Frederic Winslow Taylor[30],
- der motivationsorientierte Ansatz der Human Relations Bewegung[31],
- die verhaltenswissenschaftliche Entscheidungstheorie[32],
- der Transaktionskostenansatz von Oliver E. Williamson[33].

Um zu überprüfen, ob man die Organisationstheorie auch tatsächlich verstanden hat und vor allem, ob man in der Lage ist, sie anzuwenden, sollte man nach dem Studium der Organisationstheorien die folgenden vier Fragen beantworten können.

1. Welche Fragestellungen verfolgen die Ansätze?
2. Von welchen Grundannahmen gehen sie aus?
3. Welche Erkenntnisse vermitteln sie?
4. Welche Methoden setzen sie ein?

Die Frage nach den Unterschieden der Ansätze zielt darauf ab, sich über die Perspektive der jeweiligen Organisationstheorie auf das Unternehmen im Klaren zu werden. Es macht eben durchaus einen Unterschied, ob man von vorne, von der Seite, oder von hinten auf den Elefanten blickt. Die Frage nach den Grundannahmen der jeweiligen Organisationstheorie versucht, das der Organisationstheorie zugrunde liegende Menschenbild zu klären. Welche Erkenntnisse eine Organisationstheorie vermitteln kann, ist eine ganz wichtige Frage. Denn davon hängt ab, wozu man eine Organisationstheorie verwenden kann und welche praktischen operativen Probleme man mit ihrer Hilfe lösen kann. Die Frage nach den eingesetzten Methoden ist eher von wissenschaftlichem Interesse als von praktischem. Qualitative Methoden eignen sich beispielsweise nicht für quantitative Aussagen.

4.1 Wissenschaftliches Management nach Taylor

Die erste wichtige Organisationstheorie zur Erklärung und Gestaltung von Abläufen im Unternehmen ist der physiologische Ansatz von Frederic Winslow Taylor, der unter dem Titel »Scientific Management«, also »wissenschaftliches Management«, bekannt geworden ist.

Als Einleitung in eine detailliertere Beschäftigung mit Taylors Organisationsansatz zunächst ein kurzer Textausschnitt, der vielleicht einen Eindruck von Taylors Gedankenwelt und seiner Zielrichtung vermitteln kann. Dieser kurze Textausschnitt steht unter dem Motto »Wissenschaft statt Faustregel« und verdeutlicht seine Herangehensweise:

Fallbeispiel 5: Taylors wissenschaftliches Management

»Für einen erstklassigen Schaufler gibt es eine bestimmte Gewichtslast, die er jedes Mal mit der Schaufel heben muss, um die größte Tagesleistung zu vollbringen. Welches ist nun diese Schaufellast? Wird ein Arbeiter pro Tag mehr leisten können, wenn er jedes Mal 2, 3, 5, 10, 15 oder 20 kg auf seine Schaufel nimmt?

Das ist eine Frage, die sich nur durch sorgfältig angestellte Versuche beantworten lässt. Deshalb suchten wir erst 2 oder 3 erstklassige Schaufler aus, denen wir einen Extralohn zahlten, damit sie zuverlässig und ehrlich arbeiteten. Nach und nach wurden die Schaufellasten verändert und alle Nebenumstände, die mit der Arbeit irgendwie zusammenhingen, sorgfältig mehrere Wochen lang von Leuten, die ans Experimentieren gewöhnt waren, beobachtet.

So fanden wir, dass ein erstklassiger Arbeiter seine größte Tagesleistung mit einer Schaufellast von ungefähr 9 ½ kg vollbrachte, d.h. er leistete mit einer Schaufellast von 9 ½ kg mehr als mit einer solchen von 11 kg oder 8 ½ kg. Selbstverständlich kann kein Schaufler jedes Mal genau 9

½ kg auf seine Schaufel nehmen; aber 1–2 kg darunter oder darüber machen keinen Unterschied, wenn nur der Durchschnitt 9 ½ kg beträgt.«[34]

Taylors Methodik und Erkenntnisse

Taylor beklagte, dass die Arbeitsorganisation, das Management also, mehr oder weniger unsystematisch nur aus dem Bauch heraus betrieben wurde. Das führte seiner Ansicht nach zu erheblichen Ineffizienzen, weil die tatsächlich zur Verfügung stehende Arbeitsleistung nicht optimal ausgenutzt wurde. Er untersuchte daraufhin die Abläufe in den Produktionsbetrieben anhand von ausführlichen Arbeits- und Zeitstudien, mit deren Hilfe er optimale Bewegungsabläufe herausfinden wollte.

Im Rahmen dieser Studien unterteilte er die Arbeitsabläufe in immer kleinere Einzelschritte und teilte diese jeweils nur noch wenigen Einzeltätigkeiten unterschiedlichen Arbeitern zu. Auf diese Weise nutzte er Lernkurvenvorteile, weil natürlich jemand, der im Extremfall nur noch einen einzigen Bewegungsablauf ausführen muss, diesen im Laufe der Zeit in hoher Perfektion beherrscht. Das Ergebnis ist eine sehr hohe Effizienz im gesamten Produktionsablauf. Dieses analytische Vorgehen fasste er selbst unter dem Begriff des »wissenschaftlichen Managements« zusammen.

Das Problem dabei hat Charly Chaplin in seinem Film »Moderne Zeiten« 1936, also nur wenige Jahre nachdem Taylor seine Studien durchgeführt hatte, persifliert. In diesem Film führt Charly Chaplin als Arbeiter am Fließband nur noch eine einzige Tätigkeit aus. Er dreht mit zwei Schraubenschlüsseln, einem in der linken und einem in der rechten Hand, jeweils nur einmal kurz an zwei Schrauben. Er macht also am Fließband stehend tagtäglich immer nur eine einzige Bewegung; und das so lange, bis er diese Bewegung selbst dann noch ausführt, wenn er eigentlich schon Pause hat, weil die Bewegung ein körperlicher Automatismus geworden ist.

Die Zerlegung von Arbeitsabläufen in einzelne Tätigkeiten und die dauerhafte Zuweisung dieser Tätigkeiten an Mitarbeiter kann auf diese in der Tat sehr demotivierend wirken.

Bei dieser Form der Arbeitsorganisation werden die ökonomischen Ziele des Unternehmens ohne Rücksicht auf die Mitarbeiter realisiert. Denn die sozialen Ziele der Mitarbeiter und damit deren Motivation spielen bei der Entscheidung für eine bestimmte Organisation der Arbeitsabläufe bei Taylor keine Rolle.

Verantwortlich hierfür ist das Menschenbild, das dem sogenannten wissenschaftlichen Management zu Grunde liegt. Der Mensch wird bei diesem Organisationsansatz als ein maschinenähnlicher Produktionsfaktor gesehen, der natürlich eigene Bedürfnisse hat, die jedoch für die Organisation der Arbeits- und Produktionsabläufe keine Rolle spielen (dürfen), da ihre Berücksichtigung die mögliche Effizienz der Produktionsabläufe reduzieren würde. Unter dem Begriff »Taylorismus« wird seitdem ein mechanistisch autoritäres Menschenbild verstanden, in welchem der »Mensch als Maschinenersatz« wahrgenommen wird.

Obwohl Taylor feststellt, dass die Menschen sich drücken würden, also faul und träge wären, steht dahinter allerdings keineswegs ein negatives Menschenbild. Denn die Begründung für die vermeintliche Faulheit ist interessant. Taylor selbst konstatiert im Rahmen seiner Arbeitsanalysen: »Hat ein Arbeiter erlebt, dass der Lohn pro Stück zwei- oder dreimal herabgesetzt wurde als Folge davon, dass er angestrengter gearbeitet hat und seine tägliche Produktion erhöht hatte, so wird er wahrscheinlich jedes Verständnis für den Standpunkt des Arbeitgebers verlieren und den festen Vorsatz fassen, keine weiteren Lohnerniedrigungen mehr zuzulassen, wenn er sie irgendwie durch Zurückhalten mit der Arbeit verhindern kann. Leider verdirbt das »Sich-Drücken« den Charakter des Arbeiters, da es notwendigerweise ihn veranlassen muss, seinen Arbeitgeber zu hintergehen.«[35]

Ursachen für die Entwicklung des Prinzips des wissenschaftlichen Managements sind also nicht nur die bisher ineffizienten Produktionsweisen, sondern auch die personalwirtschaftlichen

Unzulänglichkeiten im Führungsprozess. Taylors Menschenbild war nicht negativ. Und er ging auch keineswegs davon aus, dass die Arbeiter von Natur aus faul und träge seien. Entsprechend der viel später entwickelten ökonomischen Verhaltenstheorie haben sich die Arbeiter einfach nur rational eigennutzmaximierend verhalten. Wenn sie höhere Leistung mit Lohneinbußen quittiert bekamen, dann haben sie nachvollziehbarerweise nicht mehr so viel geleistet.

Die vier wesentlichen Handlungsempfehlungen

Taylors Verdienst war es, die Arbeitsabläufe zu professionalisieren, indem er sowohl die Abläufe als auch die Methoden zur Leistungsmessung transparent machte. Seine Handlungsempfehlungen lauten:

»Erstens: Die Leiter entwickeln ein System, eine Wissenschaft für jedes einzelne Arbeitselement, das an die Stelle der alten Faustregel-Methode tritt.«[36] Dieses System entsteht aus den bereits erwähnten Arbeits- und Zeitstudien und soll das bisherige Management aus dem Bauch heraus, das von seiner Philosophie her noch aus den Zeiten der ehemaligen Handwerksfertigung der Kleinstbetriebe stammt, ersetzen.

»Zweitens: Auf Grund eines wissenschaftlichen Studiums wählen sie die passendsten Leute aus, schulen sie, lehren sie und bilden sie weiter, anstatt, wie früher, den Arbeitern selbst die Wahl ihrer Tätigkeit und ihre Weiterbildung zu überlassen.«[37] Auch hier wird die Abkehr von der Laissez-faire-Tradition deutlich, die noch aus der Organisation der Kleinstbetriebe stammt, in industriellem Maßstab aber vermutlich schon lange nicht mehr funktioniert hat. Diese Handlungsempfehlung lässt aber auch bereits erste personalwirtschaftliche Überlegungen erahnen. Denn Taylor empfiehlt hiermit, ein Personalentwicklungsprogramm für die Mitarbeiter zu etablieren. Der Zweck der Schulungen war natürlich nur, die Produktivität der Mitarbeiter zu erhöhen. Es ging dabei nicht um die Realisierung der persönlichen Ziele der Mitarbeiter. Denn Mitarbeitermotivation war damals noch kein Thema von Rang. Schließlich standen genügend Arbeitskräfte zur Verfügung. Und teuer waren nicht die Mitarbeiter, sondern die Maschinen, die sie bedienten. Aufgabe der Mitarbeiter war daher, dafür zu sorgen, dass die Maschinen möglichst ohne Unterbrechung liefen. Daher auch das organisationale Bild der »Menschen als Maschinenersatz«. Sie mussten funktionieren, damit die Maschinen funktionierten.

»Drittens: Sie arbeiten in herzlichem Einvernehmen mit den Arbeitern; so können sie sicher sein, dass alle Arbeit nach den Grundsätzen der Wissenschaft, die sie aufgebaut haben, geschieht.«[38] Diese Pflicht der Verwaltungsorgane, oder wie man heute sagen würde der Führungskräfte, weist starke Bezüge zu Taylors Beobachtungen auf, dass sich Mitarbeiter vor der Arbeit drücken, weil sie die Erfahrung gemacht haben, dass sich deutlich höhere Leistung nicht nur nicht lohnt, sondern regelrecht bestraft wird, indem dann einfach der Lohn pro Stück gekürzt wird. Letztendlich ist die grundlegende Philosophie von Taylors wissenschaftlichem Management ganz einfach: wenn das Unternehmen möchte, dass sich die Arbeiter engagieren, dann muss es mithilfe von nachvollziehbaren Methoden herausfinden, wieviel ein Arbeiter schaffen kann, und muss außerdem transparente und nachprüfbare Leistungsstandards festlegen, um Willkür auszuschließen. Taylor empfiehlt hierfür das Zeitlohnsystem.[39]

»Viertens: Arbeit und Verantwortung verteilen sich fast gleichmäßig auf Leitung und Arbeiter. Die Leitung nimmt alle Arbeit, für die sie sich besser eignet als der Arbeiter, auf ihre Schulter, während bisher fast die ganze Arbeit und der größte Teil der Verantwortung auf die Arbeiter gewälzt wurde.«[40] Diese Handlungsempfehlung zeigt, dass sich das personalwirtschaftliche Konzept der damaligen Zeit doch noch sehr von dem heutigen unterscheidet. Denn hier schimmert die Annahme durch, dass sich die Arbeiter zwar für die Ausführung der ihnen zugewiesenen, meist manuellen Tätigkeiten eignen, aber nicht dafür, die Verantwortung für das Ergebnis ihrer Arbeit selbst zu tragen. Die

Verantwortung soll nach Taylor auf das Management übertragen werden; und damit auch das Recht und vor allem die Pflicht zur Kontrolle. Fragen der Ausgestaltung eines Tätigkeitsspielraums, der Zubilligung eines Entscheidungsspielraums waren damals noch nicht auf der Agenda.

Kritik am Konzept des wissenschaftlichen Managements

Taylors Konzept des wissenschaftlichen Managements ist vielfach kritisiert worden. Eine Übersicht der Hauptkritikpunkte hat z.B. Nerdinger wie folgt zusammengestellt: »Mit Blick auf die Methodik ist festzustellen, dass Taylor gar keine wissenschaftlichen Experimente durchgeführt hat – seine Untersuchungen basieren auf viel zu kleinen Stichproben, die Teilnehmer sind nicht zufällig ausgewählt, ihre Reaktionen werden lediglich in Extremsituationen registriert und die Untersuchungen umfassen viel zu kurze Zeiträume (d. h. es wurden keine Kontroll- und Folgeuntersuchungen durchgeführt). Unter ethischem Aspekt wurden vor allem die impliziten Annahmen über die Arbeiter kritisiert. Nach Meinung von Taylor sind diese – im Gegensatz zu den Betriebsingenieuren (!) – dumm und faul und finden ihr Glück nur im Konsum. Gerade die kritische Auseinandersetzung mit diesem System hat aber die Arbeits- und Organisationspsychologie entscheidend geprägt.«[41]

Der erste Punkt der Kritik, dass Taylor keine Experimente durchgeführt habe, die wissenschaftlichen Kriterien an statistisch relevante empirische Untersuchungen genügen würden, ist sicherlich richtig. Er hat aus schlaglichtartigen Einzelsituationen Schlussfolgerungen gezogen und diese dann verallgemeinert.

Der zweite Punkt der Kritik, dass Taylor ethisch nicht haltbare Annahmen über die Arbeiter getroffen habe, indem er sie als dumm und faul bezeichnet hat, ist so allerdings nicht haltbar. Nach der oben bereits zitierten Textstelle auf Seite 23 seines Buches von 1919 waren die Arbeiter nicht von sich aus faul. Ihre Faulheit war nach Taylors Schilderung eher eine Reaktion auf das von Seiten des Unternehmens gebrochene Versprechen eines bestimmten Stücklohns für die ausgeführte Arbeit. Und diese Form der »Faulheit« ist durchaus nachvollziehbar. Denn warum sollten sich die Arbeiter anstrengen, wenn sie für höhere Leistung nicht mehr Geld bekommen, sondern ihnen dann einfach der Lohn pro Stück gekürzt wird? Die Annahme zweifelhafter Ethik trifft es wohl nicht. Viel wahrscheinlicher ist, dass die Erfahrung mit derartigen Ungerechtigkeiten Taylor eher darin bestärkten, die Unternehmen zu wissenschaftlichem Management – heute würde man sagen: zu professionellem Management – anzuhalten, und prognostizierbare, nachvollziehbare und transparente Leistungsstandards einzufordern.

Und zum dritten Punkt der Kritik an der wissenschaftlichen Betriebsführung nach Frederic Winslow Taylor: die kritische Auseinandersetzung mit dem System des »wissenschaftlichen Managements« hat die Arbeits- und Organisationspsychologie in der Tat entscheidend geprägt; und zwar obwohl doch zunächst einmal nur die Steigerung der Arbeitsproduktivität durch effizientere Arbeitsabläufe im Vordergrund stand. Denn Taylor hat damit etwas angestoßen, was auch in heutigen Unternehmen von großer Bedeutung ist. Nur durch Arbeit- und Zeitstudien kann ermittelt werden, welcher Aufwand mit der Produktion und Montage eines bestimmten Produktes verbunden ist. Das wissenschaftliche Management nach Taylor ist nach wie vor eine wichtige Methode der Kostenermittlung, wie der folgende Fall zeigt.

Fallbeispiel 6: Kunde im Autohaus

Braucht beispielsweise der Kunde eines Autohauses eine neue Stoßstange für sein Fahrzeug, dann ist vermutlich die erste Frage, wie viel Geld die neue Stoßstange kostet. Weil ihn die Antwort nicht erfreut, fragt der Kunde den Mitarbeiter des Autohauses als nächstes, wie es denn sein kann, dass die neue Stoßstange so teuer ist. Diese Frage hat der Mitarbeiter aus Erfahrung bereits erwartet, und schlüsselt dem Kunden die einzelnen Kostenbestandteile auf: eine Stoßstange abmontieren dauert dreißig Minuten. Zuvor die Scheinwerfer ausbauen und diverse Anbauteile entfernen, weil im Motorraum moderner Autos nicht mehr so viel Platz ist, dauert noch einmal sechzig Minuten. Dann ins Lager gehen und die neue Stoßstange suchen dauert wiederum dreißig Minuten. Beim Montieren der neuen Stoßstange und beim Befestigen aller weiteren Teile vergeht eine weitere Stunde. Insgesamt dauert es also drei Stunden, die Stoßstange zu tauschen. Hinzu kommen die Materialkosten. Erfreut ist der Kunde darüber immer noch nicht. Aber nun versteht er, warum die neue Stoßstange so teuer ist und erteilt dem Autohaus den Auftrag, die Reparatur auszuführen.

Dies ist ein kleines Beispiel für die Anwendung des wissenschaftlichen Managements nach Taylor. In vielen Unternehmen ist die Festlegung der erforderlichen Zeiten für die Ausführung der betriebsnotwendigen Tätigkeiten ein großes Politikum. Und selbstverständlich können die Mitarbeiter die Zeiten nicht selbst bestimmen. Vielmehr werden für jede Tätigkeit in der Produktion und Montage ganz bestimmte Zeitaufwände definiert. Ein Unterfangen, das keineswegs trivial ist. Denn während das Unternehmen aus Kostengründen ein Interesse daran hat, diese Zeiten möglichst gering zu halten, wollen die betreffenden Mitarbeiter natürlich eher mehr Zeit zur Verfügung haben als weniger. Zu Taylors Zeiten wurden die Taktfrequenzen für die Tätigkeiten von der Unternehmensleitung einfach bestimmt. Aus dem Wissen um die notwendige Abstimmung zwischen ökonomischen und sozialen Zielen ist jedoch mittlerweile allgemein anerkannt, dass es im personalwirtschaftlichen Interesse des Unternehmens ist, die Taktzeiten nicht nur vorzugeben, sondern mit den Mitarbeitern, bzw. mit den Mitarbeitervertretern zu besprechen. Auch wenn diese Abstimmungen auf Grund der unterschiedlichen Interessen durchaus konfliktär verlaufen können.

Die Betrachtung der Unternehmensorganisation als eine Abfolge von Arbeitsschritten, die auf eine möglichst effiziente Art und Weise auf Mitarbeiter verteilt werden müssen, ist dem physiologischen Ansatz des wissenschaftlichen Managements nach Frederic Winslow Taylor zu verdanken; ein Ansatz, dessen Ziel die Steigerung der Effizienz ist, und der auch heute noch große Bedeutung hat.

4.2 Motivationsorientierung der Human-Relations-Bewegung

Der nächste Blickwinkel auf die Unternehmensorganisation, der hier vorgestellt werden soll, ist der so genannte motivationsorientierte Ansatz. Auch sein Ziel war ursprünglich die Steigerung der Effizienz in den Unternehmensabläufen.

Die sogenannte Human-Relations-Bewegung, die schließlich zu einem motivationsorientierten Blickwinkel auf die Unternehmensorganisation führte, fing Ende der 20er Jahre des letzten Jahrhunderts mit einer Ausgangsfrage an, die die Überlegungen von Taylor fortführen sollte: mit der Frage nämlich, wie Arbeitsplätze und Arbeitszeiten gestaltet sein müssen, um Arbeiter zu Höchstleistungen zu bewegen.

Die Hawthorne-Experimente: ein Fehlschlag?

Die beiden Wissenschaftler Mayo und Roethlisberger beobachteten hierzu zwischen 1927 und 1932 im Rahmen ihrer Studien Arbeiter in den Hawthorne Werken von Western Electric in Chicago. Ihre Annahme war, dass sich durch bessere Umgebungsbedingungen am Arbeitsplatz die Produktivität der Arbeiter weiter steigern lassen müsste. Roethlisberger selbst beschreibt 1939 die Experimente, die sie durchführten, wie folgt:

> *»Bei den ersten Studien ging es um die Frage, welche Auswirkungen die Helligkeit am Arbeitsplatz für die Arbeitsleistung hat. Zu diesem Zweck wurden zunächst in mehre-*

ren Abteilungen Durchschnittswerte der Leistung erhoben, anschließend wurde die Helligkeit am Arbeitsplatz systematisch variiert. Dabei zeigte sich aber kein direkter Zusammenhang zwischen der Leistung und der Helligkeit am Arbeitsplatz. Vielmehr stieg in allen Abteilungen, in denen die Forscher ihre Untersuchungen durchführten, die Leistung. Das war sogar dann der Fall, wenn die Helligkeit verringert wurde. Aufgrund dieser unerwarteten Ergebnisse wurden in der Folge verschiedene Faktoren – Ermüdung, Ruhepausen, Länge des Arbeitstages, Lohnsystem und Arbeitseinrichtungen – systematisch in ihrer Wirkung auf die Arbeitsleistung untersucht. Berühmt geworden ist dabei u. a. eine Untersuchungsreihe, wobei fünf Arbeiterinnen in einem Versuchsraum jeweils Relais zusammensetzen mussten. Untersucht wurde hier die Wirkung von Ruhepausen und der Länge des Arbeitstages auf die Leistung. Auch hier nahmen – scheinbar unabhängig von den experimentell variierten Arbeitsbedingungen – die Leistungen zu.«[42]

Die Experimente galten als gescheitert. Denn egal wie die Rahmenbedingungen der Arbeit auch geändert wurden: auf die Leistung der Arbeiter schien dies keinen unmittelbaren Einfluss zu haben.

Die Erkenntnisse aus den Hawthorne-Experimenten

Der Effekt, den Roethlisberger zu Schluss beschreibt, nämlich dass die Leistung bei der Gruppe von Arbeiterinnen, die beobachtet wurden, unabhängig von den unterschiedlichen Arbeitsbedingungen zunahm, führte die Forscher zu der Erkenntnis, dass die Leistung von Mitarbeitern nicht nur von einer möglichst optimalen Gestaltung ihres Arbeitsplatzes abhängt – und vielleicht davon, dass sie ausreichend kontrolliert werden, wie Taylor vermutlich hinzufügen würde. Vielmehr wurde ihnen unvermutet klar, dass die Arbeiterinnen, die in dem Versuchsraum Relais zusammensetzten, schlicht und einfach deshalb bessere Ergebnisse erzielten als ihre übrigen Kolleginnen, weil sie von den Forschern beobachtet wurden; weil sich jemand für sie und ihre Arbeit interessierte. Mit dieser Erkenntnis konnten dann auch die Ergebnisse der Studien wie folgt erklärt werden.

- *Arbeiter reagieren auf Anreize nicht nur als Individuum, sondern als Gruppe.* Damit ist erklärbar, warum die Umgestaltung der Arbeitsplätze und der Umgebungsbedingungen am Arbeitsplatz keine Ergebnisse lieferten.
- *Einflüsse der Arbeitsgruppe prägen das Arbeitsverhalten ihrer Mitglieder.* Wenn sich ein Mitglied einer Gruppe besonders anstrengt, dann überträgt sich das auch auf die anderen Gruppenmitglieder. Umgekehrt funktioniert das allerdings auch, wie spätere Ergebnisse der Motivationsforschung zeigten. Man nennt das dann kollektive Leistungszurückhaltung.[43]
- *Zwischenmenschliche Beziehungen haben eine besondere Bedeutung für das Arbeitsverhalten und die Arbeitsergebnisse.* Diese Erkenntnis ist das vielleicht wichtigste Ergebnis aus den Hawthorne Studien.

Nachdem die Experimente ursprünglich dazu dienen sollten, herauszufinden, durch welche Variation der Arbeits- und Umgebungsbedingungen die Produktivität weiter erhöht werden kann, stellte sich im Gegenteil heraus, dass die Veränderung der Umgebungsbedingungen praktisch keinen Einfluss hatte. Der wesentliche Einfluss wurde durch etwas ausgeübt, womit auch die Forscher überhaupt nicht gerechnet hatten: Die Beobachtung als solche. Die Arbeiterinnen waren allein auf Grund der Tatsache, dass sie beobachtet wurden, produktiver als ihre unbeobachteten Kolleginnen. Negativ interpretiert könnte man annehmen, dass sie Angst vor einer negativen Reaktion der Forscher auf ihre dargebotene Arbeitsleistung hatten. Das ist aber eher unwahrscheinlich, da die Forscher ja keine offiziellen Funktionen in der Unternehmenshierarchie inne hatten. Die Erklärung war vielmehr, dass die Arbeiterinnen diese Personen, die sich ja extra

Zeit nahmen, die Arbeitsabläufe zu studieren, nicht enttäuschen wollten. Entsprechend war die Empfehlung, dass *der Führungsstil muss (auch) mitarbeiterorientiert sein.* Und gemeint ist, dass neben den ökonomischen Zwängen des Unternehmens auch die Bedürfnisse der Mitarbeiter eine Rolle spielen müssen.

Fortan wurde die Organisation eines Unternehmens nicht mehr nur als eine Ansammlung von Maschinen gesehen, sondern von einem vollkommen neuen Blickwinkel aus betrachtet: als ein soziales System, in dem folglich auch die Menschen und ihre Bedürfnisse ein relevanter Faktor sind. Mit dieser Erkenntnis wandelte sich das betriebliche Menschenbild ganz erheblich. Nun wurde der Mensch nicht mehr nur als Maschinenersatz wahrgenommen, der zu funktionieren hatte, damit die Maschinen laufen konnten, sondern als »sozial motiviertes Gruppenwesen«.

Der Beginn der modernen Motivationsforschung

Aus der von den Hawthorne Experimenten mitgeprägten Human-Relations-Bewegung entstanden eine ganze Reihe von Motivationstheorien. Denn es war klar geworden, dass die Ziele des Unternehmens in direktem Zusammenhang mit den Zielen der Mitarbeiter in dem betreffenden Unternehmen stehen, und dass die Organisationsziele nur realisiert werden können, wenn die Mitarbeiter ihre persönlichen Ziele ebenfalls realisieren können. Die Hawthorne Experimente wurden zu einer andauernden Mahnung: die Arbeiterinnen, die die Relais zusammenbauten, waren produktiver, weil sie sich von den beobachtenden Forschern wertgeschätzt fühlten. Ihr Bedürfnis nach Wertschätzung wurde wahrgenommen, und folglich strengten sie sich bei ihrer Arbeit mehr an. Das wiederum machte das Unternehmen produktiver und diente damit unmittelbar der Realisierung der organisationalen Ziele.

Die Motivationstheorien stellen die Bedürfnisse der Menschen als Grundlage ihrer persönlichen Ziele in den Vordergrund. Natürlich bleiben die wissenschaftliche Betriebsführung und damit die Optimierung der Arbeitsabläufe dennoch relevant. Der motivationsorientierte Ansatz ist einfach nur eine zweite Perspektive auf die Unternehmensorganisation; eine Perspektive, die nicht wichtiger ist als die Perspektive des wissenschaftlichen Managements; aber eine, die die große Blackbox, die ein Unternehmen immer ist, weiter ausleuchtet und damit hilft, im Unternehmen bessere Entscheidungen zu treffen.

Abbildung 30: Der Blickwinkel der Motivationstheorien

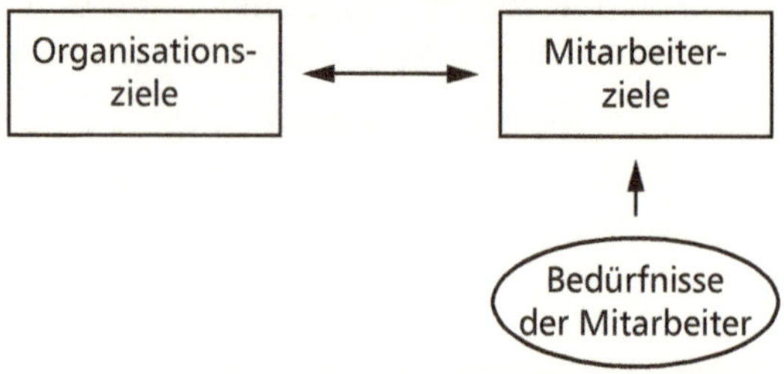

Auch der motivationsorientierte Ansatz der Human-Relations-Bewegung hat sich damit als ein sinnvolles Erklärungsmuster für die Vorgänge in unternehmerischen Organisationen erwiesen. Das ursprüngliche Ziel dieses Ansatzes wurde jedoch nicht so erreicht, wie es eigentlich geplant war. Die Steigerung der Produktivität durch Veränderung der Rahmenbedingungen klappte so nicht. Allerdings mündeten diese Versuche in einer Erkenntnis, die noch viel wesentlicher sein sollte: nämlich, dass der Mensch als solcher im Mittelpunkt des Interesses stehen muss, wenn ein Unternehmen erfolgreich sein soll.

4.3 Verhaltenswissenschaftliche Entscheidungstheorie

Die nächste, ebenfalls wichtige Perspektive auf die Unternehmensorganisation ist der verhaltenswissenschaftliche Ansatz. Sein Ziel ist die Erklärung der Gründe für das dauerhafte Fortbestehen von Organisationen. Auch dieser Ansatz nimmt damit wieder eine vollkommen neue Perspektive ein. Nun geht es nicht mehr darum, wie man die Arbeitsabläufe im Unternehmen möglichst effizient gestalten kann, und auch nicht mehr darum, ob und wie Menschen motiviert werden müssen. Vielmehr steht nun im Mittelpunkt des Interesses »wie sich Organisationen an unsichere, ständig ändernde Umwelten anpassen und damit ihren Bestand sichern«[44] können.

Im Fokus: Entscheidungen und Handlungen in der Organisation

Die verhaltenswissenschaftliche Entscheidungstheorie nach Herbert A. Simon, der diese Überlegungen zugrunde liegen, betrachtet das Unternehmen als eine Ansammlung von Entscheidungen, die von den handelnden Menschen im Unternehmen getroffen werden. Ihn interessiert dabei aber nicht primär die Entscheidungslogik, sondern das Verhalten der Menschen, die die Entscheidungen treffen.[45] Die Annahmen, die zu solchen Überlegungen führen, sind:

- »Menschen verfügen nur über begrenzte Kapazitäten zur Verarbeitung von Informationen, und
- ihre Bereitschaft, sich in Organisationen zu engagieren, ist beschränkt.«[46]

Letzteres lässt auf ein ziemlich negatives Menschenbild schließen. Oder ist es einfach nur ein realistisches Menschenbild? Genau betrachtet schwingt dieses Menschenbild auch bei den beiden zuvor geschilderten Erklärungsmustern immer ein klein wenig mit. Der Taylorismus geht davon aus, dass man Menschen kontrollieren muss und ihnen Entscheidungsbefugnisse zum Teil abnehmen sollte, um die Produktivität im Unternehmen sicherzustellen. Und auch die Human-Relations-Bewegung nimmt an, dass die Bedürfnisse der Mitarbeiter und die Ziele des Unternehmens nicht unbedingt deckungsgleich sind, und dass Menschen ihr Engagement von äußeren Faktoren abhängig machen. Entweder haben alle diese Erklärungsansätze ein negatives Bild von den Menschen und ihren Einstellungen, oder aber es ist realistisch, anzunehmen, dass Menschen nicht für das Unternehmen arbeiten, weil sie dem Unternehmen dienen wollen, sondern weil sie sich davon persönliche Vorteile unabhängig von dem Unternehmen versprechen. Zweiteres trifft es wohl eher.

Denn selbstverständlich arbeiten Menschen nicht aus einer altruistischen Einstellung zum Unternehmen mit, sondern weil sie sich davon persönliche Vorteile versprechen. Das bedeutet aber, dass sich Menschen durchaus auch einmal gegen eine weitere Mitarbeit im Unternehmen entscheiden könnten. Und es bedeutet, dass nicht die Menschen und ihre Motivationen als solche das Unternehmen erfolgreich machen, sondern ihre Entscheidungen im Unternehmen. Und diese Perspektive nimmt die verhaltenswissenschaftliche Entscheidungstheorie nach Herbert A. Simon ein. Sie betrachtet eine Organisation als eine Ansammlung von Entscheidungen. Allerdings konzentriert sie sich dabei nicht auf die Entscheidungslogik mit ihren mathematischen Zusammenhängen in den verschiedenen Entscheidungsbäumen, sondern auf die Ursachen und Wirkungen des Entscheidungsverhaltens von Menschen. Schließlich ist dieses die Erklärungsgrundlage aller mathematischen Entscheidungslogiken.

Erkenntnisse der verhaltenswissenschaftlichen Entscheidungstheorie

Aufgrund dieses Blickwinkels auf die Organisation kommt die verhaltenswissenschaftliche Entscheidungstheorie zu folgenden Erkenntnissen.

Erstens: Eine Organisation ist ein »System bewusster koordinierter Handlungen von zwei oder mehr Personen«[47]. In arbeitsteiligen Organisationen arbeiten die Menschen nicht einfach nur nebeneinander, sondern müssen sich untereinander abstimmen, um überhaupt zu sinnvollen Ergebnissen kommen zu können. Eine Organisation kann also nur erfolgreich sein, wenn die Handlungen der einzelnen Organisationsmitglieder untereinander bewusst koordiniert sind. Diese Perspektive auf eine Organisation, bzw. ein Unternehmen unterscheidet sich grundsätzlich von der Betrachtung eines Unternehmens »nur« als Produzent von Waren oder Dienstleistungen.

Zweitens: Eine Organisation besteht »nicht aus Menschen, sondern aus Handlungen (und) ist daher ein unpersönliches Handlungssystem«[48]. Das ist eine ganz wesentliche Erkenntnis, die in der Personalwirtschaft einen großen Stellenwert hat. Denn natürlich ist es aus Sicht des Unternehmens unerheblich, welche individuellen Menschen in ihr arbeiten. Entscheidend ist einzig und allein, dass diese Menschen Entscheidungen treffen, die zu einem für das Unternehmen sinnvollen Ergebnis führen. Wenn ein anderer Mensch bessere Entscheidungen für das Unternehmen und in dem Unternehmen trifft, dann kann ein Wechsel der Personen durchaus legitim sein. Insofern besteht eine Organisation in der Tat nicht aus bestimmten Menschen, sondern nur aus den Handlungen dieser Menschen. Denn nur diese können das Unternehmen erfolgreich machen.

Drittens: »Eine Konsequenz dieser Auffassung ist, dass die Menschen, die solche Handlungen vollziehen, nicht Bestandteil der Organisation sind, sondern ebenso zur Umwelt zählen, wie die physische oder soziale Umwelt, etwa die von der Organisation verwendeten Maschinen, die Gebäude oder auch die Gesetze«[49]. Selbstverständlich müssen die für das Unternehmen so wichtigen Handlungen von individuellen Menschen ausgeführt werden. Aber da für den Erfolg und damit für das Fortbestehen des Unternehmens nicht die Menschen als solche, sondern deren Handlungen wichtig sind, können die Menschen durchaus als ein unternehmensexterner Faktor betrachtet werden. Auch wenn das diesen Faktor selbstverständlich keineswegs weniger wichtig macht.

Viertens: »So kann diese Theorie u. a. erklären, warum eine Organisation bestehen bleibt und ihre Identität wahren kann, obwohl über kurz oder lang alle Teilnehmer wechseln, aus deren Handlungen sie besteht.«[50] Diese Erkenntnis ist nur vordergründig trivial, hat aber große personalwirtschaftliche Auswirkungen.

Denn einerseits müssen natürlich Menschen motiviert werden, damit sie bereit sind, ihre Leistungsfähigkeit in den Dienst des Unternehmens zu stellen. Andererseits aber darf sich das Unternehmen nicht von einzelnen Mitarbeitern abhängig machen. Es ist daher aus organisationaler Sicht sehr wichtig, das Unternehmen (auch) als System von Entscheidungen zu betrachten und stets zu überlegen, wer oder was notwendiger Teil des Gesamtsystems sein sollte, um die für den erfolgreichen Fortbestand des Unternehmens notwendigen Handlungen und Entscheidungen sicherstellen zu können.

Abbildung 31: Das Unternehmen als unpersönliches System von Handlungen

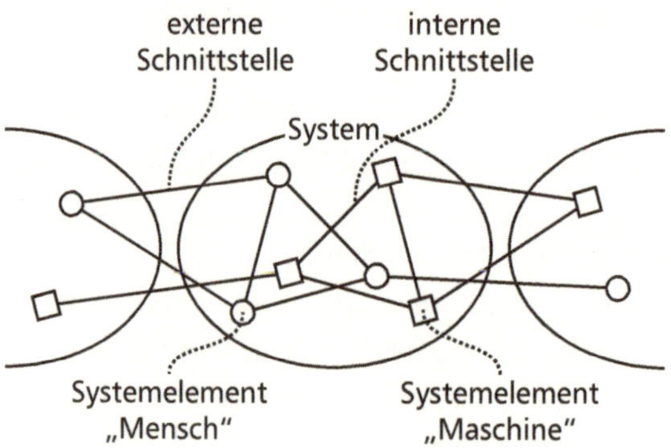

Aus entscheidungstheoretischer Perspektive ist es also wichtig zu definieren, was Teil des zu organisierenden Systems ist und was nicht; wo also die Systemgrenzen verlaufen und welche Handlungen Teil des eigenen Systems sind und welche nicht.

Da sich die Organisation bei dieser Betrachtungsweise nur über die Handlungen und Entscheidungen definiert, die in ihr getroffen werden, endet die Organisation folglich dort, wo Handlungen und Entscheidungen als nicht mehr relevant für die Organisation betrachtet werden.

Das bedeutet, dass die Organisation im Sinne eines zu organisierenden Systems deutlich größer sein kann als das eigentliche Unternehmen in seinen rechtlichen Grenzen, denn die äußeren

Grenzen der Organisation werden ausschließlich durch die Definition bestimmter Handlungen als nicht mehr für das System relevant festgelegt.

Konsequenzen für die Unternehmenspraxis

Diese Betrachtungsweise hat große Auswirkungen für die unternehmerische Praxis. Denn sie bedeutet, dass sich Unternehmen, wenn sie langfristig erfolgreich sein wollen, nicht nur Gedanken über ihre eigene Unternehmensorganisation machen sollten, sondern stets auch die Handlungen ihrer wichtigsten Partnerunternehmen mit berücksichtigen müssen. Ist ein Unternehmen beispielsweise von einem anderen Unternehmen als Zulieferer abhängig, dann reicht es nicht aus, sich der Zuverlässigkeit dieses Partnerunternehmens zu vergewissern, indem man in einem Vertrag Konventionalstrafen für den Fall vorsieht, dass der Zulieferer doch nicht liefern sollte. Natürlich haben solche vertraglichen Vereinbarungen auch ihren Sinn; sie ändern jedoch nichts an der Tatsache, dass man in einem solchen Fall bei seinem eigenen Kunden selbst auch nicht mehr lieferfähig ist. Wenn der Zulieferer nicht liefert, dann steht zumindest kurzfristig auch die eigene Produktion still; und seinem Kunden kann man nicht erklären, dass man daran nicht schuld ist, sondern der Zulieferer, der nicht liefern konnte. Denn das interessiert keinen Kunden. Sinnvoller wäre es, den Zulieferer jenseits von Konventionalstrafen für einen hypothetischen Fall als Teil des organisierenden Systems zu betrachten, und so selbst mit dafür zu sorgen, dass der Fall gar nicht erst eintritt. Eine Organisation ist in diesem Sinne definitionsgemäß die Summe der Handlungen und Entscheidungen seiner Mitglieder. Dass die Organisation nur dann erfolgreich ist, wenn sich alle Organisationsmitglieder auch im Sinne der Organisation verhalten, ist selbstverständlich.

Die spannende Frage ist jedoch (wie auch in dem eben genannten Beispiel), wie die Grenzen des Organisationssystems festgelegt werden müssen: zieht man die Systemgrenzen sehr eng und betrachtet nur das eigene Unternehmen, dann wird man auch nur die Handlungen der eigenen Unternehmensmitarbeiter organisieren. Alles andere ist dann nicht Teil des zu managenden Organisationssystems. In diesem Fall liegt es nahe, die Partner außerhalb des Organisationssystems durch Verträge, die gegebenenfalls auch Konventionalstrafen bei Nichterfüllung beinhalten können, zu maßregeln. Dann kann man allerdings auch nur hoffen, dass sich die Partner so verhalten werden, wie man es sich wünscht. Einfluss hat man darauf dann immer erst im Nachhinein: über Konventionalstrafen.

Betrachtet man jedoch die Zulieferer aus obigem Beispiel als Teile des Gesamtsystems und zieht die Grenzen des Systems nicht nur um das eigene Unternehmen, sondern schließt die Partnerunternehmen mit ein, dann wird man auch in der Kooperationsbeziehung zu diesen Zulieferunternehmen ganz andere Entscheidungen treffen und folglich anders handeln. Konventionalstrafen bei Nichterfüllung sind dann keine Option mehr. In der Kommunikation zu den eigenen Kunden helfen sie sowieso nicht. Vielmehr wird man die eigenen Handlungen und Entscheidungen mit denen der Partnerunternehmen synchronisieren und aufeinander abstimmen. Sollte dann einer der Partner temporär in Lieferschwierigkeiten kommen, dann wird man innerhalb dieser neuen, größeren Systemgrenzen gemeinsam nach Wegen aus dem Problem suchen.

Auf die Idee, dies zu tun, kommt man allerdings überhaupt nur, wenn man sich vorher über die für das eigene Geschäftsmodell relevanten Systemgrenzen Gedanken macht. Natürlich kann man sich entscheiden, die Systemgrenzen trotzdem nur um das eigene Unternehmen zu ziehen. Das ist in Ordnung, denn zumindest hat man darüber nachgedacht. Dieses Nachdenken wird aber eben erst von dem verhaltenswissenschaftlichen Ansatz mit seiner gegenüber den zuvor genannten Ansätzen grundsätzlich anderen Perspektive auf das Organisationsgeschehen induziert. Denn es war – und vielfach ist – eine durchaus neue Erkenntnis, dass nicht die Menschen als solche Teil des Organisationssystems sind, sondern »nur« ihre Entscheidungen und Handlungen. Die Herausforderung für das Management in diesem Ansatz ist, die Grenzen des zu betrachtenden Organisationssystems sinnvoll festzulegen. Davon hängt das Fortbestehen der Organisation in erheblichem Maße ab, wie gezeigt wurde.

4.4 Transaktionskostentheorie

Der vierte wesentliche Ansatz zur Erklärung und Gestaltung von Organisationen ist die Transaktionskostentheorie. Ziel dieses Ansatzes ist die Erklärung und dann natürlich vor allem auch Minimierung der Kosten, die von den Abstimmungsprozessen zwischen den Menschen im Unternehmen – Kooperationspartnern genannt – verursacht werden.

Auch dies ist wieder eine vollkommen andere Sichtweise auf die Organisation und auf das Geschehen in der Organisation. Im Mittelpunkt des Interesses steht die Frage, ob eine Organisation *überhaupt* notwendig ist.

Die zentrale Frage: wozu überhaupt ein Unternehmen?

Frei nach der Erkenntnis, dass es nichts kostenlos gibt (»There is no free lunch in town.«) fordert die Transaktionskostentheorie dazu auf, sich einmal zu überlegen, welche Kosten eigentlich durch die innerbetrieblichen Abstimmungsprozesse verursacht werden. Hierzu ein kurzes Beispiel:

Fallbeispiel 7: Transaktionskostentheorie für die Unternehmensberatung

Für Unternehmensberater im Bereich Organisationsentwicklung ist es immer ganz spannend, in einem für sie unbekannten Unternehmen einfach einmal die Tür zu einem Besprechungsraum, der gerade in Benutzung ist, zu öffnen. Als Externer kann man das durchaus machen und sich gleich entschuldigen, man habe sich in der Tür geirrt. Die Zeit zwischen dem Öffnen der Tür und der Entschuldigung für den »Irrtum« reicht aus, um die Anzahl der Personen zu zählen, die gerade in der Besprechung sitzen. Eine Daumenregel besagt, dass es bei einer Besprechung, an der maximal drei Personen teilnehmen, tendenziell eher darum geht, Entscheidungen zu treffen. Während Besprechungen mit zehn oder mehr Teilnehmern eher dazu dienen könnten, sicher zu stellen, dass am Ende keiner persönliche Schuld an einer eventuell verfehlten Entscheidung tragen muss. Der unmittelbare Unterschied zwischen den beiden Besprechungen ist jedoch eindeutig: teils mehrere tausend Euro.

Andererseits kann es natürlich dennoch durchaus Sinn machen, Möglichkeiten zu Gesprächen unabhängig von dem Druck, entscheiden zu müssen, ganz bewusst einzurichten. Auch wenn sich auf diese Weise viele Personen ohne konkret erwartbares Ergebnis auf eine Tasse Kaffee treffen und sich gegenseitig von der Arbeit »abhalten«. Sinnvoll können solche Gesprächsmöglichkeiten sein, weil beispielsweise durch inoffizielle Kaffeerunden Missverständnisse, Unstimmigkeiten und Abstimmungskonflikte von vornherein vermieden werden können, die ja auch wiederum längere Besprechungen notwendig machen würden.

Die Transaktionskostentheorie besagt eigentlich nur, dass jede Form der Abstimmung, des Austausches von Informationen oder auch von Gütern mit Kosten verbunden ist, und ruft dazu auf, das Unternehmen so zu organisieren, dass diese Kosten über den gesamten Wertschöpfungsprozess möglichst gering sind. Die Transaktionskostentheorie unterstützt diesen Entscheidungsprozess mit Erkenntnissen darüber, wann es sinnvoll ist, den Austausch von Informationen und Gütern über die Mitgliedschaft in einem Unternehmen zu organisieren, und wann es günstiger wäre, dies direkt am Markt zu tun. Sie stellt in diesem Zusammenhang jedoch auch eine sehr grundsätzliche Frage: nämlich wozu ein Unternehmen überhaupt gegründet werden muss: »..., well might we ask, why is there any organisation?«[51] Würde es nicht angesichts der teils hohen Kosten der innerbetrieblichen Abstimmungsprozesse völlig reichen, wenn jede Person ihre Fähigkeiten auf dem freien Markt anbieten würde? Die Transaktionskostentheorie hat darauf eine gute Antwort. Aber zuvor müssen zwei zentrale Begriffe definiert werden: Transaktion und Transaktionskosten.

Eine *Transaktion* ist der Prozess der Klärung und Vereinbarung eines Güter- oder Informationsaustausches sowie dessen Kontrolle und ggf. Anpassung, also im Prinzip jeder Austauschvorgang in einem Unternehmen, bei dem eine oder mehrere Personen beteiligt sind, egal worum es bei diesem Vorgang geht.

Als *Transaktionskosten* werden diejenigen Kosten bezeichnet, die für die Akteure vor, während oder auch noch nach einem Abstimmungsprozess anfallen. Ex-ante Transaktionskosten sind – wie der Name schon sagt – Kosten, die bereits vor dem eigentlichen Austausch von Informationen oder Gütern anfallen, also z.B. für Entwurf, Verhandlung und Absicherung einer Vereinbarung über eine Transaktion. Analog dazu können auch nach der eigentlichen Transaktion – also ex-post – noch Kosten anfallen, wenn beispielsweise unvorhergesehene Änderungen organisiert und umgesetzt oder Konflikte gelöst werden müssen.

Viele dieser Kosten werden allerdings nicht immer sofort als solche erkannt, insbesondere wenn etwas im Unternehmen immer schon so gemacht wurde. »Besprechungen mit vielen Teilnehmern? Das war doch immer schon so. Außerdem sind doch Herr X und Frau Y wichtig, die können wir doch nicht übergehen.« Möglich, aber aus Sicht der Transaktionskosten sollte man zumindest mal darüber nachdenken. Ein anderer Klassiker für nicht unbedingt notwendige Transaktionskosten sind die »cc« bei Emails. Ist es wirklich notwendig, ein Email »zur Information« zusätzlich zu dem eigentlichen Empfänger noch an einen Riesenverteiler von Kollegen und Vorgesetzten zu schicken? Oder dienen die »cc« nicht in Wahrheit dazu, Handlungsdruck bei dem Empfänger aufzubauen. Ist dann ein Konflikt zwischen den

Handelnden die Ursache der generierten Transaktionskosten und vielleicht zusätzlich auch noch deren Folge?

Alle diese in der Unternehmenspraxis sehr wichtigen Überlegungen stellt man nur an, wenn man die Perspektive auf die Organisation erneut wechselt und das Unternehmen einmal als eine Ansammlung von Transaktionen mit den entsprechenden Transaktionskosten betrachtet. Diese Perspektive einzunehmen bedeutet, sich über das notwendige Maß innerbetrieblicher Abstimmungskosten zu verständigen und darüber hinaus anfallende Transaktionskosten aktiv zu begrenzen. Auch diese Perspektive ist damit nicht wichtiger als die anderen bereits geschilderten Perspektiven. Aber sie ist ebenso wie die anderen unbedingt notwendig.

Zum Wesen von Transaktionen und Transaktionskosten

Nach Williamson, einem der Begründer der Transaktionskostentheorie, haben folgende Überlegungen zur Entwicklung dieser Perspektive auf die Organisation von Unternehmen geführt: »Transaction cost economics invokes the discriminating alignment hypothesis, according to which transactions, which differ in their attributes, are aligned with governance structures, which differ in their cost and competence, so as to effect a mainly transaction cost economizing result.«[52]

Es geht also darum, die unterschiedlichen Transaktionen, welche die Mitarbeiter in einem Unternehmen ausführen und verursachen, mit Hilfe von geeigneten Steuerungsmechanismen so zu organisieren, dass die durch die Transaktionen verursachten Kosten möglichst gering sind. Das ist die Essenz der zuvor zitierten Hypothese von Williamson, und zugleich die erste der drei Hauptaussagen der Transaktionskostentheorie.

Die zweite Hauptaussage der Transaktionskostentheorie greift die Frage von Coase auf, wozu Firmen notwendig sind, wenn es doch Märkte gibt. Nach Williamsons Transaktionskostenperspektive werden Firmen überhaupt nur gegründet, wenn die Transaktionen innerhalb der organisationalen Struktur eines Unternehmens geringer sind als auf dem freien Markt.

Das ist nach der dritten Hauptaussage der Transaktionskostentheorie immer dann der Fall, wenn die Autorität in hierarchischen Beziehungen zu geringeren Anbahnungs-, Vereinbarungs-, Abwicklungs- und Kontrollkosten führt als auf dem freien Markt.

Zusammengefasst sind die drei Hauptaussagen der Transaktionskostentheorie also:

1. Die Kosten von Transaktionen in Unternehmen sollen minimiert werden.
2. Unternehmen werden gegründet, weil bestimmte Transaktionen in einer Organisation niedrigere Kosten verursachen als auf dem freien Markt.
3. Die Kosten bestimmter Transaktionen sind in Unternehmen geringer, weil die Autorität in hierarchischen Beziehungen zu geringeren Anbahnungs-, Vereinbarungs-, Abwicklungs- und Kontrollkosten führt als auf dem freien Markt.

Die Frage, wozu man ein Unternehmen braucht und ob man für die Abwicklung bestimmter Transaktionen überhaupt ein Unternehmen gründen sollte, mag auf den ersten Blick etwas sonderbar erscheinen. Sie hat aber ganz praktische Relevanz, wenn beispielsweise Entscheidungen zum In- oder Outsourcing von bestimmten Leistungen getroffen werden müssen.

Sollte ein Unternehmen z.B. einen Rechtsanwalt fest einstellen, obwohl es ihn tatsächlich nur wenige Male pro Jahr benötigt? Und warum wird die Putzkolonne, die jeden Abend die Büros reinigt, nicht angestellt, sondern über ein externes Unternehmen beauftragt?

Die Antwort auf Fragen wie diese liefert der in Abbildung 32 dargestellte und nachfolgend sowohl anhand eines Auszugs aus der englischen Originalpublikation als auch mit Hilfe von erklärenden Beispielen kommentierte Entscheidungsbaum der Transaktionskostentheorie.

Abbildung 32: Entscheidungsbaum der Transaktionskostentheorie

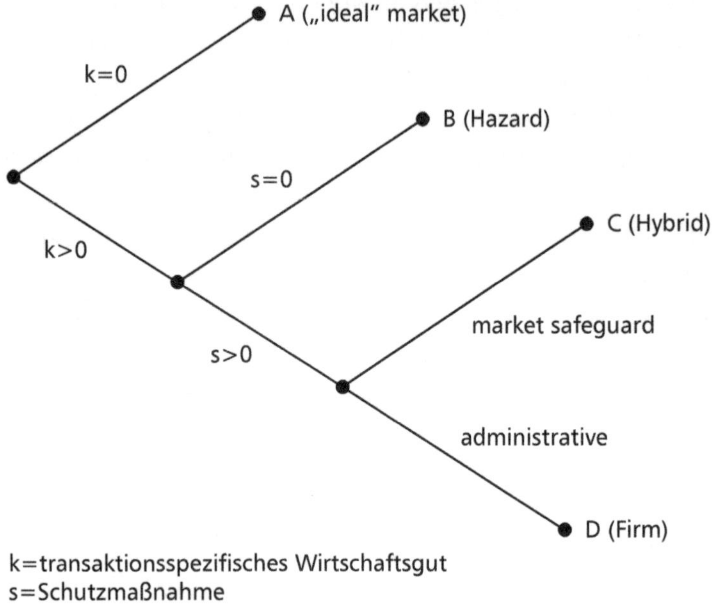

Quelle: Williamson (1998), S. 38

Williamson erläutert mit Bezug auf den hier dargestellten Entscheidungsbaum die transaktionskostentheoretische Frage, ob eine Leistung direkt am Markt angeboten werden sollte oder doch eher im Rahmen eines Unternehmens, folgendermaßen:

> »*Assume that a good or service can be supplied by either of two alternative technologies. One is a general purpose technology, the other a special purpose technology. The special purpose technology requires greater investment in transaction-specific durable assets and is more efficient for servicing steady-state demands. Contractual complications, however, arise when there is a need to adapt to disturbances.*
>
> *Using k as a measure of transaction-specific assets, transactions that use the general purpose technology are ones for which k=0. If instead transactions use the special*

purpose technology, a $k>0$ condition exists. Assets here are specialized to the particular needs of the parties. Productive values would therefore be sacrificed if transactions of this kind were to be prematurely terminated. A bilateral dependency condition applies to such transactions. Parties have an incentive to devise safeguards to protect investments for transactions of the latter kind. Let s denote the magnitude of any such safeguards. An $s=0$ condition is one in which no safeguards are provided; a decision to provide safeguards is reflected by an $s>0$ result.

Safeguards can take either of two forms. One would be to craft added supports into the contract, whereby penalties to deter breach are introduced, added information disclosure is provided, and specialized dispute settlement machinery (e.g., arbitration) is devised. This is the credible interfirm commitment option. A second be to take transactions out of markets and organize them under unified ownership within which hierarchy (to include fiat) is used to effect coordination.

Node A corresponds to the ideal transaction in law and economics: there is both an absence of dependency ($k=0$) and such transactions benefit from the safeguard of competition. Node B presents contractual hazards, in that specialized investments are exposed ($k>0$) for which there are no safeguards ($s=0$). Such hazards will be recognized by farsighted players, who will price out the risk in the contract. Nodes C and D are nodes to which additional contractual support has been provided, either in the form of contractual safeguards (node C) or unified ownership (node D).

Because of the added bureaucratic costs that accrue upon taking a transaction out of the market and organizing it internally, internal organization is usefully thought of as the organization form of last resort: try markets, try hybrids, and have recourse to the firm only when all else fails.«[53]

Die Entscheidung, ob ein Produkt oder eine Dienstleistung (allgemein: Wirtschaftsgut) direkt am Markt angeboten werden sollte oder nicht, ist zunächst einmal eine Frage nach der zur Herstellung dieses Wirtschaftsgutes eingesetzten Technologien. Wenn es sich hierbei um allgemein bekanntes und verfügbares Know-How handelt, das deshalb auch nicht besonders schützenswert ist (k=0), dann spricht nichts dagegen, irgendein Unternehmen mit der Herstellung der Produkte, die man verkaufen möchte, zu beauftragen. Vermutlich kommen mehrere Hersteller als Zulieferer infrage, weil die zur Herstellung notwendigen Produktionsverfahren ja wie gesagt allgemein bekannt sind. Durch die vorhandene Konkurrenz der Hersteller untereinander wird sich ein vernünftiger Herstellungspreis fast von selbst einstellen. Dies ist der ideale Markt (A): typisch für nicht-transaktionsspezifische Wirtschaftsgüter, zu deren Herstellung auch kein besonderes, schützenswertes Know-How nötig ist.

Anders verhält es sich mit Wirtschaftsgütern, für deren Herstellung spezifisches und daher schützenswertes Know-How notwendig ist (k>0). In diesem Fall stellt sich die Frage, auf welche Weise das Know-How geschützt werden kann. Ist eine Schutzmaßnahme faktisch nicht möglich (s=0), weil beispielsweise allein durch das Angebot der Leistung das Know-How automatisch offen gelegt wird, dann ist das Angebot »hazardous«, also riskant. Denn die Gefahr, dass das transaktionsspezifische Wissen, also das Wissen um die für die Entwicklung des Angebotes notwendige Technologie, öffentlich und damit für einen selbst wertlos wird, ist groß. Das ist beispielsweise in Weiterbildungsseminaren für die Dozenten eine große Gefahr, die ja ihr transaktionsspezifisches Wissen naturgemäß offenlegen müssen und damit riskieren, beim nächsten Mal nicht mehr gebucht zu werden, weil die Kunden glauben, das Seminar selbst in ihrem Unternehmen durchführen zu können.

Ist eine Schutzmaßnahme möglich (s>0), dann könnte diese Schutzmaßnahme direkt im Markt etabliert werden, beispielsweise indem ein Produkt nur mit einem dazugehörigen Servicevertrag verkauft wird. Der Servicevertrag dient dabei als Schutz gegen das Eindringen von Konkurrenten in die Wirtschaftsbeziehung zwischen Anbieter und Kunde. Auch Vertragsstrafen könnten einen wirksamen Schutz für transaktionsspezifische Wirtschaftsgüter direkt am Markt bieten. Weil man bei dieser Form von Schutzmaßnahmen zwar einerseits transaktionsspezifische Wirtschaftsgüter, wie z.B. eigenes Wissen, vor dem Markt schützen will, andererseits aber für den Schutz gerade den Markt selbst nutzt (market safeguard), spricht Williamson hier von einer hybriden Form der Sicherung von Transaktionen.

Die andere Alternative, sich gegen den Verlust von transaktionsspezifischem Know-How zu schützen, ist, die Wissensträger in die Unternehmenshierarchie zu integrieren (administrative). Wenn sie arbeitsvertraglich an das Unternehmen gebunden sind, dann ist auch ihr transaktionsspezifisches Wissen für das Unternehmen gesichert. Williamson betont aber, dass dies die letzte aller Möglichkeiten zum Schutz von transaktionsspezifischen Wirtschaftsgütern sein sollte, weil jede Unternehmensorganisation schon allein durch ihr bloßes Bestehen Transaktionskosten verursacht. Ein Mitarbeiter kostet beispielsweise Geld, unabhängig davon wie hoch sein persönlicher Wertschöpfungsbeitrag im Unternehmen ist oder jemals sein wird. Williamson rät: Versuche den Markt zu nutzen, versuche Hybride Formen, und baue Ressourcen im Unternehmen nur auf, wenn alles andere misslingt.[54]

Wenn ein für das Angebot eines Produktes oder einer Dienstleistung notwendiges Wirtschaftsgut in hohem Maße transaktionsspezifisch ist, weil die Investitionen in das Wirtschaftsgut erheblich waren und daher vor den Konkurrenten geschützt werden müssen, und wenn der Schutz direkt über den Markt nicht sinnvoll möglich ist, dann – und nur dann – sollte dieses transaktionsspezifische Wirtschaftsgut in die Unternehmenshierarchie aufgenommen werden. Insourcing ist also immer die letzte Alternative, weil es das Unternehmen langfristig bindet.

Zurück zu den zuvor genannten Beispielen des Rechtsanwalts und der Putzkolonne: Es kann natürlich schon sinnvoll sein, einen Rechtsanwalt als Firmenanwalt fest anzustellen, selbst wenn man ihn nur zwei oder maximal drei mal pro Jahr braucht. Und zwar dann, wenn die Materie so kompliziert und unternehmensspezifisch ist, dass sich ein externer Anwalt erst viele Monate lang einarbeiten müsste. Bis dahin hätte er alle Prozesse und das Unternehmen viel Geld verloren. In diesem Fall ist das notwendige Wissen über das Unternehmen so transaktionsspezifisch, dass es ein externer Anwalt nicht haben kann oder zu lange bräuchte, es aufzubauen. K=0. Zugleich könnte die Befürchtung bestehen, dass ein externer Anwalt möglicherweise vertraglich nicht fest genug gebunden werden könnte, um absolut sicher zu gehen, dass das Wissen um die unternehmensspezifischen Probleme nicht doch nach außen dringt. S=0, und ein »market safeguard« ist möglicherweise nicht ausreichend.

Putzkolonnen werden in den meisten Unternehmen nicht fest angestellt, selbst wenn sie in dem Unternehmen Vollzeit beschäftigt sind, weil das zur Erledigung der Aufgabe notwendige Wissen so unspezifisch aus Sicht des beauftragenden Unternehmens ist, das es nicht vor dessen Konkurrenten gesichert werden muss. K=0. Und damit stellt sich die Frage nach irgendwelchen Sicherungsmechanismen erst gar nicht.

Das Ziel ist in all diesen Fällen immer das gleiche: die Transaktionskosten sollen soweit wie möglich reduziert werden. Aber manchmal geschieht das am Besten über den Markt direkt und manchmal über den Umweg der unternehmensinternen Organisation einer Firma.

Einflüsse auf Transaktionen und Transaktionskosten

Unabhängig von Einzelbeispielen bestimmter Transaktionen, die entweder in das Unternehmen integriert, oder aber eben über den Markt geregelt werden sollten, gibt es einige generelle Einflussgrößen auf die Transaktionskosten. Eine der wesentlichsten Einflüsse geht wie so oft von dem menschlichen Verhalten aus. Begrenzte Rationalität und Eigennutz bestimmen das Verhalten der Menschen und damit deren Bereitschaft, Transaktionskosten zu verursachen oder zu begrenzen. Beispiele hierzu wurden einige genannt.

Abbildung 33: Einflussgrößen auf Transaktionskosten

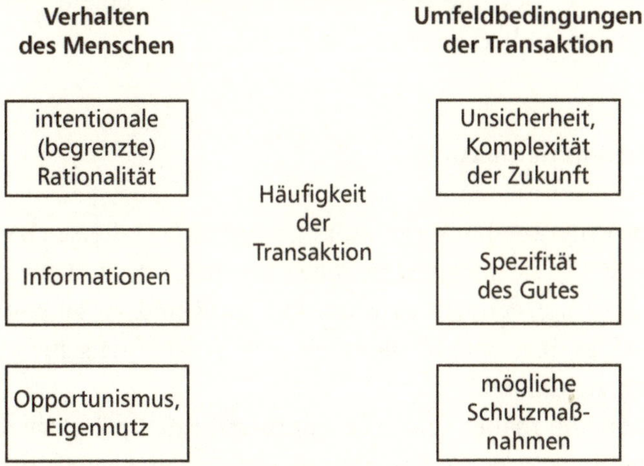

Quelle: in Anlehnung an Williamson (1998)

Aber auch Umfeldbedingungen, wie Unsicherheit und Komplexität der Zukunft, die Spezifität des betreffenden Wirtschaftsgutes, und mögliche Schutzmaßnahmen gegen Konkurrenten im Markt, bestimmen die Höhe der zu erwartenden Transaktionskosten. Und wie als Klammer um diese beiden generellen Einflussgrößen (Menschen und Umfeld) hat natürlich auch die Häufigkeit einer Transaktion einen großen Einfluss auf die zu erwartenden Transaktionskosten. Denn wird etwas so oft durchgeführt, dass man allein von den Margen, die ein externes Unternehmen kassieren würde, einen Mitarbeiter auf Dauer bezahlen könnte, dann kann man den Mitarbeiter des Zulieferers auch gleich selbst einstellen. In diesem Fall macht Insourcing sogar bei der k=0 Bedingung Sinn.

Die Transaktionskostentheorie mahnt, Kosten, die mit dem Austausch von Informationen, Gütern oder Dienstleistungen verbunden sind, soweit wie möglich zu reduzieren. Hierfür stellt sie eine Reihe wichtiger Entscheidungskriterien zur Verfügung, die zugleich auch gut geeignet sind, darüber nachzudenken, wie groß die Unternehmensorganisation überhaupt sein muss. Und das ist zweifelsohne ein weiterer wichtiger Blinkwinkel, aus dem man die Blackbox, die ein Unternehmen bis zu einem gewissen Grad immer ist, betrachten sollte.

4.5 Zusammenfassung

Um eine Unternehmensorganisation sinnvoll gestalten zu können, ist es wichtig, sie aus verschiedenen Perspektiven zu betrachten. Denn ein Unternehmen ist immer zu groß und zu unübersichtlich, um es in seiner Gesamtheit und seiner Vielschichtigkeit erfassen zu können.

Jeder Mitarbeiter und jede Führungskraft im Unternehmen hat eine andere Sichtweise auf das Unternehmen und interpretiert seine Beobachtungen anders. Das liegt nicht zuletzt daran, dass die Interpretation dessen, was man sieht, entscheidend von dem eigenen Menschenbild abhängt. Dabei gibt es kein richtiges oder falsches Menschenbild, sondern allenfalls ein zum Interpretationsmuster passendes oder unpassendes. Die Menschen sind nicht per definitionem so oder anders. Aber die Frage, wie man das Verhalten der Menschen interpretiert, und warum man es ausgerechnet so interpretiert, wie man es tut, ist wichtig, um zu adäquaten organisationalen Entscheidungen zu kommen; zu Entscheidungen, die sowohl dem unternehmerischen Ziel als auch den individuellen Bedürfnissen der involvierten Menschen gerecht werden.

Im Laufe der Zeit sind unterschiedliche Erklärungsversuche unternommen worden, wie eine Organisation funktioniert und was sie erfolgreich macht:

Taylors wissenschaftliches Management schlägt Arbeits- und Zeitstudien vor, um über Lernkurvenvorteile Effizientien in der individuellen Abarbeitung von Aufgaben zu erzielen. Seine Handlungsempfehlungen an das Management können kontrovers diskutiert werden, sind jedoch auch heute noch durchaus interessant, weil das Problem der wissenschaftlichen Betriebsführung nach wie vor aktuell und in vielen Unternehmen ein großes Politikum ist.

Die Human-Relations-Bewegung stellt die Motivation von Mitarbeitern in den Vordergrund, obwohl sie ursprünglich aus Experimenten hervorging, die Taylors wissenschaftliches Management fortführen sollten. Sie nahm fortan den Menschen nicht nur als Maschinenersatz war, sondern als sozial motiviertes Gruppenwesen, das produktiver arbeitet, wenn es mit eigenen Zielen und Wünschen wertgeschätzt wird. Hieraus entwickelte sich eine Reihe wichtiger Motivationstheorien.

Die verhaltenswissenschaftliche Entscheidungstheorie betrachtet das Unternehmen wiederum aus einer vollkommen anderen Perspektive. Im Zentrum des Interesses stehen hierbei die Entscheidungen, die im Unternehmen getroffen werden sowie das Verhalten derjenigen Menschen, welche die Entscheidungen treffen. Die Organisation wird dabei als ein System bewusster koordinierter Handlungen aufgefasst, das primär aus Handlungen besteht und nicht aus Menschen. Auch diese Perspektive hat Auswirkungen auf die Ausgestaltung von Organisationen.

Die Transaktionskostentheorie wiederum hilft, die Effizienz zu steigern, indem sie das Unternehmen als solches in Frage stellt. Und in der Tat ist die Frage wichtig, wozu man ein Unternehmen überhaupt braucht. In einigen Fällen ist es sinnvoll, Güter oder Dienstleistungen am Markt einzukaufen, in anderen sollten diese Tätigkeiten lieber innerhalb einer Unternehmensorganisation ausgeführt werden. Die Transaktionskostentheorie stellt dafür einen Entscheidungsbaum zur Verfügung.

Alle vier Ansätze zur Erklärung und Gestaltung von Organisationen sind gleichermaßen wichtig, weil jeder der Ansätze ein eigenes Erklärungsmuster und eine eigene Interpretation für jeweils ein ganz bestimmtes organisationales Problem anbietet.

Daher ist auch keine der Perspektiven für sich alleine bereits hinreichend, um eine Unternehmensorganisation erfolgreich zu machen. In ihrer Gesamtheit jedoch sind sie hilfreich, um sowohl unternehmerisch als auch personalwirtschaftlich sinnvolle Entscheidungen treffen zu können.

Teil 2
Personalwirtschaft als unternehmerische Aufgabe

5
Personalbedarfsplanung

Die Personalsbedarfsplanung ist das Kernstück jeder personalwirtschaftlichen Planung. Ohne sie ist selbst eine strategische Unternehmensplanung nicht sinnvoll möglich. Denn ob aus einem realisierten Umsatz tatsächlich Profitabilität entsteht, hängt nicht unwesentlich davon ab, wie viele Personen in welchem Bereich, in welcher Abteilung und auf welcher Stelle tätig sind.

Und selbst der Umsatz hängt bereits davon ab, wie viele Mitarbeiter an welcher Stelle im Unternehmen arbeiten. Der Vertrieb beispielsweise braucht eine bestimmte Anzahl von Mitarbeitern, um die Produkte an Kunden verkaufen zu können. Der Vertrieb hat aber gar keine Produkte, die er verkaufen kann, wenn diese Produkte nicht zuvor von der Entwicklungsabteilung entwickelt worden sind und von den Mitarbeitern im Produktionsbereich hergestellt wurden. Wie viele Menschen dafür in der Entwicklung oder der Produktion arbeiten müssen, wird im Rahmen der Personalsbedarfsplanung festgelegt. Weder die Entwickler, noch die Mitarbeiter in der Produktion können sinnvoll arbeiten, wenn nicht eine bestimmte Anzahl ausreichend qualifizierte Mitarbeiter vorhanden ist. Und dasselbe gilt für alle anderen Abteilungen im Rahmen der Schöpfungskette ganz genauso.

Alle Mitarbeiter in allen Bereichen der Wertschöpfungskette, egal in welchen Abteilungen sie tätig sind, zusammengenommen bilden den Personalbedarf des Unternehmens. Es wäre allerdings etwas zu unvorsichtig, sich nur auf die Anzahl von Mitarbeitern zu beschränken, die für die Ausführung der als notwendig erachteten Tätigkeiten *mindestens* gebraucht wird. Genau genommen wäre es nicht nur unvorsichtig, es wäre sogar regelrecht naiv, denn Menschen sind auch mal krank, aus familiären Gründen plötzlich kurzfristig verhindert, oder meinen auch schon mal, an einem Montag wegen starker Kopfschmerzen zu Hause bleiben zu müssen, wenn der darauf folgende Dienstag ein Feiertag ist. Ein Phänomen, das auch als strategische Kopfschmerzen bekannt geworden ist – man könnte dazu auch »blau machen« sagen. Vielleicht sind sie ja aber auch tatsächlich an besagtem Montag krank geworden, gehen aber trotzdem zur Arbeit, weil sie fürchten, dass ihnen aufgrund des nahen Feiertages niemand glauben würden, dass sie krank sind und stecken ihre Kollegen an, worauf hin in den darauf folgenden Tagen noch mehr Mitarbeiter fehlen.

Wie auch immer, ob gerechtfertigt oder ungerechtfertigt, es kommt einfach vor, dass Menschen, die in den Arbeitsablauf eines Unternehmens eingeplant sind, kurzfristig und plötzlich doch nicht zur Verfügung stehen. Dies muss in der Personalsbedarfsplanung berücksichtigt werden.

5.1 Einflussfaktoren auf den Personalbedarf

Grundsätzlich unterscheidet man folgende, in Abbildung 34 zusammengefasste unternehmensinterne und unternehmensexterne Einflussfaktoren auf den Personalbedarf. Diese Unterscheidung ist wichtig, weil interne Einflüsse gesteuert und gegebenenfalls verändert oder abgestellt werden können, wohingegen man mit externen Einflussfaktoren leben muss, weil das Unternehmen normalerweise keine Möglichkeit hat, diese zu beeinflussen.

Die innerbetriebliche Differenzierung in »personalwirtschaftlich« und »operativ« bedeutet, dass einige Einflussfaktoren abteilungsübergreifend von der für personalwirtschaftliche Fragen zuständigen Personalabteilung geregelt werden müssen, während andere Faktoren in den operativen Fachabteilungen, wie Vertrieb oder Produktion, selbständig organisiert werden sollten.

Abbildung 34: Einflussfaktoren auf den Personalbedarf

unternehmensintern		unternehmensextern	
personalwirtschaftlich	**operativ**	**legislativ**	**sozioökonomisch**
– MA-Qualifikation – MA-Fehlzeiten – Personalfluktuation – Personalentwicklung – Arbeitszeitvereinbarungen – Arbeitsbedingungen	– Produktionsverfahren – Vertriebswege – Organisationsstrukturen – Prozesse – Arbeitsabläufe	– Tarifpolitik – Arbeitsrecht – Arbeitsschutz – weitere rechtliche Rahmenbedingungen (auch international)	– Arbeitsmarktsituation – demographische Entwicklung – Bildungspolitik – gesellschaftliche Akzeptanz

Unternehmensinterne Einflussfaktoren

Personalwirtschaftliche Faktoren beziehen sich – wie der Name schon andeutet – auf Einflüsse, die von den Mitarbeitern ausgehen oder diese unmittelbar betreffen, und zwar jeden Mitarbeiter gleichermaßen, unabhängig davon, in welchem Teil des Unternehmens er oder sie tätig ist. Einige dieser Faktoren sind hier genannt. Qualifikation, Fehlzeiten und Fluktuation sind im Handlungs- und Entscheidungsbereich der jeweiligen individuellen Mitarbeiter. Für die Ausgestaltung von Arbeitszeitvereinbarungen, Arbeitsbedingungen und Personalentwicklungskonzepten hingegen ist das Unternehmen verantwortlich. Aber natürlich beeinflussen sich die Faktoren auch gegenseitig ganz erheblich. Die Qualifikation von Mitarbeitern hängt beispielsweise nicht zuletzt von den Personalentwicklungsbemühungen des Unternehmens ab, und Arbeitszeitregelungen wie auch Arbeitsbedingungen wirken sich auf die Fehlzeiten und die Fluktuation aus.

Operative Einflussfaktoren auf den Personalbedarf sind solche, die sich aus den Unternehmensabläufen ergeben. Mit dem Begriff »operativ« werden Prozesse und Tätigkeiten bezeichnet, die der Leistungserstellung im Wertschöpfungsablauf eines Unternehmens dienen. Damit sind sie zunächst einmal unabhängig von individuellen Menschen, haben aber natürlich erheblichen Einfluss auf die Anzahl des benötigten Personals. Hierzu zählen beispielsweise Faktoren, die dazu geeignet sind, unternehmerische Prozesse zu automatisieren: z.B. neue Produktionsverfahren, oder Vertriebswege, wie z.B. e-commerce. Beide können den notwendigen Personalaufwand erheblich reduzieren. Organisationsstrukturen, allgemeine Unternehmensprozesse sowie individuelle Arbeitsabläufe sollten natürlich ebenfalls so effizient, d.h. mit so geringem Ressourceneinsatz wie möglich ausgestaltet werden. Auch diese sollten bei der Planung operativer Einflussfaktoren berücksichtigt werden.

All diese Einflussfaktoren auf den Personalbedarf, seien es personalwirtschaftliche oder operative, können vom Unternehmen und seinen Mitarbeitern beeinflusst und nach eigenen Vorstellungen gestaltet werden. Es handelt sich daher um unternehmensinterne Einflussfaktoren.

Unternehmensexterne Einflussfaktoren

Anders verhält es sich mit den unternehmensexternen Einflussfaktoren auf den Personalbedarf. Ob es sich um legislative oder sozio-ökonomische Faktoren handelt, das Unternehmen muss sie analysieren und seine Schlussfolgerungen für mögliche Maßnahmen ziehen. Ändern kann es diese Faktoren im Allgemeinen nicht, nur in ihrer Wirkung abmildern.

Die legislativen Einflussfaktoren sind in erster Linie die Tarifpolitik und das Arbeitsrecht. Die tariflichen Vereinbarungen werden zwischen den Arbeitsgebervertretern und den Gewerkschaften ausgehandelt. Je nach Ergebnis dieser Verhandlungen kann sich der Personalbedarf eines Unternehmens dadurch innerhalb kürzester Zeit stark verändern. Haben sich die Tarifpartner beispielsweise auf deutliche Lohnsteigerungen verständigt, dann kann dies für kleinere Unternehmen, die nicht über die finanziellen Mittel eines großen Konzern verfügen, bedeuten, Mitarbeiter entlassen zu müssen, weil sie sich die tariflich vereinbarten Lohnsteigerungen sonst nicht leisten können. Die Alternative wäre, aus dem Arbeitgeberverband auszutreten, um an die Tarifanpassung nicht mehr gebunden zu sein. Aber das hat wiederum andere Nachteile.

Gesetzlich vorgeschriebene Arbeitsschutzmaßnahmen haben ebenfalls einen signifikanten Einfluss auf den Personalbedarf eines Unternehmens. Man denke nur an die arbeitsrechtlichen Entwicklungen seit den Zeiten der Industrialisierung in Deutschland, die Thema eines vorangegangenen Kapitels waren.

Für international operierende Unternehmen können darüberhinaus gesetzliche Vorgaben der unterschiedlichsten Art Einfluss auf den Personalbedarf haben. So machen beispielsweise Vorschriften einiger Länder zu lokaler Wertschöpfung einen gewissen Personalbestand vor Ort erforderlich.

Zu den sogenannten sozio-ökonomischen Einflussfaktoren zählen alle gesellschaftlichen Entwicklungen, die Einfluss auf den Personalbedarf eines Unternehmens haben – oder auch nur zukünftig haben könnten. Diese Entwicklungen sollten Unternehmen sehr genau verfolgen. Beispielsweise kann ein »leergefegter« Arbeitsmarkt für bestimmte Berufsgruppen und eine negative demographische Entwicklung in den für das Unternehmen wichtigen Ländern bedeuten, dass Personal auch unabhängig von dem aktuellen Bedarf für das Unternehmen nach Möglichkeit gesichert werden sollte. Aber auch Änderungen in den Ausbildungssystemen, wie z.B. der Wechsel von Diplom- zu Bachelor- und Masterstudiengängen, verändern das Personalangebot und damit auch den Personalbedarf.

Schließlich spielt die gesellschaftliche Akzeptanz von Beschäftigungsweisen ebenfalls eine große Rolle: ständige Erreichbarkeit von Mitarbeitern auch am Wochenende und im

Urlaub, die zunehmend auf Ablehnung bei den Arbeitnehmern stoßen, aber auch Themen wie Work-Life-Balance wirken sich auf den Personalbedarf aus.

Einflussfaktor Unternehmensplanung

All diese Einflussfaktoren zeigen, wie eng die Personalplanung und die Unternehmensplanung miteinander verzahnt sind. Die entscheidende Kenngröße der Unternehmensplanung ist der Erfolg, üblicherweise als Rendite, z.B. als Umsatzrendite (Gewinn pro Umsatz), ausgedrückt. Um den Erfolg planen zu können, müssen jedoch eine ganze Reihe weiterer Planungsgrößen bekannt sein, wie Abbildung 35 zeigt. Es beginnt mit der Umsatz- und Absatzplanung (eingenommenes Geld und verkaufte Stückzahlen). Realisiert wird der Umsatz durch die Entwicklung der vom Markt erwarteten Produkte. Weitere Planungsgrößen der Unternehmensplanung sind daher die marketingseitige Produktplanung und die Entwicklungsplanung. Außerdem müssen die Kosten geplant werden, die im Einkauf bei der Beschaffung von Einzelteilen, in der Produktion, und auch in der Logistik verursacht werden. Weitere zu planende Blöcke betreffen die Verwaltungskosten aus den unterschiedlichen Overheadbereichen wie Personalabteilung, Controlling, IT, etc. Und schließlich ist ein wesentlicher Teilbereich der Unternehmensplanung die Serviceplanung. Denn ja nach Kreativität in der Ausgestaltung kann dieser Bereich viel Geld kosten, oder aber auch ziemlich profitabel sein.

5.2 Der Zusammenhang von Personalbestand und Personalbedarf

Voraussetzung für eine erfolgreiche, d.h. verlässliche Unternehmensplanung ist in jedem Fall eine präzise und vorausschauende Personalplanung für jeden der zuvor genannten unternehmerischen Bereiche und auch bereichsübergreifend, beginnend mit der Festlegung des Bruttopersonalbedarfs. Definitionsgemäß ist der Bruttopersonalbedarf der gesamte Personalbedarf, der nötig ist, um die in der Unternehmensplanung festgelegten Ziele erreichen zu können.

Unterschieden werden muss dabei zwischen dem quantitativen und dem qualitativen Bedarf. Bei dem quantitativen Personalbedarf geht es nur um eine Gesamtzahl von Personen, die zur Erledigung der vorgeplanten Aufgabe nötig sind, nicht jedoch um deren notwendigen Qualifikations- und Kompetenzprofile. Das ist Inhalt der qualitativen Personalbedarfsplanung. Beides ist gleichermaßen wichtig und muss daher zugleich berücksichtigt und geplant werden.

Abbildung 35: Die Verzahnung von Unternehmens- und Personalplanung

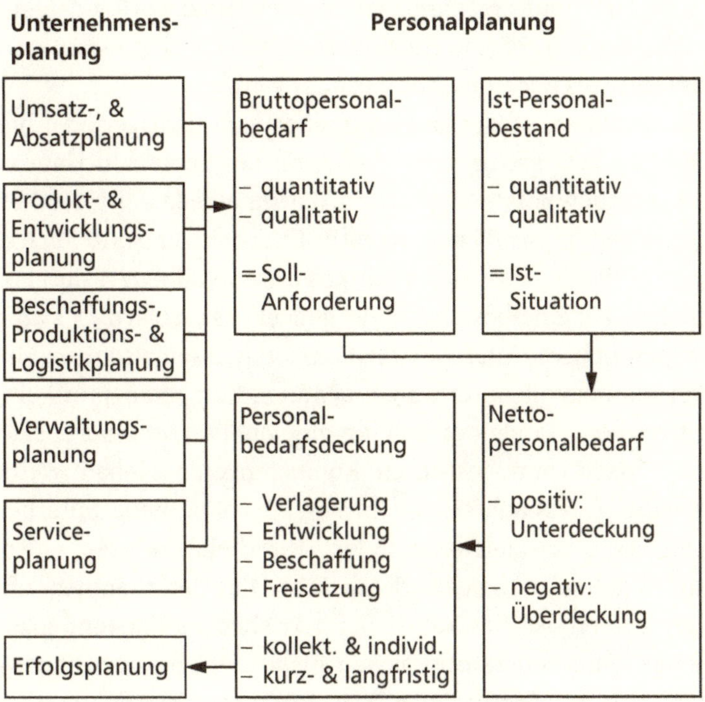

Quelle: in Anlehnung an Berthel, Becker (2007), S. 169

Der Unterschied zwischen der quantitativen und der qualitativen Personalplanung sorgt in Unternehmen übrigens immer wieder für Irritationen bei der Belegschaft. Aufgrund dieses Unterschieds ist es nämlich durchaus möglich, dass ein Unternehmen in einem seiner Geschäftsbereiche Personal entlässt, während es zur gleichen Zeit in einem anderen Teil des Unternehmens Mitarbeiter neu einstellt. Das ist im Einzelfall oft schwer vermittelbar, liegt aber daran, dass eben nicht nur eine bestimmte Anzahl von Mitarbeitern notwendig ist, sondern auch bestimmte Qualifikationsprofile benötigt werden; und die bringen manche Mitarbeiter mit, andere haben sie nicht. Die Soll-Anforderung an einen zu definierenden Brutto-Personalbedarf hat also immer eine quantitative und eine qualitative Komponente.

Das gilt in gleicher Weise auch für den Netto-Personalbedarf, der sich aus dem Vergleich der Soll-Anforderung des Brutto-Personalbedarfs und des zum Planungszeitpunkt vorhandenen Ist-Personal*bestands* ergibt. Auch dieser muss natürlich stets sowohl quantitativ als auch qualitativ erfasst werden.

Je nachdem, ob der Ist-Personalbestand niedriger oder höher ist als der zukünftige, zur Erledigung der geplanten Unternehmensaufgaben notwendige Brutto-Personalbedarf, ist der Netto-Personalbedarf positiv oder negativ. Ein positiver Netto-Personalbedarf bedeutet, dass der zukünftige Personalbedarf durch den aktuellen Personalbestand nicht gedeckt ist. Sofern es sich um eine quantitative Unterdeckung handelt, müssen also neue Mitarbeiter mit dem als notwendig erachteten Kompetenzprofil eingestellt werden. Handelt es sich um eine qualitative Unterdeckung, dann müssen »nur« bestimmte Kompetenzen aufgebaut werden. Das wäre gegebenenfalls auch möglich, ohne neue Mitarbeiter einzustellen, beispielsweise indem Mitarbeiter mit den entsprechenden Fähigkeiten aus anderen Teilen des Unternehmens abgezogen werden. Ist dies auf Grund betrieblicher Notwendigkeiten in jenen Unternehmensbereichen nicht möglich, oder aber weil Mitarbeiter mit dem notwendigen Profil im Unternehmen nicht vorhanden sind, dann müsste auch die qualitative Unterdeckung durch quantitativen Personalaufbau gedeckt werden. Wenn der Netto-Personalbedarf negativ ist, also aktuell mehr Mitarbeiter im Unternehmen sind, als zukünftig vermutlich benötigt werden, dann muss im Falle einer quantitativen Überdeckung Personal abgebaut werden. Bei einer rein qualitativen Überdeckung ist die Frage, ob dies eine Zeitlang geduldet werden kann, weil die Fähigkeiten in Zukunft vielleicht doch irgendwann wieder benötigt werden. Sollte dies nicht in Aussicht stehen, dann müsste auch in diesem Fall Personal abgebaut oder in andere Unternehmensteile verlagert werden. Personalabbau kann trotz des Bemühens um sozialverträgliche Maßnahmen für die Betroffenen natürlich hart sein, auf der anderen Seite sind Mitarbeiter, die ihre Kompetenzen und Fähigkeiten auf Dauer nicht einsetzen können, unterfordert und irgendwann demotiviert. Auch das ist nicht auf Dauer zumutbar.

Nach der Planung des Brutto- und Nettopersonalbedarfs ist die Frage, auf welche Weise ein eventueller Personalbedarf gedeckt werden kann. Auch dies muss möglichst präzise geplant werden.

Grundsätzlich kann der Personalbedarf durch Verlagerung von Personal zwischen Unternehmensbereichen, durch Entwicklung der Kompetenzen und Fähigkeiten von Mitarbeitern, oder aber durch Neueinstellung, bzw. Freisetzung von Mitarbeitern gedeckt werden. Freisetzung ist übrigens kein sehr passendes Wort für das, was bei einer Freisetzung von Personal geschieht. Denn die meisten Mitarbeiter sind nach erfolgter »Freisetzung« freier, als sie jemals sein wollten. Besser und ehrlicher wäre es, von Personalabbau oder einfach von Kündigung zu sprechen. In jedem Fall sollte die Personalbedarfsdeckung sowohl kollektiv für die betreffenden Abteilungen oder Unternehmensbereiche als auch individuell für jeden einzelnen Mitarbeiter geplant werden. Beides ist gleich wichtig, denn die einzelnen Mitarbeiter haben natürlich genau das gleiche Interesse an möglichst präzisen Aussagen über die zukünftig notwendige Mitarbeiterbasis wie das Unternehmen.

Schließlich ist die zeitliche Dimension der Personalbedarfsplanung wichtig. Die Planung sollte sich nicht nur auf das kommende Geschäftsjahr erstrecken, sondern immer auch mittel- bis langfristige Aussagen ermöglichen. Denn gerade auf die sozioökonomischen Einflussfaktoren kann man meist nur mit einem gewissen Vorlauf reagieren und muss sie daher so frühzeitig wie möglich antizipieren.

Die Rechenweg vom heutigen Ist-Personalbestand zum zukünftigen Soll-Personalbestand ist in Abbildung 36 dargestellt. Ausgehend von dem aktuellen Personalbestand rechnet man die bereits bekannten Zugänge bis zu dem zukünftigen Stichtag hinzu, zieht die bereits bekannt oder mindestens verlässlich vermuteten Abgänge ab und erhält so den zukünftigen Ist-Personalbestand zu dem zu planenden Stichtag. Zugänge können beispielsweise als voraussichtlich bekannt angenommen werden, wenn eine Personalbedarfsanforderung einer Führungskraft genehmigt worden ist, wenn schon Einstellungsgespräche mit Bewerbern geführt wurden, oder wenn vielleicht sogar schon Arbeitsverträge verschickt wurden, sich der Zugang jedoch aufgrund von Kündigungsfristen des Bewerbers noch verzögert. Die Anzahl der voraussichtlichen Abgänge ergibt sich aus den bereits bekannten Kündigungen, die aber erst zu einem zukünftigen Zeitpunkt wirksam werden, sowie aus dem statistisch ermittelbaren Erfahrungswert der üblichen Fluktuation im Unternehmen. Die voraussichtlichen Zugänge und Abhänge werden zusammen als Bestandsveränderung bezeichnet.

Hat man den zukünftigen Ist-Personalbestand ermittelt, dann ist der Netto-Personalbedarf als Differenz zwischen dem Ist-Personalbestand und dem Brutto-Personalbedarf relativ einfach bestimmbar. Denn der zukünftige Brutto-Personalbedarf ist ja bereits sowohl quantitativ als auch qualitativ aus der bereichsweisen Unternehmensplanung zu dem definierten Stichtag bekannt.

Der Netto-Personalbedarf besteht aus zwei Komponenten: dem Reservebedarf und dem Ersatzbedarf. Der Reservebedarf, beispielsweise wegen Krankheit, ist prozentual zur Größe der betrachteten Belegschaft normalerweise konstant und daher im Allgemeinen bekannt. Die Höhe des Ersatzbedarfs ist von einer Vielzahl unterschiedlicher Faktoren abhängig. Ein hohes Durchschnittsalter der Belegschaft kann beispielsweise bedeuten, dass mehr Personal gesucht werden muss, weil mehr Mitarbeiter in den Ruhestand gehen. Eine negative Marktentwicklung könnte diesen Effekt jedoch auch ausgleichen, weil dann die frei werdenden Stellen sozialverträglich gestrichen werden können. Auch Beförderungen können Ersatzbedarf auslösen. Sie könnten ihn jedoch auch egalisieren, wenn beispielsweise ein Überhang von Kompetenzen durch Beförderung des betreffenden Mitarbeiters ausgeglichen werden kann. Restrukturierungen und organisationale Veränderungen in unternehmerischen Schieflagen können auch für Ersatzbedarf verantwortlich sein, wenn Mitarbeiter es angesichts der unsicheren Zukunft des Unternehmens vorziehen, ihren Arbeitgeber zu wechseln, aber auch viele weitere Einflüsse können Ersatzbedarf auslösen.

Abbildung 36: Zusammenhang von Personalbestand und -bedarf (numerisch)

Ist-Personalbestand („heute")

–	voraussichtliche Abgänge (z.B. Kündigung, Fluktuation)	Bestands- veränderung
+	voraussichtliche Zugänge (z.B. nach Einstellungsgesprächen)	

= **zukünftiger Ist-Personalbestand**

+	Reservebedarf (z.B. wegen Krankheit)	**Netto- Personalbedarf** (Aufbau- oder Abbaubedarf)
+/–	Ersatzbedarf (z.B. wegen Altersstruktur, Marktentwicklung, Beförderung)	

= **Brutto-Personalbedarf**
(zukünftiger Soll-Bestand „morgen")

Quelle: in Anlehnung an Berthel, Becker (2007), S. 240

So ist die Personalbedarfsplanung insgesamt ein interessantes und weites Feld, in dem mit einer Vielzahl von Stellgrößen, Erfahrungswerten und auch Planungsdaten hantiert werden muss. In jedem Fall handelt es sich um eine sehr verantwortungsvolle Aufgabe, denn der Erfolg des Unternehmens hängt ganz unmittelbar von der Qualität der Personalbedarfsplanung ab. Außerdem kann gerade durch eine sorgfältige qualitative Personalbedarfsplanung, die die vorhandenen Kompetenzen und Fähigkeiten der Mitarbeiter umfassend berücksichtigt, deren Motivation und Leistungsbereitschaft nachhaltig gesichert werden. Und das ist ein nicht zu unterschätzender Wettbewerbsvorteil.

Wie schon erwähnt ist natürlich keineswegs gesagt, dass der Netto-Personalbedarf immer positiv ist, also neues Personal beschafft werden muss. Es ist durchaus möglich, dass die zukünftig vorhandene Belegschaft zu groß ist und Personal abgebaut werden muss. Wenn der zukünftige Brutto-Personalbedarf also geringer ist als der ermittelte zukünftige Ist-Personalbestand zum gleichen Zeitpunkt, dann bedeutet Netto-Personalbedarf nicht Aufbau-, sondern Abbaubedarf, also noch rauszuschmeißendes Personal.

Natürlich versucht jedes Unternehmen, einen negativen Personalbedarf zu vermeiden, denn Mitarbeiter abzubauen oder abbauen zu müssen, erzeugt aus nachvollziehbaren Gründen immer erhebliche Irritationen in der Belegschaft. Aber es sind eben durchaus Entwicklungen im Unternehmen oder in den Märkten des Unternehmens denkbar, die dies erforderlich machen. So war beispielsweise eine Natur- und Umweltkatastrophe, wie die in Fukushima, die in kürzester Zeit zu einem vorher kaum für möglich gehaltenen gesellschaftlichen Umdenken führte, in dieser Massivität und Plötzlichkeit für die betroffenen Energieunternehmen kaum vorhersehbar. Muss das Unternehmen personalseitig darauf reagieren? Sicherlich. Hätte es die Entwicklung rechtzeitig erkennen können? Die Frage sollte etwas früher gestellt werden und lauten: was muss das Unternehmen im Rahmen der Unternehmens- und Personalplanung tun, um mögliche Entwicklungen mit Einfluss auf das Unternehmensgeschehen rechtzeitig zu erkennen und angemessen darauf reagieren zu können? Die Beantwortung dieser Frage entscheidet über die Wettbewerbsfähigkeit.

In Abbildung 37 ist die Entwicklung des Personalbestands von einem gegenwärtigen Zeitpunkt t_0 bis zu einem festzulegenden zukünftigen Planungszeitpunkt t_1 und anschließend t_2 noch einmal grafisch dargestellt.

Abbildung 37: Zusammenhang von Personalbestand und -bedarf (grafisch)

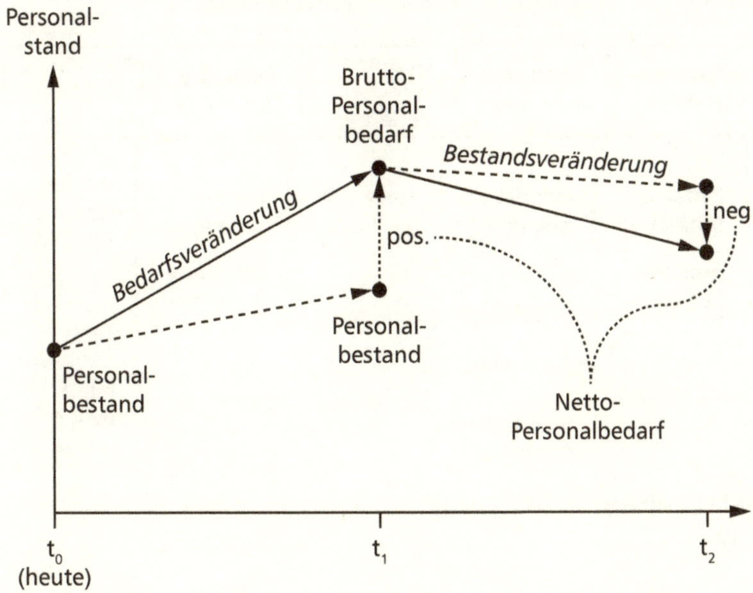

Zum Planungszeitpunkt t_1 ist der Netto-Personalbedarf positiv, weil der Brutto-Personalbedarf größer als der zukünftige Ist-Personalbestand ist. Es muss Personal beschafft werden. Von diesem neuen Personalstand aus, folgt die nächste Planungsphase bis zum Zeitpunkt t_2. In diesem Fall ist der zukünftige Ist-Personalbestand größer als der Brutto-Personalbedarf zum gleichen Zeitpunkt. Der Netto-Personalbedarf zum Zeitpunkt t_2 ist daher negativ, es müsste Personal abgebaut werden.

5.3 Verfahren zur Ermittlung des zukünftigen Personalbedarfs (Übersicht)

Nach dieser eher allgemeinen Darstellung des Zusammenhangs zwischen Ist-Personalbestand, Netto-Personalbedarf und Brutto-Personalbedarf sollen im Folgenden einige Verfahren exemplarisch vorgestellt werden, mit denen man den zukünftigen Personalbedarf konkret ermitteln kann. Grundsätzlich wird zwischen den in Abbildung 38 dargestellten Verfahren unterschieden.

Abbildung 38: Verfahren der Personalbedarfsermittlung

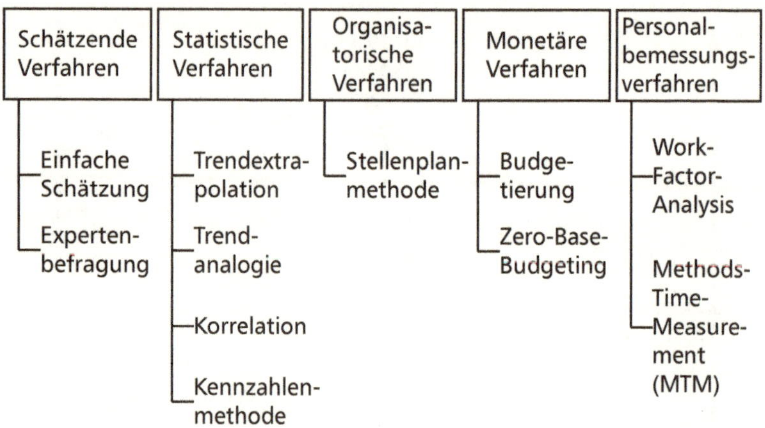

Quelle: nach Jung (2006), S. 123 ff.

5.4 Schätzende Verfahren: Befragung

Die schnellste Methode ist, den zukünftigen Bedarf einfach zu schätzen. Für das Ergebnis einer Schätzung gilt jedoch die alte Weisheit: »Mist rein, Mist raus.« Denn eine Schätzung kann nur so gut sein wie die Annahmen, die der Schätzung zugrunde liegen. Natürlich können die Annahmen hervorragend sein. Das Problem ist nur, dass man seine eigenen Annahmen häufig nicht hinterfragt und bei einer einfachen Schätzung ja definitionsgemäß auch keine Verfahren nutzt, mit denen man die Annahmen in einem formalisierten Prozess auf den Prüfstand stellen könnte. Einfache Schätzungen sind daher latent gefährlich. Insbesondere wenn sie auf eigenen Erfahrungen beruhen. Denn diese können erstens zu falschen, nicht hinterfragten Annahmen führen. Und zweitens beziehen Erfahrungen ihr Wissen immer nur aus der Vergangenheit und haben damit wenig Aussagekraft für die Zukunft. Die Expertenbefragung ist schon ein etwas besseres Verfahren der Schätzung. Aber wenn Experten schätzen, dann unterliegt das Ergebnis grundsätzlich denselben Unzulänglichkeiten wie bei eigenen Schätzungen. Wenn man bedenkt, was bei der Personalbedarfsplanung sowohl für das Unternehmen als auch für die Mitarbeiter auf dem Spiel steht, dann sollte man von Schätzungen zur Ermittlung des Personalbedarfs Abstand nehmen.

5.5 Statistische Verfahren: Beispiel Kennzahlenmethode

Sehr viel besser und verlässlicher als Schätzungen sind statistische Verfahren, wobei auch diese meist mit dem Nachteil einer reinen Vergangenheitsorientierung zu kämpfen haben. Ob Trends aus der Vergangenheit fortgeführt werden, oder ob der zu untersuchende Faktor mit (vermutlich) analogen Trends verglichen wird: in jedem Fall besteht die Untersuchungsbasis aus Vergangenheitswerten. Das gleiche gilt für die Untersuchung von möglichen Korrelationen.

Etwas eingehender soll im Folgenden die Kennzahlenmethode vorgestellt werden. Diese bedient sich zwar auch nur Vergangenheitswerten, durch die Vielzahl der Kombinationsmöglichkeiten der als wichtig erachteten Faktoren können die Ergebnisse jedoch relativ gut auf ihre zukünftige Relevanz überprüft werden. Außerdem sind die Kennzahlen, nach denen das Unternehmen gesteuert wird, selbstverständlich eine entscheidende Grundlage für die korrespondierende Personalplanung.

Abbildung 39: Auswahl personalwirtschaftlich relevanter Kennzahlen

- Kennzahlen zum strategischen Personalmanagement
- Kennzahlen zur Arbeitnehmerstruktur
- Kennzahlen zu den Beschäftigungsgruppen
- Kennzahl zur Alterstruktur
- Kennzahl zu Qualifikationen
- Kennzahl zu Hochschulabsolventen
- Kennzahlen zu Arbeitnehmern mit Schwerbehinderung
- Kennzahlen zum Ideenmanagement
- Kennzahlen zu Unternehmenswerten
- Kennzahlen zu Change-Projekten
- Kennzahl zur Mitarbeiterproduktivität
- Kennzahlen zum Personalaufwand
- Kennzahlen zu Vergütungsbestandteilen
- Kennzahlen zum Kostenanteil der HR-Funktionen
- Kennzahlen zur Arbeitszeit und Mehrarbeit
- Kennzahl zur Planungsvalidität
- Kennzahlen zu arbeitsrechtlichen Auseinandersetzungen
- Kennzahlen zum Betriebsrat
- Kennzahlen zu Compliance
- Kennzahl zu Streiks
- Kennzahl zu Tarifverträgen
- Kennzahl zum gewerkschaftlichen Organisationsgrad
- Kennzahl zu Disziplinarmaßnahmen
- Kennzahl zu Experten-Gremien
- Kennzahl zu virtuellen Netzwerken
- Kennzahl zu outgesourcten Personalprozessen
- Kennzahlen zu externen Kosten
- Kennzahlen zum Entsendungsmanagement
- Kennzahlen zur internationalen Personalorganisation
- Kennzahl zur Fluktuation von Leistungs- und Potenzialträgern
- Kennzahlen zur Arbeitgeberattraktivität
- Kennzahlen zu Recruitingkosten
- Kennzahlen zu Recruitingkanälen
- Kennzahlen zur Personalauswahl
- Kennzahlen zur Einstellungsqualität
- Kennzahl zur internen Arbeitgeberattraktivität
- Kennzahl zu Sponsoring-Aktivitäten
- Betreuungsquoten
- Kennzahlen zu Fehlzeiten
- Kennzahl zur Betriebszugehörigkeit
- Kennzahlen zum Gesundheitsmanagement
- Commitmentindex
- Mobilitätsquote Führungskräfte
- Zielvereinbarungsquote
- Kennzahlen zur variablen Vergütung
- Leistungsquote
- Kennzahlen zur Personalentwicklung
- Quoten zur Personal- und Managemententwicklung
- Kennzahlen zu Auszubildenden
- Kennzahlen zur Fluktuation
- Kennzahlen zu Pensionierungen
- Kennzahl zur Arbeitszeitflexibilität
- Kennzahlen zur Führungsqualität

Quelle: Sasse, Sedlacek, et al. (2011)

In Abbildung 39 sind einige personalwirtschaftliche Kennzahlen exemplarisch und überblicksartig zusammengefasst. Sicherlich sind nie alle Kennzahlen zugleich relevant. Und selbstverständlich können je nach unternehmerischer Herausforderung auch ganz andere Kennzahlen erforderlich sein. Deshalb soll das Prinzip der Kennzahlen sowie einige mögliche Stolperfallen im Folgenden auch nur exemplarisch dargestellt werden.

Fallbeispiel 8: Der Klassiker unter den Kennzahlen: Umsatz pro Mitarbeiter

Eine der bekanntesten Kennzahlen ist »Umsatz pro Mitarbeiter«. Dies ist eine häufig relevante Kennzahl, beispielsweise zur Steuerung von selbständigen Einheiten innerhalb eines Unternehmens. Auslandsgesellschaften, die im Wesentlichen für Vertrieb und Marketing der Produkte des Unternehmens in einem Land verantwortlich sind und darüber hinaus vielleicht noch etwas Service anbieten, sollten pro Vertriebsmitarbeiter mindestens soviel Umsatz machen, dass die Kosten dieser kleinen Landesgesellschaft gedeckt werden. Das ist eine einfache Steuerungsgröße, aber soweit eigentlich noch etwas banal, denn dass die Kosten mindestens gedeckt sein müssen, gilt für jedes Unternehmen.

Wenn der Konzern, zu dem die besagte Landesgesellschaft gehört, aber vor der Entscheidung steht, in welche Landesgesellschaft er weiter investiert, dann wird die Kennzahl schon spannender. Denn angenommen die Geschäftsführer von zwei Auslandsgesellschaften hätten um weiteres Personal gebeten, dann ist folgende Konstellation denkbar: eine der beiden Gesellschaften bearbeitet einen etablierten Markt, in dem die Produkte des Unternehmens sehr gut eingeführt sind, und macht deshalb einen exorbitant hohen Umsatz pro Mitarbeiter. Die andere Gesellschaft hat deutlich weniger Mitarbeiter und sitzt in einem Land, in dem die Kaufkraft gering ist und der Markt für die hoch-technisierten Produkte des Unternehmens erst noch aufgebaut werden muss. Der Umsatz pro Mitarbeiter ist daher auch nicht wirklich der Rede wert. Er ist noch nicht einmal kostendeckend. Aus akuten Kostengründen ist es dem Konzern leider nur möglich, in einer der beiden Gesellschaften Personal aufzubauen. In welcher Gesellschaft sollte investiert werden?

Würde nur diese Kennzahl alleine als Entscheidungsgrundlage herangezogen, dann könnte das Ergebnis der Entscheidung fatal sein. Denn natürlich sollte sich eine Investition lohnen. Ein Aufbau des Personalbestands in der bereits sehr gut etablierten Landesgesellschaft wäre daher augenscheinlich sinnvoller. Auf der anderen Seite könnte es ja aber auch sein, dass eine Investition in die Personalstärke der weniger gut etablierten Landesgesellschaft dieser in ihrem Markt überhaupt erst zum Durchbruch verhilft und sie anschließend noch deutlich profitabler ist als die derzeit glänzend aufgestellte andere Landesgesellschaft. Vielleicht, weil sie der erste nennenswerte Anbieter im Markt ist und einen erheblichen »first-mover-advantage« hat: den Vorteil, der Erste im Markt zu sein.

Die Gefahr, die mit Kennzahlen immer verbunden ist, besteht darin, durch die Operationalisierung und Quantifizierung von zuvor qualitativen Einschätzungen einer trügerischen Sicherheit zu erliegen. Denn nicht alles, was numerisch darstellbar ist, ist auch tatsächlich berechenbar. Kennzahlen haben einen großen Wert, um sich beispielsweise über bisherige Entwicklungen im Klaren zu werden, und um anhand dieser Erfahrungswerte Vorausplanungen für die Zukunft zu erstellen. Hierfür sind Kennzahlen wie diese hier gut geeignet.

Voraussetzung ist allerdings eine klare Vorstellung über die Interpretationsmöglichkeiten einer mit Hilfe der in Frage kommenden Kennzahl erzeugten Kenngröße sowie über deren interpretatorische Limitationen. Denn es gilt stets: man bekommt, wonach man fragt.

5.6 Organisatorische Verfahren: Beispiel Stellenplanmethode

Eine in jedem Unternehmen sehr wichtige Methode zur Ermittlung des Personalbedarfs ist das organisatorische Verfahren der Stellenplanmethode. Die grundlegende Frage bei der Stellenplanmethode ist nicht nur, wie viel Personal quantitativ und qualitativ geplant wird, sondern *wohin* das Personal im Unternehmen geplant wird. Aus diesem Grund beginnt die Stellenplanung mit der Festlegung von Inhalt und Umfang der zu planenden Stellen.

Planung der Stellen

Stellen sind unabhängig von denjenigen Personen, die im Unternehmen als Inhaber der Stellen tätig werden, und müssen daher auch unabhängig von diesen späteren Stelleninhabern geplant werden. Definitionsgemäßg ist eine Stelle die kleinste selbstständig handelnde organisationale Einheit in einem Unternehmen, in der Tätigkeiten und Arbeitspakete sinnvoll zusammengefasst werden können.

Bei einer Stelle handelt es sich um einen Aufgabenkomplex, der zwar irgendwann einmal einem Aufgabenträger, also einer Person übertragen wird, welche dann Verantwortung für den ihr übertragenen Aufgabenkomplex übernimmt, aber zunächst werden nur Tätigkeiten und Aufgabenpakete geplant, nicht jedoch Personen. Eine Stelle ist unabhängig von einem Arbeitsplatz.

Stelle ≠ Arbeitsplatz

Der Unterschied zwischen einer Stelle und einem Arbeitsplatz wird in dem folgenden Beispiel der Organisationsstruktur (Organigramm) eines Seniorenheims deutlich. Laut Organigramm hat das Seniorenheim in Fallbeispiel 9 eine Geschäftsführung, eine Heimleitung sowie eine diesen beiden Funktionen beigeordnete Stabsabteilung, bestehend aus der Lohn- und Finanzbuchhaltung, dem EDV-Bereich sowie dem Personalwesen. Funktional untergeordnet sind der Geschäftsführung und der Heimleitung die drei organisatorisch gleichberechtigten Abteilungen Hauswirtschaft, Pflege und Verwaltung bzw. Technik. Hauswirtschaft umfasst die üblichen Aufgaben wie Küche, Wäscherei und Reinigung. In der Pflege gibt es neben der üblichen Grund- und Behandlungspflege auch verschiedene Betreuungsaufgaben sowie die Arbeit mit Angehörigen und schließlich die Verantwortung für Hygiene. Die Verwaltungsaufgaben beinhalten auch soziale Beratung und diverse technische und Hausmeisterdienste. Alles in allem eine übliche Organisation.

Fallbeispiel 9: Organisationsstruktur eines Seniorenheims

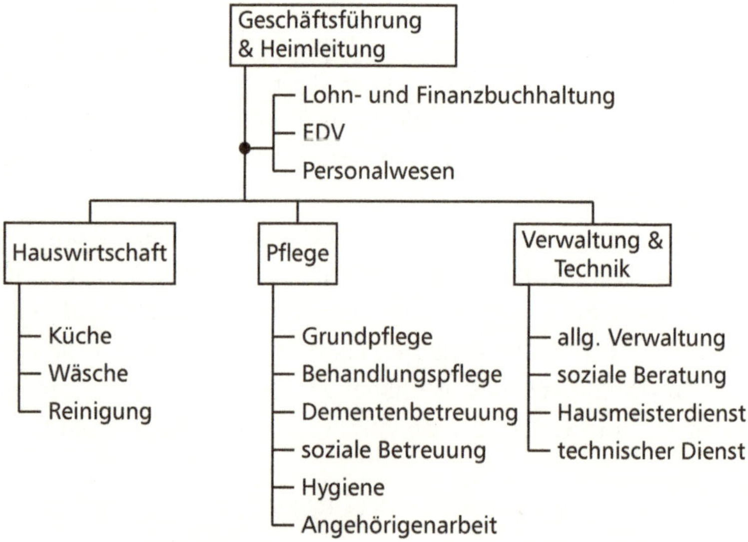

Quelle: in Anlehnung an das QM-Handbuch eines Seniorenheims; vgl. Seniorenheim Brickwedel (2002)

Betrachtet man aber den zu dieser Organisation gehörenden Stellenplan, dann ergibt sich ein etwas anderes Bild, als es die Organisationsstruktur vermuten lassen würde.

Laut nachfolgend skizziertem Stellenplan steht in Fallbeispiel 9 für die Geschäftsleitung wie auch die Heimleitung jeweils nur eine Viertelstelle zur Verfügung. Und die ganze Stabsabteilung besteht aus einer halben Büroleitungsstelle und einer Viertel-EDV-Fachkraftstelle. Die Hausmeisterstelle ist auch nur eine Viertelstelle und wird gerade einmal durch eine Viertelstelle für Qualitätsmanagement und Fortbildung gleichzeitig sowie durch eine ganze Stelle für einen Auszubildenden ergänzt.

Fortsetzung von Fallbeispiel 9: Der Stellenplan des zuvor genannten Seniorenheims

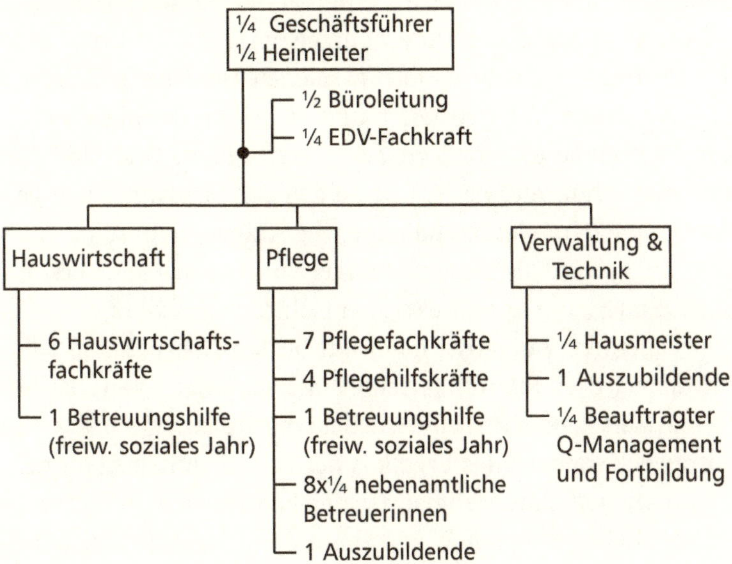

Quelle: in Anlehnung an das QM-Handbuch eines Seniorenheims; vgl. Seniorenheim Brickwedel (2002)

Allein dieser Stellenplan zeigt schon, dass eine Stelle nicht gleich einem Arbeitsplatz sein kann. Natürlich handelt es sich bei der Stelle für den Auszubildenden um eine ganze Stelle, weil man nur ganze Personen und nicht nur Teile von ihr ausbilden kann.

In diesem Fall sind Stelle und Arbeitsplatz deckungsgleich. Aber es ist durchaus möglich, dass ein und dieselbe Person gleichzeitig die Geschäftsführung und die Heimleitung übernimmt und auch gleich noch ihr eigenes Büro leitet. Bei entsprechenden Kompetenzen und Fähigkeiten könnte auch ein und dieselbe Person die Aufgaben der EDV-Fachkraft, der Hausmeisterstelle sowie der Qualitätssicherung und Fortbildungsplanung übernehmen. In der Stellenplanung werden fachlich und inhaltlich zusammengehörige Tätigkeiten entsprechend der organisationalen Aufteilung jeweils zu Aufgabenpakten zusammengefasst. Anschließend können durchaus mehrere Stellen von einer einzigen Person ausgefüllt werden. Wie gesagt: Stelle und Arbeitsplatz haben in der Planungsphase zunächst nichts miteinander zu tun.

Gerade in kleineren Unternehmen wird dieser Unterschied jedoch oftmals nicht beachtet. In solchen Unternehmen gibt es z.B. nicht einen Vertriebsleiter und einen Marketingleiter und einen Personalleiter, sondern den Herrn Meier. Und weil Herr Meier nun schon mal da ist und seinen Job ja soweit auch ganz ordentlich macht, werden halt eher die Aufgaben an seine Fähigkeiten angepasst, als sie unabhängig von Herrn Meier erst einmal zu planen, um anschließend entscheiden zu können, wer die so vorgeplanten Aufgaben denn am besten übernehmen sollte. Sinnvoll wäre es allerdings schon, die vorgeschlagene Reihenfolge einzuhalten, denn schließlich ist die Stellenplanung ja nicht Selbstzweck sondern das Ergebnis der Unternehmensplanung.

In manchen Unternehmen ist der Fehler, nicht Aufgabenpakete auf Stellen zu planen und diese dann irgendwann auf die Mitarbeiter zu verteilen, sondern gleich Personen zu planen, sogar bereits im Organigramm zementiert, wie das folgende Fallbeispiel 10 zeigt. Was ist in diesen beiden Organisationsvarianten jeweils wohl wichtig? Im linken Beispiel eines »Kästchens« im Organigramm steht die Stelle mit den zu erledigenden Aufgaben im Mittelpunkt. Im rechten Beispiel ist der Name der Person, welche die Stelle inne hat, ganz offensichtlich wichtiger als die Stelle mit ihren Aufgabenpaketen selbst.

Fallbeispiel 10: Stelle versus Arbeitsplatz

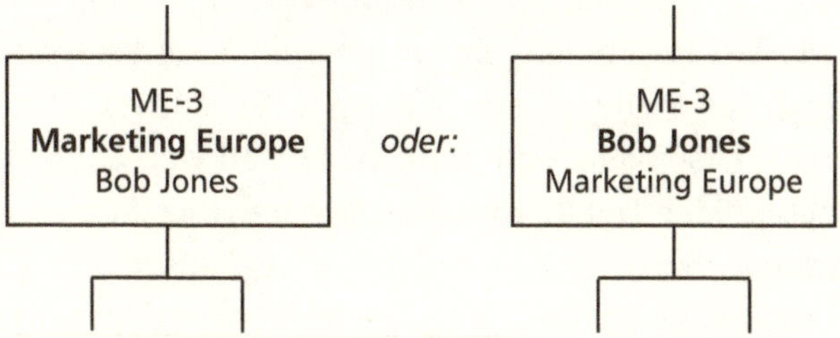

In einer eventuell notwendigen Umorganisation wird es im rechten Beispiel deutlich schwieriger sein, sich auf die Umorganisation der Aufgaben *unabhängig* vom derzeitigen Stelleninhaber zu konzentrieren. Stelle und Person müssen voneinander getrennt geplant werden. Und im Mittelpunkt sollte aus Sicht des Unternehmens im Rahmen der Personalbedarfsplanung immer die Stelle mit den ihr zugeordneten Aufgabenpaketen stehen. Die Person ist »nur« dazu da, die so vorgeplanten Aufgabenpakete abzuarbeiten.

Aber zurück zum Stellenplan des Seniorenheims: betrachtet man die acht Viertelstellen, könnte der Eindruck entstehen, hier sei etwas mit der Mengenlehre schief gegangen. Hätte man daraus nicht einfach zwei ganze Stellen für nebenamtliche Betreuerinnen machen können? Nein, und der Grund ist, dass für diese Betreuungsaufgaben vermutlich acht Personen gleichzeitig gebraucht werden, beispielsweise an einem bestimmten Wochentag vormittags, dass aber für keine dieser acht Personen genügend Arbeit vorhanden ist um sie während der kompletten Arbeitswoche auszulasten. Die für diese Stellen eingeplante Arbeit reicht für ungefähr ein Viertel der wöchentlichen Arbeitszeit, aber es werden eben acht Personen gleichzeitig benötigt. Aus diesem Beispiel wird der Unterschied zwischen einer Stelle und einem Arbeitsplatz deutlich. Es kann keine halben Arbeitsplätze geben. Aber es gibt sehr wohl halbe Stellen.

Grundsätzlich gilt also, dass in Stellen inhaltlich zusammengehörige Arbeitspakete zusammengefasst werden, um sie dann anschließend auf Personen zu verteilen, die über die dafür notwendigen Qualifikationen und Kompetenzen verfügen. Arbeitspakete werden auf Stellen geplant und nicht auf Personen. Denn der Begriff der Stelle ist ein Synonym für sinnvoll zusammengefasste Arbeitspakete und Aufgaben. Und der Stellenplan ist die schaubildliche Darstellung der Summe aller Stellen in einer Organisation. Er ist nach Abteilungen gegliedert und gibt Auskunft über Anzahl, Umfang und Bezeichnungen der Stellen sowie über Entlohnungsstufen und Befugnisse, mit welchen die Stellen ausgestattet sind.

Der Stellenbedarfsplan

Mit Hilfe des Stellenplans kann Personal auf Stellen geplant werden. Beachtet werden muss dabei allerdings, dass der Stellenplan immer nur eine Momentaufnahme sein kann. Die zukünftige Entwicklung der Stellen – und damit auch der Stelleninhaber – geht aus ihm nicht hervor. Dafür ist ein Stellen*bedarfs*plan nötig.

Abbildung 40: Stellenbedarfsplan: zeitraumorientiert und funktional ausdifferenziert

	Technik	Einkauf	Produktion	Vertrieb	Verwaltung	Σ
Stellenbestand am 01.01.	**16**	**10**	**197**	**30**	**41**	**294**
– Einführung IT				–2	–1	–3
– Anlauf Produkt A			+8	+3		+11
– Schließung Niederlassung				–4		–4
– Anlauf Produkt B			–4			–4
– Einführung Six Sigma			–3		–2	–5
– Lieferanten-Mgmt.-system		–1		–3	–1	–5
– Entwickl. Produkt C	+3					+3
Stellenbedarf zum 31.12.	**19**	**9**	**198**	**24**	**37**	**287**

Quelle: in Anlehnung an Bröckermann (2009), S. 35

Abbildung 40 zeigt beispielhaft einen zeitraumorientierten und funktional ausdifferenzierten Stellenbedarfsplan. In der ersten Zeile ist der Ist-Stellenbestand zu einem aktuellen Zeitpunkt t_0 beziffert und in der untersten Zeile der geplante Stellenbedarf zu einem zukünftigen Planungszeitpunkt t_1. In der ersten Spalte sind alle anstehenden Aufgaben verzeichnet und in den Spalten daneben die dafür benötigten Stellen.

In diesem Beispiel ermöglicht es die Einführung einer neuen IT-Software, insgesamt drei Stellen einzusparen; zwei im Vertrieb und eine in der Verwaltung. Gleichzeitig werden bis Ende des Jahres elf neue Stellen benötigt, um den Anlauf des neuen Produktes A zu gewährleisten; acht davon in der Produktion und drei im Vertrieb. Durch den bereits abgeschlossenen Anlauf des Produktes B werden im gleichen Zeitraum in der Produktion vier Stellen frei, und die Schließung einer Niederlassung macht vier Stellen im Vertrieb überflüssig. Weitere Stellenveränderungen ergeben sich aus der Einführung des Qualitätsmanagementsystems SixSigma, eines neuen Lieferanten-Managementsystems, und aus dem Stellenbedarf der Technik zur Entwicklung des neuen Produktes C. Insgesamt werden über alle Funktionen betrachtet sieben Stellen überflüssig, so dass sich der gesamte Stellenbedarf bis Ende des Jahres von 294 auf 287 reduziert.

Die Frage ist nun, ob die Mitarbeiter, die auf denjenigen Stellen sitzen, die innerhalb einer Funktion wie Vertrieb oder Produktion überflüssig werden, auf andere Stellen in der gleichen Funktion wechseln können. Dann könnte der Stellenumbau mit weniger personellen Auswirkungen ablaufen. Wäre es beispielsweise möglich, die Mitarbeiter, die durch die Schließung der Niederlassung überflüssig werden, weil ihre Stellen wegfallen, zur Unterstützung beim Anlauf des Produktes A zu verwenden? Könnten die Mitarbeiter in der Produktion, die auf Grund des beendeten Anlaufs des Produktes B nicht mehr benötigt werden, beim Anlauf des Produktes A helfen? Und könnte das auch für die Mitarbeiter gelten, die nach erfolgreicher Einführung von SixSigma nicht mehr benötigt werden? Aus Sicht der betreffenden

Mitarbeiter wäre das wünschenswert. Aus Unternehmenssicht darf diese Entscheidung jedoch nicht aufgrund von menschlichen Einzelinteressen getroffen werden, sondern nur auf der Basis von Stellenbeschreibungen für die entsprechenden Stellen. Denn die Stellen sind nicht dazu da, bestimmte Personen zu versorgen, sondern dazu, die erfolgreiche Erledigung unternehmensnotwendiger Aufgaben zu gewährleisten. Deshalb werden ja auch nicht individuelle Mitarbeiter geplant, sondern Stellen; unabhängig von Personen.

Dennoch sollten im Rahmen der Stellenbedarfsplanung immer auch die personellen Auswirkungen bedacht werden. Denn jede Entscheidung, Mitarbeiter abzubauen, weil die betreffende Stelle nicht mehr benötigt wird, hat natürlich erhebliche Auswirkungen für den betroffenen Mitarbeiter. Daher ist es notwendig, diese Entscheidungen möglichst langfristig zu treffen und in der Zwischenzeit Mitarbeiter durch weiterqualifizierende Personalentwicklungsmaßnahmen nach Möglichkeit auf die Übernahme anderer Stellen vorzubereiten. Eine Stellenverschiebung läuft aus personalwirtschaftlicher Sicht dann optimal ab, wenn sie mit dem vorhandenen Personalbestand abgedeckt werden kann und allenfalls neue Mitarbeiter eingestellt werden, nicht aber vorhandene Mitarbeiter abgebaut werden müssen. Dies ist insofern auch unternehmerisch ein wichtiges Ziel, als die ökonomischen Ziele unbedingt komplementär zu den persönlichen Zielen der Mitarbeiter sein sollten. Andererseits sollte aber natürlich auch jeder Mitarbeiter selbst dafür sorgen, dass er durch laufende Weiterbildung dauerhaft für das Unternehmen interessant bleibt.

Beide Seiten, das Unternehmen und jeder einzelne Mitarbeiter, tragen also Verantwortung dafür, dass eine Stellenverschiebung im Rahmen der Stellenbedarfsplanung möglichst reibungslos vonstatten geht. Geplant werden darf jedoch immer nur in Aufgabenpaketen und damit in Stellen.

Natürlich müssen irgendwann auch »echte« Mitarbeiter zur Übernahme der vorgeplanten Stellen ausgesucht und angesprochen werden. Um beurteilen zu können, welche Person für eine

Stelle besonders geeignet wäre, ist jedoch noch ein weiterer Zwischenschritt notwendig; ein Schritt, der in Unternehmen immer wieder vernachlässigt wird, weil er auf den ersten Blick viel Zeit kostet. Faktisch spart er aber Zeit und damit auch Geld, weil er die Wahrscheinlichkeit, dass eine Person auf einer Stelle scheitert, deutlich verringert. Es geht um die Anfertigung einer Stellenbeschreibung.

Die Stellenbeschreibung

Das Ziel einer Stellenbeschreibung ist, tätig werden zu können. Damit ein Mitarbeiter, der eine Stelle ausfüllen soll, tätig werden kann, muss die Stelle aber möglichst präzise beschrieben werden. Die Mindestanforderung an die Beschreibung einer Stelle ist die Definition von:

- Aufgabenbild: Tätigkeitsbeschreibung für den Stelleninhaber
- Strukturbild: organisatorische Einordnung der Stelle
- Leistungsbild: Leistungsanforderungen an den Stelleninhaber

Das Aufgabenbild enthält eine Tätigkeitsbeschreibung für den Aufgabenträger, den Mitarbeiter also. Das Strukturbild beschreibt die organisatorische Einordnung der Stelle in die Hierarchie des Unternehmens. Und das Leistungsbild schließlich legt fest, welche Kompetenzen, Fähigkeiten und auch Eigenschaften eine Person haben sollte, damit sie für die betreffende Stelle in Frage kommt. Wichtig ist, dass Aufgaben-, Struktur- und Leistungsbild wirklich vollständig beschrieben werden. Das ist eine zeitraubende und deshalb meist wenig geschätzte Aufgabe, die zudem intensive Abstimmungen zwischen verschiedenen Fachabteilungen erforderlich machen kann. Wichtig ist sie dennoch.

In Abbildung 41 ist ein Beispiel einer Stellenbeschreibung dargestellt. Die Gestaltung des Formblattes ist nicht so wichtig. Entscheidend ist einzig, dass alle Informationen enthalten sind, die notwendig sind, um eine Person suchen zu können, die das in der Stellenbeschreibung skizzierte Profil besitzt.

Abbildung 41: Beispiel einer Stellenbeschreibung

<table>
<tr><td>Stellenbezeichnung</td><td>Organisationsebene</td></tr>
<tr><td>Stellenbezeichnung disziplinarischer Vorgesetzter</td><td>Stellenbezeichnung disziplinarisch untersteller Mitarbeiter</td></tr>
<tr><td>Stellenbezeichnung weiterer fachlicher Vorgesetzter</td><td>Stellenbezeichnung fachlich untersteller Mitarbeiter</td></tr>
<tr><td>Stelleninhaber vertritt</td><td>Stelleninhaber wird vertreten von</td></tr>
<tr><td colspan="2">Beschreibung des Aufgabengebiets</td></tr>
<tr><td colspan="2">Beschreibung der Tätigkeiten und zu realisierenden Ziele</td></tr>
<tr><td colspan="2">Beschreibung der Anforderungen
(Kompetenzen, Fähigkeiten und Eigenschaften des Stelleninhabers)</td></tr>
<tr><td colspan="2">hauptsächlicher Einsatzort</td></tr>
<tr><td colspan="2">weitere Vereinbarungen</td></tr>
<tr><td colspan="2">Datum: Unterschrift Stelleninhaber, Vorgesetzter, Personalleiter</td></tr>
</table>

Soll eine Stelle beschrieben werden, dann muss sie zunächst erst einmal bezeichnet werden. In der Praxis verursacht jedoch bereits dies oftmals erste Probleme. Denn wie soll die Stelle eigentlich heißen? Sucht man wirklich einen Projektleiter? Oder soll die disziplinarische Autorität nicht doch lieber beim Abteilungsleiter bleiben? Eigentlich sollte der Projektleiter das Projekt ja schon selbstständig leiten. Und an sich herrscht ja auch Einvernehmen darüber, dass dafür eine recht umfassende Entscheidungsvollmacht notwendig ist. Auf der anderen Seite möchte der Abteilungsleiter aber auch nicht so eine Art Zweit-Abteilungsleiter neben sich installieren. Er beschließt daher, zwar einen Projektleiter zu suchen, die Stelle aber bewusst als Stelle für Projekt*koordination* zu bezeichnen und nicht als Stelle für Projektleitung. – Das ist ein großer Fehler, und der spätere Stelleninhaber wird im Tagesgeschäft Probleme mit der bereits in der Stellenbezeichnung verankerten fehlenden Autorität haben.

Die Stellenbezeichnung muss die mit der Stelle verbundene Verantwortung und Kompetenz so klar wie möglich ausdrücken. Sucht man also jemanden, der ein Projekt leiten kann und soll, dann muss die Stelle auch Projektleitung heißen.

Ebenso wichtig ist es, die Einordnung der Stelle in der organisationalen Hierarchie des Unternehmens festzulegen. Auch diese Entscheidung kann durchaus konfliktär verlaufen. Denn nicht immer ist es eindeutig, zu welcher Organisationseinheit eine Stelle gehören soll. In dem eben genannten Beispiel einer Stelle für Projektleitung ist es sehr wahrscheinlich, dass der spätere Stelleninhaber mit mehreren verschiedenen Abteilungen oder sogar Unternehmensbereichen zu tun haben wird. Zu welcher dieser Abteilungen soll also die Stelle gehören? Gerade wegen solcher Entscheidungen und weil bei solchen Entscheidungen häufig zunächst einmal Dissens zwischen den Beteiligten herrscht, ist es wichtig, eine Stelle wirklich detailliert zu beschreiben. Geschieht dies nicht, dann werden die Konflikte später zu Tage treten, sobald die Stelle besetzt ist. Dann allerdings demotivieren sie den Stelleninhaber und stören den operativen Prozessablauf.

Um die Stelle präzise bezeichnen zu können und um Organisationsebenen festlegen zu können, sind also einige Abstimmungen und einige Entscheidungen notwendig. Ist dies erfolgt, dann ist es relativ einfach, die Stellenbezeichnung des disziplinarischen Vorgesetzten und gegebenenfalls die der disziplinarisch unterstellten Mitarbeiter anzugeben und einzutragen. Beides ergibt sich unmittelbar aus dem Organigramm des Unternehmens.

Weil in den meisten Unternehmen nicht nur disziplinarisch vorgesetzte Führungskräfte mit den ihnen direkt unterstellten Mitarbeitern zusammenarbeiten sondern verschiedene Organisationseinheiten abteilungsübergreifend in Projekten kooperieren, ist es durchaus möglich und meistens sogar üblich, dass ein Stelleninhaber nicht nur von seinem disziplinarischen Vorgesetzten Weisungen erhalten kann, sondern auch von anderen vorgesetzten Personen, die zwar kein disziplinarisches Weisungsrecht haben, aber immerhin ein fachliches. Dies könnten beispielsweise Führungskräfte aus Nachbarabteilungen sein, deren Hinweise und Wünsche bei abteilungsübergreifenden Projekten ebenso wichtig und maßgeblich sind, wie die des unmittelbaren Vorgesetzten. Fachliches Weisungsrecht unterscheidet sich von disziplinarischem Weisungsrecht nur insofern, als ein fachlich Vorgesetzter keine disziplinarischen Sanktionen, wie zum Beispiel Abmahnungen, aussprechen kann. Da dies im Tagesgeschäft jedoch sowieso keine Rolle spielen sollte, sind fachlich und disziplinarisch Vorgesetzte einander im Wesentlichen gleichgestellt, und Abstimmungen sollten mit beiden Personenkreisen gleichermaßen erfolgen. Für fachlich unterstellte Mitarbeiter gilt analog das gleiche. Oftmals handelt es sich um Mitarbeiter in anderen Abteilungen, die im Rahmen von Projekten mit den disziplinarisch unterstellten Mitarbeitern der Stelleninhabers eng zusammenarbeiten und daher von dem Stelleninhaber ebenfalls Weisungen erhalten können.

Festzulegen, wer den Stelleninhaber beispielsweise während dessen Urlaub oder im Krankheitsfalle vertreten kann und wen der Stelleninhaber selbst vertritt, ist dann anschließend eine leichtere Übung. Die oftmals größte Herausforderung bei der Erarbeitung von Stellenbeschreibungen liegt in der genauen Beschreibung des Aufgabengebiets, der Tätigkeiten und Ziele sowie der dafür notwendigen Kompetenzen, Fähigkeiten und Eigenschaften des zukünftigen Stelleninhabers, wie das folgende Beispiel zeigt.

Personalberater machen immer wieder die gleiche Erfahrung, wenn sie zur Klärung des Suchauftrags Führungskräfte in dem betreffenden Unternehmen fragen, was denn der Kandidat tun soll und können muss, den sie suchen sollen. Wenn sie beispielsweise einen Marketingleiter suchen sollen, dann bekommen sie von der Firma, in deren Auftrag sie diese Stelle besetzen sollen, auch schon mal zur Antwort: »na ja, er muss halt die Marketingabteilung leiten können.« Zumindest weiß der Personalberater dann, dass es für die zu besetzende Stelle offenbar keine Stellenbeschreibung gibt, und er kann zudem mit einiger Wahrscheinlichkeit annehmen, dass Stellenbeschreibungen in dem betreffenden Unternehmen insgesamt eher unüblich sind. Der erste Teil des Suchauftrags wird dann sein (müssen), gemeinsam mit dem Unternehmen eine Stellenbeschreibung zu erarbeiten.

Die genaue Beschreibung des Aufgabengebiets und der zukünftigen Tätigkeiten sowie der dafür notwendigen Kompetenzen ist aber nicht nur eine notwendige Grundlage für die Suche eines geeigneten Kandidaten. Sie ist vor allem auch wichtig, damit ein Interessent für die Position erkennen kann, was eigentlich von ihm erwartet wird, und damit er abschätzen kann, ob er den Anforderungen gewachsen sein wird. Deshalb kommt der Ermittlung des Anforderungsprofils eine ganz besondere Bedeutung zu. Dieses festzulegen erfordert sowohl ein hohes Maß an personalwirtschaftlicher Erfahrung, als auch die Mitwirkung derjenigen, die mit den Aufgabeninhalten der Stelle vertraut sind. In Abbildung 42 ist ein Katalog möglicher Anforderungen dargestellt.

Die Anforderungen einer Stelle können ganz allgemein unterschieden werden in Anforderungen an Wissen und Erfahrungen, in körperliche, geistige und psychische Anforderungen, sowie in verschiedene Verhaltenskriterien, wie beispielsweise Arbeitsverhalten und sozial-, bzw. Gemeinschaftsverhalten. Einstellungen und Werte sind als Anforderungen in vielen bisherigen Anforderungskatalogen noch nicht enthalten. Sie werden jedoch bei der Auswahl geeigneter Stelleninhaber immer wichtiger.

Abbildung 42: Katalog möglicher Anforderungen einer Stelle

Wissen und Erfahrung:
- Ausbildung
- berufliche Weiterbildung
- Berufs-, Branchen-, Unternehmens-, Führungserfahrung
- Sprachen

Körperliche Anforderungen:
- Sensorik
- Motorik
- Geschicklichkeit
- Muskelkraft
- Umgebungs- und Klimabedingungen

Geistige Anforderungen:
- analytisches Denken
- numerisches Denken
- räumliches Denken
- Kreativität
- Kombinationsfähigkeit
- Merkfähigkeit
- sprachliches Ausdrucksvermögen
- Lernfähigkeit

Psychische Anforderungen:
- Verhalten unter Druck
- Reaktion auf Stressoren
- Umgang mit Unsicherheiten

Arbeitsverhalten:
- Selbstständigkeit
- Selbstmotivationsfähigkeit
- Verantwortungsbereitschaft
- Zuverlässigkeit
- Präzision
- Ergebnisorientierung
- Priorisierungsfähigkeit
- unternehmerisches Handeln

Sozial- und Gemeinschaftsverhalten:
- Kooperationsbereitschaft
- Hilfsbereitschaft
- Toleranz
- Dominanz
- Durchsetzungsfähigkeit
- Teamfähigkeit und –bereitschaft
- Kommunikationsverhalten
- Opportunismus und Altruismus
- Solidarität

Einstellungen und Werte:
- Integrität
- Ethik
- Verantwortungsbewusstsein

Es handelt sich bei diesen Kriterien nicht um Anforderungen, die erfüllt oder nicht erfüllt werden, sondern um die Frage, wie wichtig bestimmte Einstellungen und Werte für die erfolgreiche Ausübung einer Tätigkeit sind. Wird der Erfolg auf der Stelle vom wertebezogenen Verhalten bestimmt, dann sollte auf diese Anforderungsmerkmale bei der Auswahl besonderer Fokus gelegt werden. Wenn z.B. gesellschaftlich relevante Entscheidungen getroffen werden müssen, dann ist die Ausprägung der Einstellungen und Werte des Kandidaten besonders wichtig. Hierzu zählt Integrität, Verantwortungsbewusstsein und das Bewusstsein für die ethische und moralische Dimension des eigenen Verhaltens.

Die anderen Kriterien beinhalten die üblichen Punkte. Zu Kenntnissen zählen neben der Ausbildung auch die absolvierten, bzw. notwendigen stellenbezogenen Weiterbildungsmaßnahmen. Und eventuell notwendige Erfahrung in der Branche und gegebenenfalls erforderliche Führungserfahrung fallen ebenso darunter wie die Kenntnis bestimmter Sprachen. Zu den körperlichen Anforderungen zählen auch Umwelteinflüsse, die besondere Anforderungen an die körperliche Fitness stellen. Einige wesentliche geistige Anforderungen sind hier ebenfalls dargestellt, auch wenn die Liste der möglichen Anforderungsarten bei diesen wie auch bei allen anderen Kriterien erheblich länger sein kann. Aber hier soll ja auch nur eine Auswahl exemplarisch dargestellt werden. Die psychischen Anforderungen beziehen sich im Wesentlichen auf das Verhalten unter Druck und Stress sowie den Umgang mit Unsicherheiten. Ein wesentliches Kriterium beim Arbeitsverhalten ist die Ergebnisorientierung. Manchmal heißt dies »unternehmerisches Denken und Handeln« und soll ein Maß dafür sein, ob der Stelleninhaber nicht nur aus Sicht seiner persönlichen Ziele denkt und handelt, sondern wie sehr er sich als Teil des Unternehmens betrachtet und auch so handelt. In diesem Sinne sind natürlich auch Verantwortungsbereitschaft und Zuverlässigkeit wichtig sowie insbesondere die Fähigkeit, auch dann motiviert zu arbeiten, wenn nur wenige äußere Anreize dazu geboten werden. Bezüglich des Sozial- und Gemeinschaftsverhaltens ist Kooperationsbereitschaft ebenso wichtig wie gegebenenfalls Durchsetzungsfähigkeit. Und Hilfsbereitschaft sowie Solidarität und Teamfähigkeit müssen sich natürlich mit dem notwendigen Maß an Dominanz die Waage halten.

Diese bewusst listenartige Aufzählung der verschiedenen Anforderungskategorien mit all ihren Unterpunkten zeigt aber zugleich auch das große Problem aller Anforderungskataloge. Liest man die Liste der möglichen Anforderungen durch, dann wird es durchaus verständlich, dass Führungskräfte, die ein Stellenprofil für eine neu zu besetzende Stelle erarbeiten sollen, geneigt sein könnten, alle Anforderungen als gleichermaßen wichtig zu betrachten. Denn selbstverständlich ist Gewissenhaftigkeit wichtig, und natürlich ist die Bereitschaft zur Übernahme von Verantwortung ebenfalls wichtig. Wer würde auch nur eines der Anforderungskriterien aus dieser Liste als unwichtig klassifizieren? Und dennoch muss man eine Auswahl daraus treffen und sich dazu durchringen, bestimmte Anforderungen als weniger wichtig oder vielleicht sogar als unwichtig für die in Frage stehende Stelle zu betrachten. Aus zwei Gründen: erstens wäre ein Mitarbeiter, der all diese Anforderungen gleichermaßen erfüllt, kaum bezahlbar. Und zweitens viel wichtiger: vermutlich wäre er nach Übernahme der Tätigkeit in kürzester Zeit demotiviert, weil einige seiner Fähigkeiten eben doch nicht im erhofften Maße abgerufen werden.

Eine Stellenbeschreibung zu formulieren bedeutet, sich darüber bewusst zu werden, welche Anforderungen die Stelle tatsächlich mit sich bringt und vor allem in welchem Maße. Unternehmerisches Denken und Handeln ist beispielsweise nicht auf jeder Stelle gleichermaßen wichtig. Und wenn die Stelle eines Verwalters der Normenregistratur besetzt werden soll, dann könnte ein zu großes Maß an Kreativität des zukünftigen Stelleninhabers aus den genannten Gründen eher schaden.

Die Abwägung zwischen wichtigen und weniger wichtigen Anforderungen sowie die Abstufung des geforderten Maßes jeder Anforderung ist also eine ausgesprochen wichtige Aufgabe – und eine zeitraubende. Vielleicht ist es daher auch verständlich, warum dies angesichts eines stets vollen Terminkalenders manchmal von Führungskräften eher vernachlässigt wird. Andererseits ist eine Stellenbeschreibung das Ergebnis der Personalbedarfsplanung, und diese wiederum ein wesentlicher Teil der Unternehmensplanung. In gewisser Weise ist die Stellenbeschreibung sogar Voraussetzung für eine erfolgreiche Unternehmensplanung. Denn es sind die Stelleninhaber, die die Unternehmensplanung erfolgreich realisieren sollen.

Zum Reflektieren:
Welche weitere Anforderungen sollten in einer Stellenbeschreibung notiert werden? Etwa ein bestimmtes Alter, oder das Geschlecht eines zukünftigen Stelleninhabers? Lesen Sie hierzu das allgemeine Gleichbehandlungsgesetz (AGG).

Die Personalbedarfsmeldung

Das Ergebnis einer Stellenbeschreibung inklusive eines Anforderungsprofils ist eine interne Personalbedarfsmeldung. Auf Grundlage der Personalbedarfsmeldung kann eine Stellenanzeige geschaltet werden; entweder gleich extern oder zunächst intern.

In den meisten Fällen ist die Personalbedarfsmeldung ganz ähnlich aufgebaut wie die Stellenbeschreibung, jedoch insbesondere ergänzt um eine Begründung für die Notwendigkeit der Besetzung der Stelle.

Auch die Personalbedarfsmeldung muss natürlich noch unabhängig von individuellen Personen sein. In manchen internen Personalbedarfsmeldungen, aber auch in manchen externen Stellenanzeigen erscheint die Kombination aus geforderten Erfahrungen, Kompetenzen und Fähigkeiten allerdings etwas eigentümlich. Dies kann ein Hinweis darauf sein, dass ein Wunschkandidat als zukünftiger Stelleninhaber bereits feststeht und die Stellenanzeige auf sein Profil hin zugeschnitten wurde. Das ist nicht nur ärgerlich für andere Bewerber, sondern auch sehr ungünstig für das Unternehmen selbst. Denn für die Personalbedarfsmeldung gilt das gleiche wie für die Stellenbeschreibung: sie muss Ergebnis der Unternehmensplanung und der damit korrespondierenden Personalplanung sein – unabhängig von Individualinteressen.

Kritische Würdigung der Stellenplanmethode

Die Stellenplanmethode zur Ermittlung des Personalbedarfs hat auch Nachteile. Einer der wesentlichen Nachteile ist, dass man bei der Planung von Personal mit Hilfe der Stellenplanmethode immer in gewisser Weise von dem momentanen Ist-Zustand des Unternehmens ausgeht. Man hat die aktuelle Organisation des Unternehmens vor Augen und überlegt, wie diese Organisation zukünftig weiterentwickelt werden könnte: welche Stellen neu hinzukommen sollten, beziehungsweise welche Stellen wegfallen müssten. Damit bleibt man jedoch leicht den bekannten Denkmustern verhaftet. Wirkliche Kreativität setzt jedoch voraus, die bisherigen Denkschemata zu verlassen. Und wirkliche Kreativität ist unbedingt notwendig. Denn das eigentliche Ziel der Personalsbedarfsplanung ist doch, die Unternehmensplanung zu unterstützen und das Unternehmen im Wettbewerb mit anderen Unternehmen möglichst gut zu positionieren. Wettbewerbsvorteile kommen jedoch nicht zu Stande, indem man Bekanntes nur mehr oder weniger fortführt und sich allenfalls vielleicht noch mit Benchmarking-Studien am Wettbewerb orientiert.

Sinnvoll wäre es, ab und zu sich zumindest gedanklich von der Vergangenheit und Gegenwart zu lösen und unabhängig davon zu versuchen, herauszufinden, was in der Zukunft erfolgsentscheidend sein könnte. Diese Philosophie, über die Zukunft unabhängig von dem Existierenden nachzudenken, ist in der Strategieplanung von existentieller Bedeutung, wie das folgende Beispiel zeigt:

Fallbeispiel 11: Möbelhaus

Wie muss sich wohl der Geschäftsführer eines Möbelhauses in der Zeit vor dem berühmten schwedischen Möbelhaus gefühlt haben. Sicherlich war er stolz auf den exzellenten Service, den sein Haus den Kunden bietet. Und auf die ansehnliche Lkw-Flotte, mit der die Firma die Möbelstücke garantiert über Nacht zu den Kunden nach Hause transportiert. Natürlich nicht kostenlos, aber guter Service ist das Geld ja auch wert. Denkt er sich. Und außerdem können gerade die großen Möbelstücke ja sowieso nicht per Privat-PKW transportiert werden. Der Kunde will den Bring-Service also auch, und immerhin ist der Service immer noch etwas kostengünstiger als bei den Wettbewerbern.

Und nun taucht plötzlich wie aus dem Nichts ein neuer Wettbewerber auf, der Möbelstücke in Einzelteile zerlegt anbietet und seinen Kunden auch noch »zumutet«, diese selbst nach Hause zu transportieren und selbst aufzubauen. Eine zur damaligen Zeit ausgesprochen ungewöhnliche und damit kreative Idee.

Eine kreative Unternehmensplanung verlässt die bisherigen Denkstrukturen und versucht, die Voraussetzungen für eine erfolgreiche Zukunft unabhängig von dem jetzigen Ist und vor allem unabhängig von der Vergangenheit zu ermitteln; egal wie erfolgreich das Unternehmen bisher war.

Die gleiche Kreativität und Offenheit gegenüber bisher nicht Dagewesenem ist dann natürlich auch in der Personalplanung notwendig. Das kann die Stellenplanmethode allerdings nicht leisten, da sie immer von den aktuell existierenden Stellen ausgeht und nur überprüfen kann, ob diese weiterhin notwendig sind oder nicht.

Überprüft man jedoch das Ist, dann ist es schwer, sich gedanklich von dem Jetzt zu trennen und unabhängig von aktuellen Fakten sowie (angenommenen) Sachzwängen über die zukünftigen personalwirtschaftlichen Erfolgsfaktoren nachzudenken. Eine Planungsmethode, die das leisten kann, ist die sogenannte Null-Basis-Budgetierung.

5.7 Monetäre Verfahren: Beispiel Null-Basis-Budgetierung

Eigentlich ist die Null-Basis-Budgetierung (Zero-Base-Budgeting) eine ganz einfache Methode der Personalbedarfsplanung, bei der nur eine einzige Frage beantwortet werden muss:

> *»Wenn wir neu anfangen würden, wofür würden wir dann Geld ausgeben?«*

Ziel ist es, sich vorzustellen, dass das Unternehmen noch nicht existieren würde, dass man also vollkommen frei wäre, das Unternehmen ohne jede Sachzwänge und ohne Rücksicht auf bereits existierende Strukturen und Personen so zu organisieren, wie man es für sinnvoll halten würde.

Üblicherweise dauert ein Workshop, im Rahmen dessen diese Frage beantwortet wird, etwa zwei Tage. Und man sollte sich außerhalb des Unternehmens, zum Beispiel in einem Seminarraum eines Hotels treffen, um nicht von dem aktuellen Tagesgeschäft abgelenkt zu werden. Denn Ziel ist es ja gerade, sich gedanklich von allem Existierenden zu lösen und das Unternehmen aus Kundensicht – hypothetisch – neu zu gründen.

In einem solchen Workshop würde der Geschäftsführer des in Fallbeispiel 11 beschriebenen Möbelhauses in der Zeit vor dem Auftreten des neuen Wettbewerbers gemeinsam mit seinen Mitarbeitern beispielsweise der Frage nachgehen, was die Kunden wünschen und welchen Service das Unternehmen anbieten könnte, um ihren Wünschen nachzukommen. Wenn als Ergebnis der sich anschließenden Diskussion ein Bring-Service vorgeschlagen wird, dann scheint dieser eine gute Idee zu sein und sollte beibehalten werden. Wäre der Bring-Service in der Diskussion um optimalen Kundenservice jedoch kein Thema mehr, weil die Kundenwünsche anders wahrgenommen werden, dann sollte er nach Ende des Workshops zur Null-Basis-Budgetierung vielleicht auch in der Realität in Frage gestellt werden. Darin liegt jedoch auch die »Gefahr« dieser Methode der Personalbedarfsplanung.

Erkenntnisse, die im Rahmen eines Workshops zu Null-Basis-Budgetierung gewonnen werden, müssen danach auch umgesetzt werden. Und wenn sich heraus gestellt hat, dass der eine oder andere Service, bzw. der eine oder andere organisationale Unternehmensbereich in der jetzigen Form nicht mehr notwendig ist, dann muss auch diese Erkenntnis Folgen haben. Andernfalls wäre nicht nur der Workshop überflüssig gewesen, was sich vielleicht noch verschmerzen ließe. Viel entscheidender ist jedoch, dass es zu großen innerbetrieblichen Konflikten kommen kann, wenn etwas als sinnvoll Erachtetes aus Gründen der Opportunität Einzelner nicht umgesetzt wird.

Die Methode der Null-Basis-Budgetierung ist aber insbesondere auch deswegen so wertvoll, weil sie nicht nur auf Unternehmensebene angewendet werden kann, sondern auf jeder beliebigen organisationalen Ebene innerhalb des Unternehmens und sogar in einzelnen Projekten. Denn die Frage, wie man sich organisieren würde und wofür man Geld ausgeben würde, wenn man auf der grünen Wiese nochmal neu anfangen könnte, ist auf allen hierarchischen Ebenen gleichermaßen wichtig.

Die Konsequenzen aus der eigentlich ganz harmlosen Frage der Null-Basis-Budgetierung können erheblich sein. In jedem Fall sind sie maßgeblich entscheidend für die Wettbewerbsfähigkeit des Unternehmens, bzw. für die Performance der betreffenden Abteilung oder des betreffenden Projektes.

5.8 Personalbemessungsverfahren: Beispiel Messung der Methodenzeit

Als letztes Verfahren zur Ermittlung des Personalbedarfs soll nun noch ein quantitatives Verfahren kurz erwähnt werden, das bereits im Rahmen der Diskussion der Organisationsentwürfe relativ ausführlich vorgestellt wurde. Die Messung der Methodenzeit, englisch: »Methods-Time-Measurement« (MTM). Es handelt sich um ein Verfahren zur Erfassung der für die einzelnen Abläufe und Arbeitsschritte notwendigen Zeit, um daraus berechnen zu können, wie lange ein bestimmter Fertigungs- oder Montageablauf dauern wird und wie er sich optimieren ließe. Bei dieser Methode werden Einflussfaktoren auf Arbeitsabläufe ermittelt und die Arbeitsabläufe anschließend nach definierten Kriterien so organisiert, dass die zur Ausführung der Arbeitsabläufe notwendige Zeit so kurz wie möglich ist.

Im Produktions- und Montagebereich ist dieses Verfahren von großer Wichtigkeit. Denn erstens ist die Arbeitszeit immer ein großer Kostenblock, und zweitens hat die für einen Arbeitsschritt geplante und zur Verfügung gestellte Zeitspanne erhebliche personalwirtschaftliche Konsequenzen, wie auch schon in Fallbeispiel 6 (»Kunde im Autohaus«) deutlich wurde.

Die personalwirtschaftlichen Konsequenzen des MTM-Verfahrens sind deswegen so erheblich, weil die Festlegung der für eine Tätigkeit zur Verfügung stehenden Zeit natürlich weitreichende Konsequenzen für die Arbeitsabläufe hat. Vermutlich wird das Unternehmen für eine bestimmte Tätigkeit eher weniger Zeit zur Verfügung stellen wollen, um seine Wettbewerbsfähigkeit zu erhalten. Demgegenüber hätte der Mitarbeiter natürlich lieber mehr Zeit zur Verfügung, um entweder ein ruhigeres Arbeitsleben zu haben, oder um durch höhere Leistung mehr Geld verdienen zu können.

Die Festlegung der Arbeitsabläufe und der zur Verfügung stehenden Zeit für einzelne Arbeitsschritte ist daher ein großes Politikum zwischen Arbeitgebern und Arbeitnehmern, und zwar eines, das ausdiskutiert werden muss. Denn die generellen Ziele des MTM-Verfahrens sind ja, die Effizienz und Effektivität der Abläufe zu optimieren, um die Kosten der Abläufe kalkulieren zu können und eine realistische Entgeltfindung zu ermöglichen. Da dies letztendlich der Ermittlung des Preises einer Leistung für den Kunden dient, hat das Unternehmen natürlich ein Interesse daran, die Zeiten der Arbeitsabläufe im Rahmen des gerade noch Erträglichen so kurz wie möglich und die Personaldecke damit so gering wie möglich zu halten.

Voraussetzung für die Anwendung des MTM-Verfahrens ist, dass es sich um iterativ wiederkehrende Tätigkeiten handelt, die auch immer wieder gleich ablaufen, so wie eben beispielsweise in der tayloristischen Organisation des Produktions- und Montagebereiches. Unter dieser Voraussetzung ist es jedoch eines der wichtigsten Verfahren zur Ermittlung des Personalbedarfs.

5.9 Zusammenfassung

Die Personalbedarfsplanung ist eine komplexe und zugleich wichtige personalwirtschaftliche Aufgabe. Komplex ist sie, weil es eine Vielzahl unternehmensinterner, aber auch unternehmensexterner Einflussfaktoren gibt, die stets alle berücksichtigt werden müssen. Die Wichtigkeit der Personalbedarfsplanung resultiert aus ihrer engen Verzahnung mit der Unternehmensplanung, denn die unternehmerische Umsatz- und Erfolgsplanung kann nur unter der Voraussetzung einer gewissenhaft durchgeführten Personalplanung Bestand haben.

Bei der Personalplanung geht es zunächst einmal darum, aus der Unternehmensplanung den Brutto-Personalbedarf sowohl quantitativ als auch qualitativ zu erfassen. Ob die so definierte Soll-Anforderung bereits gedeckt ist, oder ob Personal noch beschafft, bzw. entlassen werden muss, ist das Ergebnis der Personal*bedarfs*planung. Die eigentliche Herausforderung ist jedoch nicht die Ermittlung des quantitativen und qualitativen Personalbedarfs, sondern bereits ein Schritt zuvor die Auswahl eines adäquaten Verfahrens hierfür.

Die hier vorgestellten Verfahren der Personalbedarfsermittlung und die zugehörigen Methodenbeispiele sollen einerseits einen Überblick über mögliche Vorgehensweisen geben, andererseits aber auch zeigen, wie wichtig es ist, die Personalbedarfsermittlung professionell durchzuführen. Denn jedes dieser Verfahren beleuchtet einen anderen methodischen Aspekt. Schätzende Verfahren sind einer gewissen Ungenauigkeit unterworfen, ermöglichen aber andererseits eine schnelle Plausibilitätsprüfung bei Ergebnissen anderer Verfahren. Die statistischen Verfahren beleuchten bisherige Trends und werfen die Frage auf, wie sich diese Trends wohl in der Zukunft weiter entwickeln werden. Die Kennzahlenmethode wurde dabei etwas näher betrachtet, weil sie die Steuerungsmethoden der Unternehmensführung im personalwirtschaftlichen Bereich fortsetzt. Sie spiegelt damit die strategische Bedeutung der Personalplanung wider. Die organisatorischen Verfahren sind demgegenüber deutlich operativer. So übersetzt beispielsweise die Stellenplanmethode die strategischen Überlegungen in konkrete individuelle Anforderungen an einzelne Personen, welche die vorgeplanten Aufgabenpakete möglichst effizient und effektiv abarbeiten sollen. Bei den monetären Verfahren wurde die Null-Basis-Budgetierung erläutert, weil es eine sehr kreative und strategisch vorausplanende Methode ist, mit Hilfe derer die (Personal-)Budgets nicht nach Vergangenheitsdaten, sondern entsprechend der ermittelten Zukunftschancen anpasst werden können. Der Überblick über die unterschiedlichen Verfahren der Personalbedarfsermittlung schloss mit einer Einführung in Verfahren, die den Personalbedarf im eigentlichen Sinne des Wortes tatsächlich messen. Wie viel Zeit für ein bestimmtes Aufgabenpaket zugestanden wird und wie hoch die Kosten der Bearbeitung dieses Aufgabenpaketes daher sind, ist mit Hilfe der MTM-Methode messbar. Ob dieser Personaleinsatz vom Markt akzeptiert wird, ist damit vergleichsweise unmittelbar ablesbar.

Jedes einzelne dieser Verfahren ist notwendig, weil sie alle das Problem der Erfassung und Bestimmung des tatsächlichen Bedarfs an Mitarbeitern aus jeweils einer anderen Perspektive beleuchten. Entsprechend unterschiedlich sind jedoch auch die Ergebnisse. Und genau darin besteht der wichtige Beitrag, den die Personalbedarfsplanung zur allgemeinen strategischen Unternehmensplanung leisten kann.

6 Personaleinsatzplanung

Die Personaleinsatzplanung ist eine weitere wichtige personalwirtschaftliche Aufgabe, die zudem mit ganz besonderer Sorgfalt und Präzision erledigt werden muss, weil jeder einzelne Mitarbeiter hiervon persönlich und vor allem jeden Tag unmittelbar betroffen ist.

Bei der Personaleinsatzplanung geht es nicht nur darum, die ökonomischen Ziele des Unternehmens und die sozialen Ziele der Mitarbeiter im Prinzip aufeinander abzustimmen, sondern sie im operativen Tagesgeschäft tatsächlich und für jeden Mitarbeiter sichtbar jeweils einzeln aneinander anzugleichen; ganz konkret und nicht nur allgemein prinzipiell auch deshalb, weil es im Rahmen der Personaleinsatzplanung durchaus sein kann, dass auch das Unternehmen seine Ziele entsprechend der Wünsche, vor allem aber entsprechend der Fähigkeiten von Mitarbeitern verändern und gegebenenfalls sogar reduzieren muss.

6.1 Aufgaben und Ziele der Personaleinsatzplanung

Personaleinsatzplanung bedeutet, für eine im Rahmen der Personalsbedarfsplanung vorgeplante Aufgabe einen Mitarbeiter auszuwählen, der für diese aufgrund seiner individuellen Interessen, Fähigkeiten und Kompetenzen besonders geeignet ist und der diese motiviert und leistungsbereit umsetzen wird. Oder wie Scherf im Handbuch Personaleinsatzplanung ausdrückt: Aufgabe der Personaleinsatzplanung ist es, »in optimierter Weise eine Übereinstimmung herzustellen, zwischen dem zu einem konkreten Zeitraum gegebenen Bedarf an Personal und den konkret für diesen Zeitraum für bestimmte Aufgaben oder Arbeitsplätze eingeplanten Mitarbeitern.«[55] Das Schlüsselwort hierbei ist: optimal.

Optimal ist die Personaleinsatzplanung nach dieser Definition, wenn: »für den geplanten Zeitraum mindestens die jeweils benötigte Anzahl von Mitarbeitern eingeplant wird, (und wenn) die verplanten Mitarbeiter für die geplanten Aktivitäten über die erforderlichen Qualifikationen verfügen (...).«[56] In diesen beiden Anforderungen wird auch wieder der Anspruch deutlich, den Personalbedarf nicht nur quantitativ, sondern auch qualitativ zu planen. Aus Unternehmenssicht macht es natürlich keinen Sinn, die »mindestens« benötigte Anzahl von Mitarbeitern einzuplanen. Denn das wäre ökonomisch ineffizient. Deshalb ist die Personaleinsatzplanung nur dann optimal, wenn außerdem »die durchgeführten Planungen unter allen Varianten, welche die beiden erstgenannten Kriterien erfüllen, die geringsten Personalkosten erzeugen.«[57] Dieser letzte Punkt wiederum kann durchaus zulasten der Interessen der Mitarbeiter umgesetzt werden. Denn »geringste Personalkosten« hat nun wirklich nicht unbedingt etwas mit der Berücksichtigung der Interessen der Mitarbeiter zu tun. Nach allen Erkenntnissen der Personalwirtschaft wäre es jedoch ausgesprochen kurzsichtig, bei der Planung des Personaleinsatzes nicht beide Seiten und beider Interessen gleichermaßen zu berücksichtigen. Daher:

Personaleinsatzplanung ist die wechselseitige Anpassung von Anforderungen des Arbeitsplatzes und Angeboten des Arbeitnehmers.

Diese Definition geht über die von Scherf angebotene hinaus, macht sie doch deutlich, dass die Optimierung der Übereinstimmung von Personalbedarf und eingeplanten Mitarbeitern immer nur in bilateraler, d.h. wechselseitiger Abstimmung der Interessen des Unternehmens und seiner Mitarbeiter erfolgen kann. Aus Unternehmenssicht ist es Aufgabe der Personaleinsatzplanung, eine optimale Kosten-Leistungs-Relation des Einsatzes von Mitarbeitern zu erreichen. Dies gelingt am ehesten, indem die Anforderungen des Arbeitsplatzes mit den Fähigkeiten der Mitarbeiter in Übereinstimmung gebracht werden, und zwar unter Beachtung der Flexibilität, Stabilität und Integrität der Arbeitsgruppe. Denn nur in den seltensten Fällen arbeiten Mitarbeiter alleine und unabhängig von anderen. Kooperation zwischen Mitarbeitern in Teams und Arbeitsgruppen setzt allerdings voraus, dass nicht nur die Ziele des Unternehmens mit denen der Mitarbeiter abgestimmt werden, sondern auch die Interessen der verschiedenen Mitarbeiter untereinander.

Aus Mitarbeitersicht sind wesentliche Aufgaben der Personaleinsatzplanung die Gewährleistung von Arbeitszufriedenheit und die Vermeidung von Über- oder Unterforderung. Aber auch die Berücksichtigung von individuellen Bedürfnissen ist natürlich wie immer ein wesentlicher Faktor. Denn die Berücksichtigung der sozialen Ziele ist ja nicht nur im Interesse der Mitarbeiter, sondern auch aus Sicht des Unternehmens von Vorteil; nicht zuletzt, weil die Mitarbeiter naturgemäß ihre eigene Sicht auf das Gelingen der »wechselseitigen Anpassung von Anforderungen des Arbeitsplatzes und den von ihnen erwartbaren Angeboten« (so die Definition der Personaleinsatzplanung) haben, und weil sie ihr Engagement von der Professionalität, mit der die Personaleinsatzplanung durchgeführt worden ist, abhängig machen. Umgekehrt kann das Unternehmen dann bei gewissenhafter Planung des Personaleinsatzes allerdings auch erwarten, dass die Mitarbeiter sich mit all ihrer Leistungsfähigkeit und Leistungsbereitschaft in der vorgeplanten Aufgabe engagieren und diese Leistungsbereitschaft auch innerhalb einer Arbeitsgruppe an den Tag legen.

Eine professionell durchgeführte Personaleinsatzplanung bedeutet also, dass das Unternehmen konkrete Erwartungen an die Mitarbeiter formulieren kann. Denn schließlich ist es ja mit einer Einsatzplanung, die die Anforderungen des Arbeitsplatzes und die Angebote des Arbeitnehmers wechselseitig anpasst, in Vorleistung getreten. Dieser Umstand birgt einen großen Vorteil für das Unternehmen, ohne für die Mitarbeiter von Nachteil zu sein – sofern der Personaleinsatz gut geplant worden ist.

Das Ziel der Personaleinsatzplanung sollte wie immer bei personalwirtschaftlichen Überlegungen die Übereinstimmung von ökonomischen und sozialen Zielen sein. Im Klartext: auch die Personaleinsatzplanung ist nur dann eine gute Planung, wenn sie sich für beide Seiten gleichermaßen lohnt.

Da das aber nun doch sehr allgemein gehalten ist, konkretisiert das Ziel der Personaleinsatzplanung im Detail: letztlich geht es um die Abstimmung des Anforderungsprofils der Stelle mit dem Fähigkeitsprofil und mit dem Bedürfnisprofil des entsprechenden Mitarbeiters, wie hier dargestellt.

Wenn alle drei Profile übereinstimmen, dann ist die Personaleinsatzplanung gelungen. Denn es bedeutet, dass ein Mitarbeiter gefunden wurde, der die Anforderungen der Stelle so ausfüllt, dass eine optimale Kosten-Leistungs-Relation gewährleistet ist, bei gleichzeitiger Gewährleistung der Arbeitszufriedenheit des Mitarbeiters.

Wie in Abbildung 43 ersichtlich, ergibt sich das Anforderungsprofil aus der Analyse der Anforderungen des Arbeitsplatzes, die sich wiederum aus den Anforderungen der Aufbau- und der Ablauforganisation ableiten. Mit der Aufbauorganisation ist die Hierarchie des Unternehmens gemeint. Die Ablauforganisation resultiert aus der prozessualen Abfolge der unterschiedlichen Aufgaben zur Erstellung des Produktes oder der Dienstleistung für die Kunden.

Das Fähigkeitsprofil ist das Ergebnis der Beurteilung der Fähigkeiten und Kompetenzen der Mitarbeiter. Diese können durch Schulungen, Weiterbildungen und sonstige Qualifikationsmaßnahmen entwickelt werden. Idealerweise bringen die Mitarbeiter die für die in Frage kommende Stelle notwendigen Fähigkeiten natürlich bereits mit.

Abbildung 43: Ziel der Personaleinsatzplanung

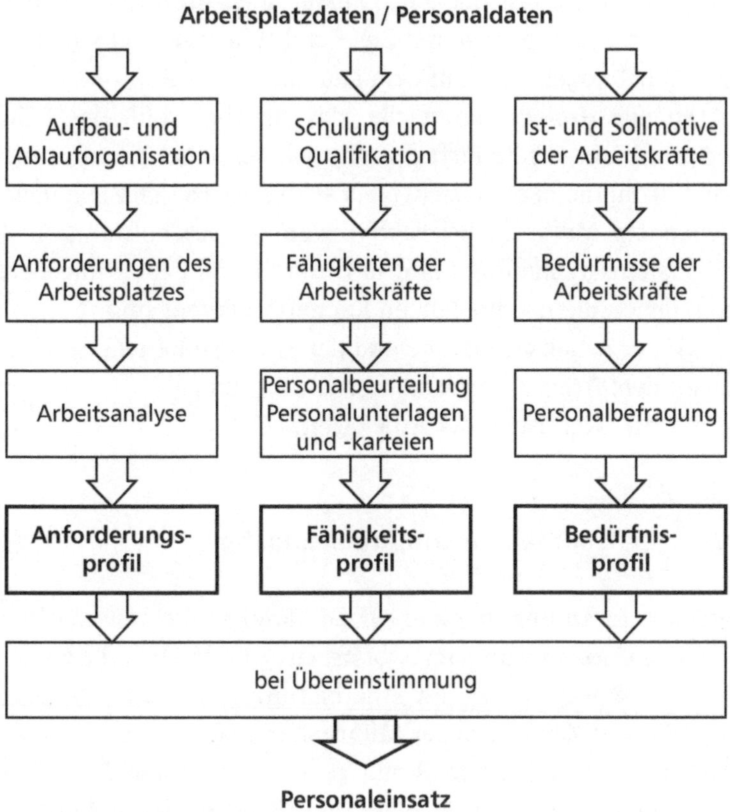

Quelle: Jung (2006), S. 189

Das Bedürfnisprofil ist schwieriger zu ermitteln. Personalbefragungen könnten helfen, die tatsächlichen Motive der Mitarbeiter zu ermitteln und sie mit den Sollmotiven aus Sicht des Unternehmens zu vergleichen. Es ist allerdings fraglich, ob solche Erhebungen tatsächlich zu verlässlichen Ergebnissen führen. Denn ein Mitarbeiter wird sich kaum konkret äußern, wenn seine tatsächliche Motivlage in wesentlichen, grundsätzlichen Punkten nicht zu den Anforderungen seiner Stelle passt und seiner Ansicht nach auch keine Aussicht auf Änderung besteht. Eher wird er irgendwann unvermittelt kündigen. Erfolg versprechender ist es, die Vorgesetzten der Mitarbeiter in ihren Führungsfähigkeiten so weit zu schulen, dass diese sich ausreichend für ihre Mitarbeiter interessieren, um über deren Ziele und Wünsche auch ohne offizielle Erhebungen stets auf dem Laufenden zu sein.

Um alle drei Profilbereiche, das Anfangsprofil, das Fähigkeitsprofil und das Bedürfnisprofil so aufeinander abzustimmen, dass sowohl die ökonomischen als auch die sozialen Ziele in ausreichendem Maße berücksichtigt werden, beschäftigt sich die Personaleinsatzplanung mit drei wesentlichen Gestaltungsbereichen, denen die nachfolgenden Kapitel gewidmet sind:

- mit der Arbeitsaufnahme und den Arbeitsinhalten,
- mit dem Arbeitsplatz und dessen Umgebung,
- mit der Gestaltung der Arbeitszeit.

6.2 Arbeitsaufnahme und Arbeitsinhalte

Natürlich ist zu Beginn einer neuen Tätigkeit die systematische, fachliche Unterweisung am Arbeitsplatz unerlässlich. Bezeichnet wird dies üblicherweise mit Einarbeitung eines neuen Mitarbeiters. Wie viel Zeit ein neuer Mitarbeiter bekommt, um sich einzuarbeiten, ist dabei von Firma zu Firma und von Job zu Job sehr unterschiedlich. Aber eines kann man wohl als Faustregel feststellen: es dauert definitiv länger als die sechs Monate der Probezeit. Ein guter Durchschnittswert für die Dauer der Einarbeitung ist ein Geschäftsjahr. Man muss einfach alles, was so im Laufe eines Jahres in einem Unternehmen passiert, einmal miterlebt haben, um selbstständige Entscheidungen nicht nur nach Vorgabe des Vorgesetzten, sondern eben auch aus eigener Erfahrung treffen zu können.

Mit der Einarbeitung neuer Mitarbeiter ist es jedoch keineswegs getan. Würde man Mitarbeiter zwar systematisch an ihrem neuen Arbeitsplatz unterweisen, sie aber nicht ihren neuen Kollegen und Vorgesetzten vorstellen, oder würde man dies nur sehr schnell und mehr oder weniger nebenbei erledigen, dann ist es fraglich, ob der betreffende Mitarbeiter seine neue Aufgabe wirklich zur allseitigen Zufriedenheit wird erledigen können. Denn so wichtig die fachliche Einarbeitung ist, so wichtig ist auch die Einführung in das soziale System des Unternehmens: die Eingliederung. Einarbeitung und Eingliederung sind die beiden Seiten ein und derselben Medaille.

Abbildung 44: Gestaltungskriterien der Arbeitsaufnahme

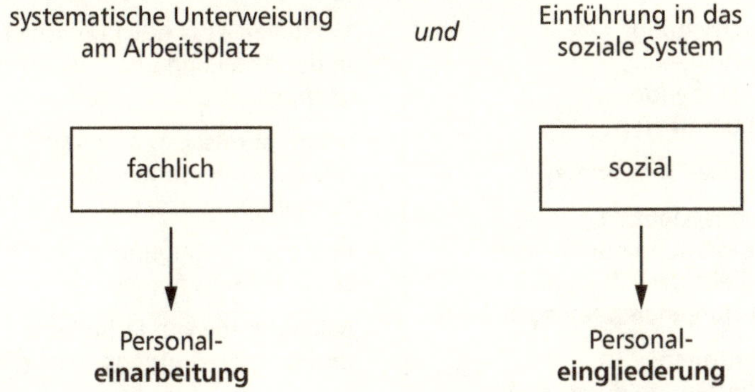

Leider wird jedoch die Eingliederung häufig vernachlässigt. Vorgestellt werden dem neuen Mitarbeiter oftmals gerade nur die unmittelbaren Kollegen in derselben Abteilung. Aber bei Kollegen an anderen Standorten des Unternehmens und manchmal sogar bereits bei den Kollegen der Nachbarabteilung heißt es dann immer wieder, er würde sie im Lauf der Zeit schon kennen lernen. Denn zur unmittelbaren Erledigung der Aufgabe ist es in der Tat nicht unbedingt notwendig, eine große Kennenlern-Tour durch das Unternehmen zu machen. Es erleichtert dem neuen Kollegen aber eben vieles, wenn er nicht nur den Kollegen der eigenen Abteilung, sondern allen Personen, mit denen er möglicherweise in näherer Zukunft einmal zu tun haben könnte, vorgestellt wird. Mindestens erspart es ihm einige Peinlichkeiten, wenn er ihm vollkommen fremde Menschen nicht selbst anrufen muss, oder diese erst Monate nach seinem Start zum ersten Mal trifft. Um es klar zu sagen: Eingliederung kostet alle Beteiligten viel Zeit. Aber im Gegensatz zu einer missglückten Einarbeitung kann man eine versäumte Eingliederung nicht mehr nachholen. Einarbeitung und Eingliederung sind also beide gleichermaßen wichtig. Und für beide existiert ein ganzer Katalog möglicher operativer Umsetzungsmaßnahmen, wie Abbildung 45 zeigt.

Abbildung 45: Gestaltungsmaßnahmen der Arbeitsaufnahme

Maßnahmen zur Einarbeitung	Maßnahmen zur Eingliederung
– Einarbeitung: on-the-job / off-the-job / near the job – Trainee-Programme – Patensystem: Betreuung durch einen gleichgestellten, aber erfahreneren Kollegen – Mentoring: Betreuung durch einen hierarchisch höhergestellten Mitarbeiter, abseits der unmittelbaren Hierarchie	– Vorstellen des neuen Mitarbeiters in der Abteilung und der Arbeitsgruppe – Informationsgespräche mit relevanten Personen (als formalisierter Prozess) – Betriebsbesichtigungen, auch standortübergreifend – Bekanntgabe von Sicherheits- und Unfallverhütungsvorschriften – Coaching

Integrationsplan!

Maßnahmen der Einarbeitung

Die gängigsten Maßnahmen zur Einarbeitung sind aufgabenbezogene Unterweisungen während der betreffenden Tätigkeit (on-the-job), Kurse, für die die Arbeit unterbrochen wird (off-the-job) sowie Maßnahmen, die mit der aktuellen Tätigkeit nur indirekt etwas zu tun haben und der allgemeinen, aber dennoch aufgabenbezogenen Weiterbildung des betreffenden Mitarbeiters dienen (near-the-job). Traineeprogramme sind Einarbeitungsmaßnahmen komplexerer Art, im Rahmen derer ganze Projekte an unterschiedlichen Standorten oder in unterschiedlichen Unternehmensbereichen nacheinander (erfolgreich) absolviert werden müssen, um sich dadurch für eine anschließende, üblicherweise höherwertige Tätigkeit zu qualifizieren.

Weitere Methoden der Einarbeitung sind das Patensystem und das Mentoring. Ein Pate ist ein gleichgestellter, aber deutlich erfahrenere Kollege, der dem neuen Mitarbeiter Tipps für den alltäglichen Ablauf am neuen Arbeitsplatz geben kann. Mentoring steht für eine Betreuung durch einen hierarchisch höher gestellten Mitarbeiter. Beide Methoden der Einarbeitung können gut funktionieren, haben aber auch Schwächen. Das Problem beim Patensystem ist, dass ein gleichgestellter Kollege stets auch Konkurrenz um einen eventuellen späteren Aufstieg in der Firma ist. Diese latente Konkurrenzsituation könnte den Erfolg der Einarbeitungsmaßnahme schmälern, noch dazu wo der betreuende Kollege ja erfahrener sein muss und damit immer Möglichkeiten hat, die Einarbeitung so zu gestalten, dass der neue Kollege ihm nicht unmittelbar gefährlich werden kann.

Mentoring setzt voraus, dass die betreuende, hierarchisch höher gestellte Person nicht direkt über dem neuen Mitarbeiter steht, sondern in einer Funktion abseits der unmittelbaren Hierarchiestufen tätig ist. Dann ist es allerdings eine sehr gute Methode, neue Mitarbeiter schnell einzuarbeiten und sie mit dem nötigen Rüstzeug auszustatten, welches sie benötigen, um nicht nur mit der unmittelbaren Tätigkeit zurechtzukommen, sondern auch mit dem sozialen und politischen (Macht-)System des Unternehmens. Insofern hat Mentoring neben seiner Einarbeitungsfunktion übrigens durchaus auch Aspekte der Eingliederung des Mitarbeiters in das Unternehmenssystem.

Maßnahmen der Eingliederung

Eine der grundlegendsten Maßnahmen zur Eingliederung ist das Vorstellen des neuen Mitarbeiters in der Abteilung und in allen Arbeitsgruppen, mit denen er Kontakt haben wird. Diese Vorstellungsrunde muss am ersten Arbeitstag erfolgen. Denn wenn der neue Mitarbeiter seine unmittelbaren Kollegen erst in der Kantine zum ersten Mal sieht, dann ist die Kennenlern-Situation für ihn deutlich unangenehmer. Und peinliche Situationen wie diese müssen natürlich unter allen Umständen vermieden werden. Schließlich ist es ja gerade erklärtes Ziel dieser Maßnahme, dass die Eingliederung in das soziale System des Unternehmens reibungslos erfolgt. Aus diesem Grund ist es übrigens auch auf keinen Fall akzeptabel, wenn ein neuer Mitarbeiter beispielsweise am ersten Arbeitstag nach Neujahr in dem für ihn noch fremden Unternehmen beginnt, die Abteilung, in der er arbeiten soll, aber bis auf eine »Notbesetzung« noch für mehrere Tage in Urlaub ist. Warum so streng? Weil erfahrungsgemäß der direkte Vorgesetzte seinen neuen Mitarbeiter zwar noch an dessen erstem Arbeitstag durch die Büros der neuen Kollegen führt, dies aber nicht mehr jeden Tag, an dem einer der Kollegen aus dem Urlaub zurück kommt, wiederholen wird. Eine Begrüßung an der Kaffeemaschine mit »Wer sind Sie denn?« ist jedoch keine gute Eingliederungsaktion.

Mit ausgewählten Personen sollten für den neuen Mitarbeiter darüber hinaus individuelle Informationsgespräche organisiert werden. Dies geschieht idealerweise über eine von dem unmittelbaren Vorgesetzten zu erstellende Liste, anhand derer der neue Mitarbeiter Termine mit den darauf verzeichneten Personen vereinbaren kann. Zu diesem Personenkreis sollten neben den unmittelbaren Kollegen auch Kollegen und vor allem Führungskräfte aus möglichst vielen verschiedenen Bereichen und Hierarchieebenen gehören, damit sich der neue Mitarbeiter ein eigenes Bild von der aktuellen »Gemengelage« im Unternehmen machen kann, und nicht nur auf das immer etwas gefärbte Bild eines einzigen Ansprechpartners – seines direkten Vorgesetzten – angewiesen ist. Wichtig ist allerdings, dass die Erstellung der Liste mit vorgesehenen Gesprächspartnern ein unternehmensweit eingeführter, formalisierte Prozess ist. Erstens, weil gerade Führungskräfte aus anderen Unternehmensbereichen vermutlich nur dann auch tatsächlich als Gesprächspartner für diesen Termin zur Verfügung stehen werden. Und zweitens, weil gerade solche Vorgesetzte, die zu politischen »Spielchen« im Unternehmen neigen, Gespräche ihrer neuen Mitarbeiter in anderen Abteilungen eher verhindern würden; frei nach dem Motto: »Ich erkläre Ihnen jetzt mal, mit welchen Abteilungen wir auf gar keinen Fall zusammenarbeiten.«

Weitere Maßnahmen zur Eingliederung sind Betriebsbesichtigungen an den Standorten des Unternehmens und natürlich auch die obligatorische Bekanntgabe relevanter Verhaltensregeln und Vorschriften.

Eine Maßnahme zur Personaleingliederung, die hier nur kurz erwähnt werden soll, weil sie aus Kostengründen meistens höheren Führungskräften vorbehalten ist, ist das Coaching. Bei diesem wird einem neuen Mitarbeiter eine Person zugeordnet, die diesen Mitarbeiter über einen gewissen Zeitraum begleitet und ihm bei Fragen sowohl zu seiner Arbeitsmethodik als auch zu seinem Verhalten in vertraulichen Gesprächen helfen kann.

Umsetzung mit Hilfe eines Integrationsplans

Insgesamt ist es wichtig, dass alle Maßnahmen zur Einarbeitung und zur Eingliederung sorgfältig geplant und sowohl auf die fachlichen als auch auf die sozialen Ziele aller Beteiligten abgestimmt werden. Es bietet sich daher an, alle Maßnahmen zur Arbeitsaufnahme im Rahmen eines so genannten Integrationsplanes in einem standardisierten Prozess zu planen, zu steuern und vor allem zu begleiten. Verantwortlich hierfür wäre der Personalbereich.

Diesen Integrationsplan einerseits unternehmensweit standardisiert, andererseits aber auch ausreichend individualisiert für jeden einzelnen neuen Mitarbeiter so aufzubauen, dass dieser sich schnell einarbeiten und motiviert in die Organisationen eingliedern kann, ist nicht einfach. Seine Umsetzung ist jedoch maßgeblich entscheidend für den Erfolg des Mitarbeiters an seinem neuen Arbeitsplatz. Denn gut eingearbeitete und motiviert eingegliederte Mitarbeiter können von Beginn an mehr leisten. Fehler in der Einarbeitung und Eingliederung werden sich allerdings erst nach einiger Zeit durch offenkundigen Misserfolg in den Aufgaben und Projekten des Mitarbeiters herausstellen und haben dann nicht nur eine fachliche Misserfolgskomponente, sondern wirken auch demotivierend, was wiederum negative Wirkungen auf die Bearbeitung der Aufgaben hat. Ein Teufelskreis, an dem der Mitarbeiter selbst nur zum Teil Schuld ist.

Nach der Arbeitsaufnahme: Konkretisierung der Arbeitsinhalte

Nicht nur bei der Arbeitsaufnahme, auch bei der Gestaltung des Arbeitsinhaltes spielen beide Komponenten des Personaleinsatzes (die fachliche und die soziale) eine gleichermaßen große Rolle. Denn sie gemeinsam bestimmen den Umfang des Entscheidungs- und des Tätigkeitsspielraums, der einem Mitarbeiter zugemutet, bzw. überlassen werden kann. Ein hoher Entscheidungsspielraum bedeutet große Verantwortung des Einzelnen über seine Arbeitsergebnisse, da diese nur noch teilweise kontrolliert werden. Ein hoher Tätigkeitsspielraum ist zwar mit weniger Verantwortung verbunden, erfordert jedoch dennoch ebenfalls ein hohes Maß an Einsatz- und Leistungsbereitschaft. Insofern spiegeln sich die grundlegenden Überlegungen der Personaleinsatzplanung auch bei der Ausgestaltung der Arbeitsinhalte wider.

Die wesentlichen Stellgrößen sind wie schon angedeutet und in Abbildung 46 dargestellt: der Tätigkeitsspielraum und der Entscheidungsspielraum.

Der Tätigkeitsspielraum ist ein Maß für die Anzahl verschiedenartiger Tätigkeiten, die von einer Person oder einer Gruppe von Personen mit einem bestimmten Kompetenz- und Fähigkeitsprofil ausgeführt werden können. Der Entscheidungsspielraum spiegelt den Grad der Verantwortung wider, die ein Mitarbeiter oder eine Gruppe von Mitarbeitern selbstständig übernehmen kann. Auch der Entscheidungsspielraum ist damit ein Maß für die notwendigen Kompetenzen und Fähigkeiten der entsprechenden Mitarbeiter. Gemeinsam bilden die beiden Dimensionen »Entscheidungsspielraum« und »Tätigkeitsspielraum« den Handlungsspielraum von Mitarbeitern bzw. Arbeitsgruppen.

Abbildung 46: Konkretisierung der Arbeitsinhalte

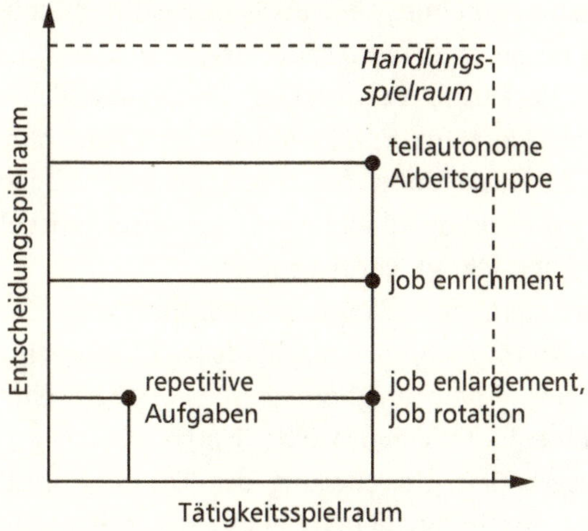

Quelle: in Anlehnung an Rosenstiel (2000), S. 96 ff.

Den geringsten Entscheidungs- und Tätigkeitsspielraum haben Mitarbeiter mit Aufgaben, die nur wenige Arbeitsschritte umfassen und die sich immer wieder auf die gleiche Art und Weise wiederholen, wie z.B. das Zusammenbauen weniger, immer wieder gleicher Teile. Für derartig repetitive Aufgaben ist – wenn überhaupt – meist nur eine vergleichsweise geringe Ausbildung notwendig. Derartige Aufgaben sind damit übrigens durchaus nicht unbedingt demotivierend für diejenigen, die sie ausführen. Viele Menschen mit bestimmten persönlichen Defiziten könnten keine höherwertigen Tätigkeiten verrichten. Für sie sind repetitive Aufgaben ideal.

Da derartige Tätigkeiten nur einen sehr geringen Beitrag zur Wertschöpfung des Unternehmens leisten, werden sie allerdings auch nur relativ gering bezahlt. Gerade deswegen sind sie jedoch mit einem hohen Maß an Verantwortung verbunden, und zwar für das Unternehmen, das derartige Tätigkeiten vergibt. Denn aufgrund der einseitigen Machtverteilung zugunsten des Unternehmens bei der Vergabe von Aufgaben, könnte dieses eine Notlage von Menschen ausnutzen und ihnen Aufgaben zuweisen, die auch nicht annähernd an ihr Fähigkeitsprofil heranreichen. Das Unternehmen könnte aber auch in eigentlich höherwertige Aufgaben eine geringe Wertschöpfungstiefe hinein interpretieren, um die Vergütung zu drücken. Und schließlich könnte es repetitive Tätigkeiten international verlagern, um Lohnkosten zu reduzieren. All diese Maßnahmen haben auch ethische Implikationen, die stets und unabhängig von den wirtschaftlichen Überlegungen berücksichtigt werden sollten.

Erweitert man den Tätigkeitsspielraum von Mitarbeitern, indem man ihnen mehrere verschiedene Tätigkeiten innerhalb ihres aktuellen Kompetenzbereiches überträgt, dann spricht man von »job enlargement«. Wie der Name schon sagt, wird ihre Aufgabe ausgeweitet. Erweiterung des Tätigkeitsspielraums ist jedoch nicht nur individuell möglich, sondern auch kollektiv. Man spricht dann von »job rotation«, weil verschiedene Mitarbeiter ihre jeweiligen Aufgaben untereinander austauschen. Der Vorteil dieser Methode der Erweiterung des Tätigkeitsspielraums ist aus Unternehmenssicht, dass die Aufgabe jeder einzelnen Person erweitert wird, ohne den Arbeitsablauf als solchen verändern zu müssen. Bei beiden Maßnahmen wird der Entscheidungsspielraum der Mitarbeiter jedoch nicht verändert.

Erhalten die Mitarbeiter mit zunehmendem Entscheidungsspielraum mehr Befugnisse, dann wird ihr Aufgabengebiet reichhaltiger. Man spricht daher in diesem Fall von »job enrichment«. Das Ausmaß des Tätigkeitsspielraums einzelner Mitarbeiter bleibt davon definitionsgemäß unberührt, ist aber bei Erhöhung des Entscheidungsspielraums üblicherweise sowieso bereits relativ groß.

Soll nicht nur der Entscheidungsspielraum einzelner Mitarbeiter erweitert werden, sondern der einer ganzen Arbeitsgruppe, dann werden solche Gruppen als teilautonom bezeichnet. Der

Begriff der Teilautonomie ist vielleicht etwas irreführend, weil es in einem arbeitsteilig und hierarchisch organisierten Unternehmen vollständige Autonomie sowieso nicht geben kann. Andererseits ist er aber insofern durchaus passend und seine Verwendung wichtig, als die Bezeichnung einer Arbeitsgruppe als teilautonom deutlich macht, dass sich hier eine Gruppe innerhalb gewisser Grenzen selbst organisiert, ohne von außen durch eine hierarchisch höher gestellte Person dabei beeinflusst zu werden.

Praktische Anwendung findet dies insbesondere in der industriellen Montage, wenn eine Gruppe von Mitarbeitern einen bestimmten, in sich abgeschlossenen Arbeitsablauf selbstständig organisiert und ausführt. Diese Form der Arbeitsorganisation schafft Abwechslung in den Tätigkeiten jedes einzelnen und ermöglicht ihm auch ein gewisses Maß an Entscheidungsfreiheit, ohne das Risiko für das Unternehmen allzu sehr zu erhöhen. Denn mangelhafte Arbeit des einzelnen wird durch den kollektiven Leistungsanspruch ebenso abgefedert, wie die Möglichkeit einer individuellen Fehlentscheidung, weil auch hierbei die Gruppe als Regulativ dient.

6.3 Arbeitsplatz und dessen Umgebung

Ziel der Gestaltung des Arbeitsplatzes und seiner Umgebung ist die Abstimmung des »Mensch-Maschine-Systems«, um die unternehmerischen Ressourcen möglichst schonend einzusetzen, gleichzeitig aber den Arbeitsplatz so zu gestalten, dass er den menschlichen Bedürfnissen entspricht. Grundsätzlich werden bei der Arbeitsplatzgestaltung folgende vier Gestaltungsbereiche unterschieden:

- anthropometrische Arbeitsplatzgestaltung (Bewegungsbereiche)
- physiologische Arbeitsplatzgestaltung (Umweltbedingungen)
- psychologische Arbeitsplatzgestaltung
- sicherheitstechnische Arbeitsplatzgestaltung

Die *anthropometrische* Arbeitsplatzgestaltung bezieht sich auf die Bewegungsbereiche am Arbeitsplatz. Dabei geht es nicht nur darum, wie großzügig ein Bewegungsbereich am Arbeitsplatz dimensioniert ist, sondern vor allem auch darum zu ermitteln, welche Bewegungen zur Verrichtung der Arbeit ausgeführt werden müssen, und welche überflüssig, bzw. vermeidbar sind. Arbeitsplätze im Produktion- und Montagebereich werden beispielsweise nach Möglichkeit so gestaltet, dass sich die Mitarbeiter wenig bücken müssen und während der meisten Zeit in einer möglichst schonenden Haltung stehen oder sitzen können. Viele schwere Werkzeuge werden daher beispielsweise so am Arbeitsplatz montiert, dass sie ihr Gewicht selbsttragend »schweben« und von dem betreffenden Mitarbeiter nur unter geringem Kraftaufwand zum Einsatzort bewegt werden müssen. Im Bereich der Büroarbeitsplätze gehört zur anthropometrischen Arbeitsplatzgestaltung auch das Design der Schreibtische, Bürostühle und die Anordnung der elektronischen Hilfsmittel.

Die *physiologische* Arbeitsplatzgestaltung beschäftigt sich mit den Umweltbedingungen am Arbeitsplatz. Hitze, Lärm und Staub erschweren die Arbeit und sollten daher nach Möglichkeit vermieden werden; übrigens nicht nur aus Fürsorge für die Mitarbeiter, sondern auch aus ökonomischen Überlegungen des Unternehmens. Jede Erschwernis am Arbeitsplatz muss finanziell abgegolten werden und erhöht damit die Personalkosten.

Die *psychologische* Arbeitsplatzgestaltung hat deutlich an Bedeutung gewonnen. Durch die Möglichkeiten der elektronischen Kommunikationsmittel hat sich die Arbeit stark verdichtet. Die ständige Erreichbarkeit und vor allem die Erwartung Anderer an ständige Erreichbarkeit führen zu einem nicht unerheblichen psychischen Druck. Die hohe Volatilität in den Märkten, die zu laufenden Veränderungen im Unternehmen oder zumindest zuständiger Veränderungsbereitschaft eines Unternehmens und seiner Belegschaft führt, erhöht den Druck auf den Einzelnen zusätzlich. Aufgrund dieser Volatilität und der daraus resultierenden Notwendigkeit hoher Flexibilität der Unternehmen sind die Arbeitsplätze auch als solche oftmals sehr viel unsicherer geworden. Feste Arbeitsverhältnisse werden zunehmend zugunsten unabhängigerer Beschäftigungsformen aufgelöst. Auch dies hat erhebliche Auswirkungen auf den empfundenen psychischen Druck. Natürlich gehen Menschen mit Stressoren unterschiedlich um. Aber dennoch sollte die Frage der psychologischen Arbeitsplatzgestaltung hohe Priorität bei der Abstimmung des »Mensch-Maschine-Systems« haben.

Die *sicherheitstechnische* Arbeitsplatzgestaltung ist in diversen Schutzvorschriften und einzuhaltenden Schutzmaßnahmen ausführlich beschrieben. Einige dieser Schutzvorschriften und Schutzmaßnahmen sind in Abbildung 47 exemplarisch zusammengestellt.

Abbildung 47: Eine Auswahl von Schutzvorschriften

Allgemeine Schutzvorschriften:	**Maßnahmen:**
– Arbeitssicherheitsgesetz (ArbSichG) – Arbeitsstättenverordnung (ArbStättVO) – Arbeitszeitgesetz (ArbZG) – Gewerbeordnung (GewO)	– Betriebsmittelschutz – Betriebsmittelüberwachung – Brandschutz – Explosionsschutz – Schutz vor Gefahren der Elektrizität – Allgemeiner Gefahrenschutz – Verwendung von Schutzkleidung und Schutzausrüstung
Spezielle Schutzvorschriften:	
– Jugendarbeitsschutzgesetz – Mutterschutzgesetz – Schwerbehindertenrecht	– Gestaltung der Arbeitszeit – Gestaltung des Arbeitsplatzes – Management und Führung

Zu den allgemeinen Schutzvorschriften, wie sie beispielsweise in dem Arbeitssicherheitsgesetz, der Arbeitsstättenverordnung, dem Arbeitszeitgesetz oder der Gewerbeordnung zu finden sind, kommen spezielle Schutzvorschriften, wie beispielsweise zur Jugendarbeit, zum Mutterschutz und zum Recht Schwerbehinderter hinzu. Einschlägige Maßnahmen beinhalten beispielsweise Betriebsmittelschutz und deren Überwachung sowie Brand- und Explosionsschutz, et cetera.

All diese Vorschriften und Maßnahmen können jedoch nur dann effektiv wirksam werden, wenn nicht nur der Arbeitsplatz entsprechend gestaltet ist, sondern auch die anderen Faktoren der Zusammenarbeit im Unternehmen hierzu passen. Dazu zählt insbesondere die Gestaltung der Arbeitszeit. Wenn Mitarbeiter beispielsweise zu lange am Stück arbeiten, dann erhöht dies, unabhängig davon, ob sie es gezwungenermaßen oder freiwillig tun, die Gefahr eines Unfalls. Aber auch die Art und Weise des Umgangs untereinander hat Auswirkungen auf die Unfallträchtigkeit eines Arbeitsplatzes. Schlechte Kommunikation und nachlässige Routine bergen dabei erhebliche Gefahrenquellen. Ebenso gefahrenträchtig kann allerdings auch zeitlicher Druck von Seiten des Vorgesetzten sein.

Weil die Gefahrenquellen vielfältig sind, stehen alle in eine Kooperationsbeziehung eingebundenen Personen in der Verantwortung, sich über ihren Beitrag zur sicheren Gestaltung ihres eigenen Arbeitsplatzes, aber auch dem Anderer Gedanken zu machen.

6.4 Arbeitszeit

Der dritte ganz wesentliche Bereich der Personaleinsatzplanung bezieht sich auf die Arbeitszeit. Die Gestaltung der Arbeitszeit ist dabei ein deutlich vielschichtigeres Problem, als es auf den ersten Blick den Anschein haben mag, denn die Arbeitszeit ist nicht nur von der Art und Weise der internen Organisation eines Unternehmens abhängig, sondern wird durch eine ganze Reihe verschiedener Faktoren bedingt und beeinflusst, wie die folgende Übersicht zeigt.

Die Organisation der operativen Abläufe im Unternehmen bestimmt maßgeblich die Arbeitszeiten jedes einzelnen Mitarbeiters, und die Qualität der internen Organisation ist dafür verantwortlich, wie viele Überstunden notwendig sind. Aber die Arbeitszeit und vor allem die Gestaltung der Arbeitszeit werden nur zum Teil von der internen Unternehmensorganisation beeinflusst.

Abbildung 48: Einflussfaktoren auf die Arbeitszeitgestaltung

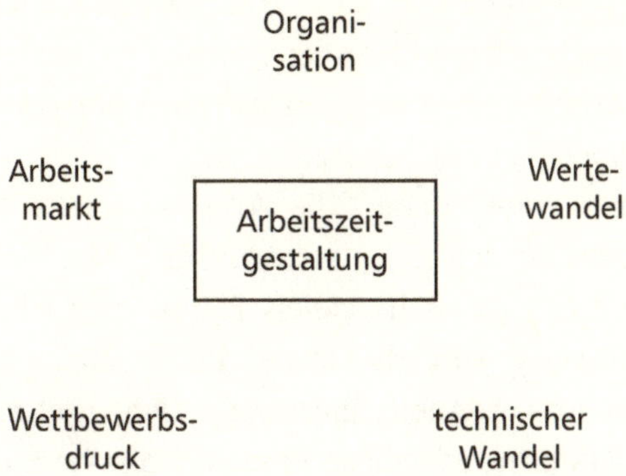

Ein wesentlicher weiterer Faktor ist die Entwicklung der gesellschaftlichen Werte. Während zu Zeiten der Industrialisierung Arbeit oft als etwas für das Überleben zwar Notwendiges, aber für die eigene Gesundheit zugleich auch Schädliches wahrgenommen wurde, hat sich sowohl die Art der Arbeit als auch ihr Stellenwert im Leben seitdem deutlich geändert. Arbeit dient natürlich nach wie vor zur wirtschaftlichen Absicherung des Lebens, sie ist aber mittlerweile viel mehr als das geworden. Für viele Menschen ist sie heute Lebensmittelpunkt und Mittel zur Selbstverwirklichung. Allerdings kann man auch heute noch an den Verhandlungen der Tarifparteien zur Wochenarbeitszeit von Arbeitnehmern ablesen, dass auch diese Interpretation immer wieder Schwankungen unterworfen ist. Wenn beispielsweise in

Tarifvereinbarungen niedergeschrieben wird, dass Überstunden in Freizeit abgegolten werden müssen und nicht ausbezahlt werden dürfen, dann sagt dies auch einiges über die unterschiedliche Interpretation der Arbeit und des ihr zugedachten Stellenwertes im Leben aus. Der Arbeitszeit wird aber auch von verschiedenen Berufsgruppen ein unterschiedlicher Wert beigemessen. Dieser reicht auch heute noch von der Interpretation der Arbeit als reines Mittel zum Zweck des Lebensunterhalts bis hin zu zweckunabhängigem Lebensinhalt.

Gerade weil die Interpretation des Wertes der Arbeit individuell so unterschiedlich sein kann und sich teils auch innerhalb weniger Jahre grundlegend ändern kann, ist das Nachdenken über den der Arbeit beigemessenen Wert aus personalwirtschaftlicher Sicht unbedingt notwendig.

Ein weiterer wesentlicher, die Arbeitszeitgestaltung beeinflussender Faktor ist der technische Wandel. Mit heutigen Kommunikationsmitteln ist es in vielen Fällen möglich, den Beruf zumindest zeitweise von zu Hause aus auszuüben. Teilweise ist eine lokale Anwesenheit überhaupt nicht mehr notwendig. Obwohl sich Faktoren wie diese eher auf die Lage der Arbeitszeit auswirken, beeinflussen sie doch auch zumindest indirekt die längere Arbeitszeit. Denn während man die Bürotür abends irgendwann einmal zusperrt, »ruft« die Arbeit auf dem heimischen Schreibtisch ununterbrochen. Es kommt also oftmals gar nicht nur auf die Organisation des Unternehmens an, sondern in zunehmendem Maße auf die Fähigkeit zur Selbstorganisation jedes Mitarbeiters.

Der technische Wandel wirkt sich aber natürlich nicht nur auf die persönlichen Arbeitsgewohnheiten aus, sondern hat auch den Wettbewerb enorm beschleunigt. Und dieser zunehmende Wettbewerbsdruck wiederum wirkt sich erheblich sowohl auf die Lage als auch auf die Länge der individuellen Arbeitszeiten aus. Ob dies als positiv oder als negativ wahrgenommen wird, hängt nicht zuletzt von den individuellen Wertvorstellungen ab, die ja wie schon erwähnt auch einem laufenden Wandel unterliegen.

Ein sehr interessanter Einflussfaktor auf die Ausgestaltung der Arbeitszeit ist die Arbeitsmarktsituation. Denn diese kann die Arbeitszeitgestaltung in ganz unterschiedliche Richtungen beeinflussen. Ist der Arbeitsmarkt aus Sicht der Arbeitssuchenden unter Druck, dann werden lange Wochenarbeitszeiten und viele Überstunden klaglos hingenommen, weil jeder Beschäftigte froh ist, überhaupt einen Arbeitsplatz zu haben. Sobald sich der Arbeitsmarkt aber wieder etwas entspannt, wird sich dies mindestens mittelbar auch auf die Arbeitszeiten auswirken.

Arbeitslosigkeit kann also einen aus Mitarbeitersicht unguten Einfluss auf die unternehmerischen Arbeitszeitvorgaben haben, wenn das Unternehmen dies beispielsweise durch den Wechsel von einem Gleitzeitsystem zu sogenannter Vertrauensarbeitszeit zum eigenen Vorteil und zum Nachteil der Mitarbeiter ausnutzen sollte. Auch dies ist übrigens wieder ein Beispiel für die ethischen Implikationen personalwirtschaftlicher Entscheidungen. Denn natürlich ist es möglich, dass das Unternehmen selbst unter so immensem wettbewerbsbedingtem Sachzwang steht, dass es sich genötigt sieht, durch die Einführung bestimmter Arbeitszeitmodelle, (möglichst unbezahlte) Überstunden zu generieren – wie es im Falle der Vertrauensarbeitszeit mit großer Wahrscheinlichkeit möglich wäre. Allerdings sollte sich auch das Unternehmen immer wieder fragen, ob es unter einem tatsächlichen oder nur unter einem »gefühlten« Sachzwang steht. Und ob nicht aus dem im Transaktionskostenansatz bereits besprochenen Phänomen der unvollständigen Informationen und der daraus resultierenden Unsicherheiten Zwänge aufgebaut werden, die auf diese Weise erst Einzug in das Wettbewerbsgeschehen halten. Denn auch wenn im Rahmen dieser »Sachzwänge« kein Wettbewerbsteilnehmer den ersten Schritt zurück machen kann, so ist doch die Frage, ob man sich nicht bereits den ersten Schritt nach vorne hätte sparen sollen.

All diese Faktoren wirken sich auf den möglichen Gestaltungsrahmen der Arbeitszeit aus, teilweise gegenläufig zueinander und teilweise mit zeitlichem Versatz, aber immer mit erheblichem Einfluss. Dieses Thema sollte daher für jedes Unternehmen von größtem Interesse sein. Natürlich können nicht alle diese Faktoren immer unmittelbar vom Unternehmen beeinflusst werden. Aber da sie ihrerseits das Unternehmen und die innerbetriebliche Organisation direkt beeinflussen, sollte die Arbeitszeitgestaltung als wichtiges Instrument der Personaleinsatzplanung stets eine hohe Priorität auf der personalwirtschaftlichen Agenda des Unternehmens haben.

Zum Reflektieren

Diskutieren Sie dies im Kollegenkreis, und Sie werden feststellen, dass Sie sehr schnell gar nicht mehr nur über die Gestaltung der Arbeitszeit sprechen, sondern eigentlich ihre ganz persönlichen Wertesysteme vergleichen. Und dann extrapolieren Sie diese Diskussion und die daraus abzuleitenden Entscheidungen auf die Ebene des Gesamtunternehmens. Wie würden Sie entscheiden? Und wie würden Sie die anderen Personen von Ihrer Entscheidung überzeugen?

Formen der Arbeitszeitflexibilisierung

Der Gestaltung der Arbeitszeit bedeutet, eine sinnvolle Auswahl der Möglichkeiten zur Flexibilisierung der Arbeitszeit zu treffen. Daher soll dies in der nun folgenden eher operativen Betrachtungsweise des Gestaltungsrahmens der Arbeitszeit im Vordergrund stehen.

Zunächst einmal müssen bei der Flexibilisierung der Arbeitszeit zwei verschiedene Entscheidungen getroffen werden, wie die Grafik in Abbildung 49 zeigt. Erstens muss die Dauer der Arbeitszeit festgelegt werden. Man bezeichnet dies als chronometrische Entscheidung, denn es geht um die Messung der gesamten Länge der Arbeitszeit pro Woche, pro Jahr oder auch in der Verteilung über mehrere Jahre, wie beispielsweise bei der Altersteilzeit. Zweitens muss aber auch festgelegt werden, zu welchen Zeitpunkten in einem bestimmten Bezugszeitraum gearbeitet werden soll. Hierbei wird sowohl die Lage der täglichen Arbeitszeit festgelegt als auch die Verteilung der Arbeitszeit innerhalb eines definierten Zeitraums, der zum Ausgleich von Mehrarbeits- oder Minderarbeitszeiten zur Verfügung steht. In Bezug auf die Lage der täglichen Arbeitszeit muss dabei festgelegt werden, ob beispielsweise im Schichtsystem oder aber in einem Gleitzeitmodell gearbeitet wird. Und im Hinblick auf die Verteilung der Arbeitszeit innerhalb des Ausgleichszeitraums ist die Frage, auf welche Weise Zeiten übermäßiger Arbeit und Phasen unterdurchschnittlicher Arbeitszeiten gegeneinander ausgeglichen werden.

Abbildung 49: Grundformen der Arbeitszeitflexibilisierung

Dauer der Arbeitszeit (Chronometrie)	**Platzierung der Arbeitszeiteinheiten im Bezugszeitraum (Chronologie)**	
	Lage der täglichen Arbeitszeit	Verteilung der Arbeitszeit im Ausgleichszeitraum
z.B. Teilzeit, Altersteilzeit, Mehrarbeit, Überstunden, Kurzarbeit, etc.	*z.B. Schichtsysteme, Gleitzeit, Mehrfachbesetzungsmodelle, etc.*	*z.B. Jahresarbeitszeit, Wahlarbeitszeit, Blockteilzeit, amorphe Arbeitszeit, etc.*

Kombination chronometrischer als auch chronologischer Elemente (Chronomorphie)

z.B. Baukastenmodelle, Cafeteriasysteme, Servicezeiten, Vertrauensarbeitszeit, etc.

Quelle: Kaduk, Waas (2005), S. 155

Die Kombination sowohl chronometrischer als auch chronologischer Elemente nennt man Chronomorphie, um anzudeuten, dass diese beiden Elementegruppen nicht nur nebeneinander stehen, sondern miteinander förmlich verwoben werden. Dies ist in der Praxis aber sowieso selbstverständlich und geht auch gar nicht anders, da sowohl die Dauer der Arbeitszeit der Mitarbeiter als auch die Platzierung der Arbeitszeit innerhalb eines bestimmten Zeitraums (üblicherweise ein Geschäftsjahr) festgelegt werden müssen, um überhaupt in einem arbeitsteiligen Wertschöpfungsprozess tätig werden zu können. Das Ergebnis der Chronomorphie ist jedoch dennoch in jedem Fall interessant, da es Rückschlüsse auf die grundlegende personalwirtschaftliche Philosophie des Unternehmens zulässt.

Handlungsspielräume bei der Flexibilisierung der Arbeitszeit

Das aus Mitarbeitersicht wichtigste Kriterium für die Bewertung der personalwirtschaftlichen Ausgestaltung der Arbeitszeit ist die Aufteilung des Handlungsspielraums; die Frage also, wie partnerschaftlich das Unternehmen mit den Mitarbeitern über die Ausgestaltung von deren Arbeitszeit befindet.

Arbeitszeitmodelle, bei denen vor allem – oder teils auch ausschließlich – das Unternehmen über Handlungsspielraum verfügt, sind zum Beispiel Schichtarbeitsmodelle, angeordnete Mehrarbeit oder auch Kurzarbeit, die ja ebenfalls vom Unternehmen angeordnet wird. Über Servicezeiten und die quantitativen Aspekte der Stellenbesetzungen entscheidet ebenfalls das Unternehmen im Wesentlichen alleine.

In einigen wenigen Fällen können die Mitarbeiter allerdings auch fast gänzlich selbstständig über ihre Arbeitszeit entscheiden. Beispielsweise wenn sie sich ihren Arbeitsplatz mit einem anderen Kollegen teilen und sich mit diesem darüber abstimmen, wer zu welcher Tageszeit arbeitet. Auch über den Aufbau von Überstunden können Sie im Prinzip selbstständig entscheiden, allerdings werden Überstunden in der Praxis normalerweise von Vorgesetzten oder Kollegen nahe gelegt, so dass die Entscheidung hierüber eher weniger selbständig gefällt wird.

Betrachtet man die Gegenüberstellung in Abbildung 50, dann ist es schon auffällig, in wie vielen Fällen das Unternehmen fast gänzlich alleine über die Ausgestaltung der persönlichen Arbeitszeiten seiner Mitarbeiter befinden kann, und in wie wenigen Fällen die Mitarbeiter selbst diese Freiheit haben. Der Grund hierfür ist leicht erkennbar: schließlich sind alle Mitarbeiter ja in einen arbeitsteiligen Wertschöpfungsprozess eingebunden und müssen sich daher bis zu einem gewissen Grad den Erfordernissen der Arbeitsprozesse unterordnen.

Abbildung 50: Handlungsspielräume bei der Flexibilisierung der Arbeitszeit

Handlungsspielraum beim Unternehmen

- Mehrarbeit
- Kurzarbeit
- Schichtarbeit
- Servicezeiten
- Mehrfachbesetzung

Handlungsspielraum (vor allem) beim Mitarbeiter

- job sharing
- Überstunden

Handlungsspielraum bei Unternehmen und Mitarbeiter

- gleitende Arbeitszeit
- Vertrauensarbeitszeit
- freie Arbeitszeit
- Teilzeitarbeit
- Jahresarbeitsvertrag
- Sabbatical
- Vorruhestand
- flexible Altersgrenze

Da die Gestaltung der Arbeitszeit jedoch in unmittelbarem Zusammenhang zu den dann noch verbliebenen Gestaltungsmöglichkeiten der privaten Freizeit steht, sind Mitarbeiter aus nachvollziehbaren Gründen daran interessiert, die Freiräume flexibler Arbeitszeiten mitgestalten und mitbestimmen zu können. Aus diesem Grund sind im Laufe der Zeit eine ganze Reihe von Arbeitszeitmodellen entwickelt worden, bei denen sich das Unternehmen und die Mitarbeiter den Handlungsspielraum mehr oder weniger paritätisch teilen. Zu diesen Arbeitszeitmodellen gehören neben den weit verbreiteten Gleitzeit- und Vertrauensarbeitszeitmodellen auch die diversen Formen der Teilzeitarbeit sowie Vorruhestandsregelungen und einige weitere Formen flexibler Arbeitszeitregelungen wie das eher seltenere Sabbatical.

Bevor die tatsächliche Verteilung des Handlungsspielraums bei diesen Arbeitszeitmodellen nochmals etwas kritischer beleuchtet wird, sollen jedoch zwei der gängigsten Modelle zunächst einmal kurz vorgestellt werden: das Gleitzeitmodell und das bereits erwähnte Modell der Vertrauensarbeitszeit.

Flexibilisierungsbeispiel Gleitzeit

Gleitzeit bedeutet, dass die Mitarbeiter innerhalb des Korridors der sogenannten Betriebszeit, in der die Firma bzw. der entsprechende Bereich in der Firma geöffnet ist, kommen und gehen dürfen, wann immer Sie wollen, solange sie insgesamt ihre Soll-Arbeitszeit ableisten. Die geleistete Arbeitszeit wird dabei zu Beginn und am Ende der täglichen Arbeitszeit über Magnetkarten oder ähnliche Medien elektronisch erfasst.

In einigen Gleitzeitmodellen wird jedoch auch eine so genannte Kernarbeitszeit festgelegt, während der alle Mitarbeiter anwesend sein müssen. Das ist für Mitarbeiter mit direktem Kundenkontakt sinnvoll, damit die Kunden ihre Ansprechpartner in dem Unternehmen zuverlässig erreichen können. Aber auch Mitarbeiter, die zwar keinen unmittelbaren Kundenkontakt haben, aber doch im steten Austausch mit Kollegen stehen, müssen zuverlässig erreichbar sein. Aus diesem Grund hat sich die in Abbildung 51 dargestellte Variante der Gleitzeit mit Kernarbeitszeit in den meisten Fällen durchgesetzt.

Der Vorteil für die Mitarbeiter ist, dass sie innerhalb der Eingleitphase kommen können, wann sie wollen, und im Rahmen der Ausgleitphase auch selbst bestimmen können, wann sie Feierabend machen. Die einzige Einschränkung ist, dass sie insgesamt auf ihre Soll-Arbeitszeit kommen müssen. Allerdings können sie durchaus auch über einen längeren Zeitraum hinweg Überstunden aufbauen, um dann einmal eine Zeit lang pünktlich zum Ende der Kernarbeitszeit gehen zu können, oder auch, um einmal einige Tage ganz frei nehmen zu können. Und selbst eine temporäre Unterdeckung des Arbeitszeitkontos wird in den meisten Unternehmen toleriert.

Abbildung 51: Gleitzeit mit Kernarbeitszeit

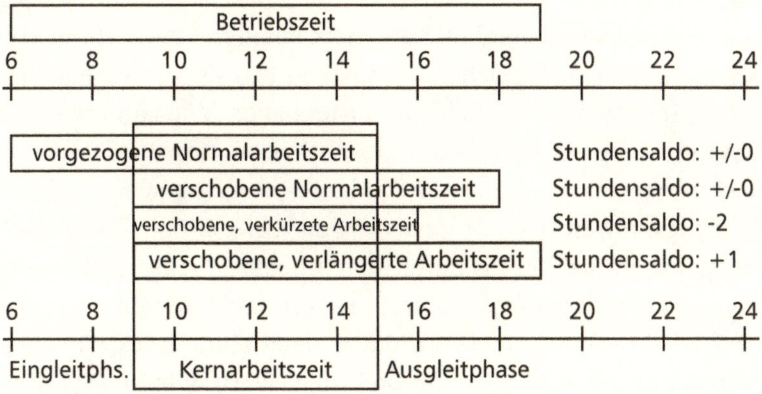

Quelle: Jung (2006), S. 230

Aber auch für das Unternehmen ist dieses System vorteilhaft. Erstens, weil es im Rahmen der Personaleinsatzplanung stets einen aktuellen Überblick über die abgeleistete und noch abzuleistende Arbeitszeit jedes einzelnen Mitarbeiters hat und damit dessen Einsatzmöglichkeiten in der näheren Zukunft besser prognostizieren kann. Und zweitens, weil die normalerweise eher über- als unterdeckten Arbeitszeitkonten der Mitarbeiter faktisch ein zinsloses Darlehen an das Unternehmen darstellen. Gerade in größeren Unternehmen ist das ein nicht zu unterschätzender finanzieller Vorteil.

Flexibilisierungsbeispiel Vertrauensarbeitszeit

Die sogenannte Vertrauensarbeitszeit ist ein ganz ähnliches Arbeitszeitmodell wie das der Gleitzeit. Einziger Unterschied ist, dass die Mitarbeiter bei diesem System ihre tatsächlich geleisteten Arbeitsstunden nicht elektronisch erfassen. Stattdessen

»vertraut« das Unternehmen ihnen, dass sie ihre arbeitsvertraglich fixierte Arbeitszeit schon ableisten werden. Der Begriff der Vertrauens-Arbeitszeit ist dabei in den allermeisten Fällen allerdings eher ein Euphemismus. Denn mit diesem Arbeitszeitmodell wird etwas mit dem positiven Begriff des Vertrauens verpackt, das sich für die Mitarbeiter aber durchaus negativ auswirken kann. Diese stehen nämlich unter dem latenten Druck, ihren Vorgesetzten glaubhaft machen zu müssen, dass sie ihre vereinbarte Arbeitszeit auch tatsächlich abgeleistet haben. Wie kann das aber beispielsweise ein Mitarbeiter gewährleisten, dessen Chef jeden Nachmittag von 15 Uhr bis 19 Uhr in Besprechungen mit anderen Führungskräften sitzt? Soll er trotzdem einfach um 16 Uhr nach Hause gehen, weil er bis dahin sein arbeitszeitliches Soll bereits mehr als erfüllt hat? Oder läuft er dann nicht Gefahr, dass der Chef um kurz nach 16 Uhr zufällig doch einmal aus einer der Besprechungen zurückkommt und fragt, warum denn der Mitarbeiter »schon wieder« so »früh« nach Hause gegangen ist.

Das Risiko, beim Chef als Faulpelz zu gelten, obwohl man doch jeden Tag sogar länger arbeitet, als man eigentlich müsste, ist sehr hoch, weil man ja mangels elektronischer Zeiterfassung seinen tatsächlichen Arbeitseinsatz nicht nachweisen kann. Und auch selbstgeführte Listen helfen in so einem Fall nicht, denn diese setzen das Vertrauen voraus, das durch die sichtbare und damit nachprüfbare Anwesenheit aus Mitarbeitersicht ja erst aufgebaut werden soll.

Der Verdacht liegt auf der Hand, dass Unternehmen Vertrauensarbeitszeit einführen, weil sie damit rechnen können, dass die Mitarbeiter aus einem aus der Not geborenen Eigeninteresse heraus stets Überstunden leisten, die das Unternehmen aber aufgrund der fehlenden offiziellen Zeiterfassung nicht abgelten muss. Wie war das nochmal mit dem beidseitigen Handlungsspielraum?

Arbeitszeitmodelle mit gemeinsamem Handlungsspielraum des Unternehmens und der Mitarbeiter sind fragile Gebilde. Wenn eine Seite auch nur in den Verdacht gerät, das eingeführte System zum Nachteil des anderen auszunutzen, dann ist der Schaden oftmals beträchtlich. Und das gilt insbesondere für Arbeitszeitregelungen, weil diese unmittelbaren Einfluss auf das persönliche Privatleben jedes einzelnen Menschen haben.

Natürlich hat aber dennoch auch die Vertrauensarbeitszeit Vorteile, sowohl für den Arbeitgeber als auch für die Arbeitnehmer, auch wenn die Vorteile der Arbeitgeber überwiegen, wie die Gegenüberstellung in Abbildung 52 zeigt.

Abbildung 52: Vor- und Nachteile der Vertrauensarbeitszeit

Vorteile	Nachteile
aus Sicht des Arbeitgebers:	**aus Sicht des Arbeitgebers:**
– flexible Anpassung an schwankende Auslastung – höhere Kundenorientierung – Produktivitätssteigerung – bedarfsorientierte Arbeitszeiten – keine Kosten der Arbeitszeitadministration – kein Anreiz zum »Zeitschinden«	– hoher Koordinationsaufwand – möglicher Kontrollverlust der Führungskräfte – nicht mit allen Aufgabenspektren kompatibel – Verlust der Möglichkeit von Regelungseingriffen
aus Sicht des Arbeitnehmers:	**aus Sicht des Arbeitnehmers:**
– erhöhter Handlungspielraum – Zeitautonomie und Selbstverantwortung – Work-Life-Balance	– Gefahr der »Selbstausbeutung« – evt. hochkompetitives Klima – Versagensängste – Aufhebung der Trennlinie von Arbeit und Freizeit

Quelle: Kaduk, Waas (2005), S. 163

Der wesentliche Vorteil gegenüber dem Gleitzeitmodell ist aus Arbeitgeberperspektive, dass nun kein Anreiz mehr zum »Zeitschinden« vorhanden ist. Denn wenn Überstunden nicht mehr protokolliert werden, dann lohnt sich der Verbleib am Arbeitsplatz über die normale tägliche Arbeitszeit hinaus nur, wenn tatsächlich Aufgaben erledigt werden müssen. Ein weiterer Vorteil gegenüber dem Gleitzeitmodell ist der Wegfall der Kosten der Arbeitszeitadministration, weil die bisherigen Computersysteme zur Zeiterfassung ja nicht mehr notwendig sind. Die übrigen hier genannten Vorteile der Vertrauensarbeitszeit aus Arbeitgeberperspektive, wie beispielsweise Flexibilität, Kundenorientierung, Bedarfsorientierung und Produktivitätssteigerung, sind zwar Vorteile gegenüber einem starren Arbeitszeitmodell, wären jedoch in einem Gleitzeitmodell ebenso realisierbar.

Die Vorteile der Vertrauensarbeitszeit aus Arbeitnehmerperspektive können sich jedoch sehr schnell in ihr Gegenteil verkehren. Ein erhöhter Handlungsspielraum, Zeitautonomie und Selbstverantwortung wirken sich für die Arbeitnehmer nur dann positiv aus, wenn das für dieses Arbeitszeitmodell notwendige Vertrauen zwischen dem Vorgesetzten und den betreffenden Arbeitnehmern auch tatsächlich vorhanden ist. Andernfalls wirken sich die Nachteile aus Sicht des Arbeitgebers auch nachteilig für den Arbeitnehmer aus: natürlich resultiert die Einführung von Vertrauensarbeitszeit in einem Verlust von Kontroll- und Regelungsmöglichkeiten durch die Vorgesetzten. Und der Koordinationsaufwand wird dann vermutlich in der Tat steigen.

All dies wirkt sich allerdings nur dann nachteilig aus, wenn das im Modell der Vertrauensarbeitszeit propagierte Vertrauen nicht vorhanden ist. Denn bei bestehendem Vertrauen zwischen dem Vorgesetzten und seinen Mitarbeitern sind per definitionem weder Kontrolle noch Regelungseingriffe notwendig. Vertrauen dient ja gerade dazu, nicht kontrollieren zu müssen, weil man sich auch ohne Kontrolle auf die Erledigung der Aufgaben durch den Mitarbeiter, dem man vertraut, verlassen kann. Natürlich macht Vertrauen damit gleichzeitig auch denjenigen, der vertraut, verletzbar. Denn nicht zu kontrollieren bedeutet, im Falle eines Vertrauensbruchs oder Vertrauensmissbrauchs im Nachhinein keine Eingriffsmöglichkeiten mehr zu haben.

Die Frage, ob man dem anderen vertrauen kann oder nicht, stellt sich also für beide gleichermaßen: für den Mitarbeiter und für den Vorgesetzten. Präziser ausgedrückt stellt sich eigentlich die Frage, welches Risiko damit verbunden ist, dem jeweils anderen zu vertrauen. Für den Mitarbeiter ist das Risiko enorm, wenn er seinem Vorgesetzten vertrauen soll, dass dieser ihm schon glauben wird, seine Arbeitszeit vertragsgemäß abgeleistet zu haben. Denn sollte dieses Vertrauen nicht gerechtfertigt sein, dann könnte dies für ihn erhebliche negative Konsequenzen haben. Er wird also aus Eigeninteresse immer sicherstellen, dass der Vorgesetzte auf jeden sieht und wahrnimmt, wie viel er arbeitet. Und er wird in vielen Fällen dafür auch unbezahlte Überstunden in Kauf nehmen.

Das Ergebnis sind die in Abbildung 52 dargestellten Nachteile der Vertrauensarbeitszeit aus Arbeitnehmerperspektive: insbesondere die Gefahr der Selbstausbeutung und die Aufhebung der Trennlinie von Arbeit und Freizeit. Die Entstehung eines hoch kompetitiven Klimas ist ein Sekundärproblem dieses Arbeitszeitmodells, das entsteht, wenn sich Mitarbeiter in ihrem nichtprotokollierten zeitlichen Einsatz gegenseitig anstacheln und zu übertrumpfen versuchen. Dies kann übrigens auch für den Arbeitgeber schnell nachteilig werden. Denn wenn als Folge des dauerhaft übermäßigen Einsatzes Burn-Out-Probleme auftreten, dann ist die Gefahr groß, dass deren Folgen den zusätzlichen zeitlichen Einsatz der Mitarbeiter im System der Vertrauensarbeitszeit mehr als kompensieren.

Aber auch für den Vorgesetzten ist das Risiko, seinen Mitarbeitern vertrauen zu müssen, dass diese ihre Arbeitszeit vertragsgemäß ableisten, nicht zu unterschätzen. Denn schließlich wird er an der Zielerreichung seiner Abteilung gemessen, und diese ist nur bei ausreichendem Arbeitseinsatz der Mitarbeiter möglich. Auch für ihn ist es also sicherer, seinen Mitarbeitern nicht »blind« zu vertrauen, sondern die Konsequenzen eines möglichen Vertrauensbruchs durch Kontrolle im Vorhinein abzusichern.

Was bleibt also von dem Modell der Vertrauensarbeitszeit? Hohe Effizienz, hohe Effektivität und ebenso hohe Motivation. Allerdings nur dann, wenn das Vertrauen zwischen Vorgesetzten und Mitarbeitern bereits vor Einführung dieses Modells vorhanden und erprobt ist. Andernfalls wären die klassischen Gleitzeitmodelle vermutlich sinnvoller.

Vor- und Nachteile der Arbeitszeitflexibilisierung

Unabhängig von einzelnen Arbeitszeitmodellen hat die Flexibilisierung der Arbeitszeit insgesamt sowohl für das Unternehmen als auch für die Mitarbeiter bei allen natürlich immer vorhandenen Nachteilen große Vorteile. Einerseits muss das Unternehmen auf die zunehmende Volatilität der Märkte mit eigener innerbetrieblicher Flexibilität reagieren, um weiterhin wettbewerbsfähig zu bleiben. Und andererseits ermöglicht zeitliche Flexibilität auch jedem einzelnen Mitarbeiter, auf die täglichen Anforderungen besser und schneller reagieren zu können; sowohl im Berufs- als auch im Privatleben und insbesondere in der Kombination von beidem.

In Abbildung 53 sind einige Vor- und Nachteile der Arbeitszeitflexibilisierung sowohl aus Arbeitgeber- als auch aus Arbeitnehmerperspektive zusammengefasst. Wie man sehen kann, sind Vorteile für den Arbeitgeber teils gleichzeitig Nachteile für den Arbeitnehmer. So ist beispielsweise die Ausdehnung der Betriebszeiten ein Vorteil aus Arbeitgeberperspektive, zugleich jedoch ein Nachteil aus Sicht der Arbeitnehmer, weil dies zu ausgesprochen familienunfreundlichen Arbeitszeiten führen kann. Ebenso ist die zunehmende Selbstverantwortlichkeit ein Vorteil aus Sicht der Arbeitgeber, weil sie ihn für höher qualifizierte Mitarbeiter attraktiv macht. Andererseits kann aber genau dies zu Arbeitsverdichtung und zunehmendem Stress bei den Mitarbeitern führen. Einige Vorteile aus Arbeitgeberperspektive sind aber zugleich auch für die Arbeitnehmer von Vorteil, wie zum Beispiel die Attraktivität des Unternehmens auf dem Arbeitsmarkt. Andere Vorteile wiederum, wie beispielsweise die Flexibilisierung der Arbeitszeit, können deren Nachteile aufwiegen. So ist beispielsweise Zeitsouveränität und die Möglichkeit der Abstimmung von Beruf und Privatleben doch ein großer individueller Vorteil, der auch Nachteile wie die Verwischung der Grenzen von Arbeitszeit und Freizeit sowie den unternehmerische Nachteil des zusätzlichen Aufwands für die Implementierung entsprechender Arbeitsplatzsysteme kompensieren kann.

Abbildung 53: Vor- und Nachteile der Arbeitszeitflexibilisierung

Vorteile	Nachteile
aus Sicht des Arbeitgebers:	**aus Sicht des Arbeitgebers:**
– mehr Selbstverantwortlichkeit	– evt. Konflikte um Arbeitszeit
– höhere Arbeitszufriedenheit	– Missbrauchsrisiko bei fehlender Messbarkeit
– bessere Kapazitätsauslastung	– Implementierungskosten
– Ausdehnung der Betriebszeiten	– zusätzl. Verwaltungsaufwand
– weniger Leiharbeitskräfte	– Weiterbildungsaufwand für Führungskräfte
– Attraktivität auf Arbeitsmarkt	
aus Sicht des Arbeitnehmers:	**aus Sicht des Arbeitnehmers:**
– (begrenzte) Zeitsouveränität	– weniger soziale Kontakte
– Abstimmung Beruf / Privatleben	– weniger Überstundenzuschläge
– Förderung breiterer Qualifikation	– Arbeitsverdichtung und Stress
– keine unbezahlten Überstunden	– Verwischung der Grenze von Arbeits- und Freizeit
– Anpassung an den Arbeitsanfall	– Konflikte bei Mehrpersonen-modellen
– kein Pünktlichkeitsgebot mehr	

Ob die Vorteile oder die Nachteile überwiegen, lässt sich nur im unternehmerischen Einzelfall feststellen. Diese Übersicht soll daher auch nur als Checkliste und Gedankenstütze bei der Entscheidung für oder gegen eine Flexibilisierung der betrieblichen Arbeitszeit dienen. Entscheidet man sich jedoch tatsächlich für die Flexibilisierung der Arbeitszeit, dann ist die Frage, mit welchem Arbeitszeitmodell dieses umgesetzt werden sollte. Wichtigstes Kriterium bei dieser Entscheidung ist die aus Sicht aller

Betroffenen faire Ausgestaltung ihres jeweiligen Handlungsspielraums. Denn einseitige Machtausübung oder auch nur Machtdemonstration führt zu Gegenreaktionen, die das Gesamtergebnis im Allgemeinen eher schmälern, als es zu unterstützen.

Flexible Arbeitszeitmodelle sind gerade angesichts der hohen Volatilität auf den Märkten ein wichtiges Instrument der betrieblichen Personaleinsatzplanung. Werden sie zum Vorteil aller Beteiligten ausgestaltet, dann können sie zu einem wesentlichen Wettbewerbsvorteil werden.

6.5 Zusammenfassung

Aufgabe der Personaleinsatzplanung ist die Schaffung eines optimalen Verhältnisses zwischen den unternehmerischen Aufgaben und den zur Verfügung stehenden Mitarbeitern. Die Herausforderung bei der Personaleinsatzplanung liegt dabei in dem kleinen Wörtchen »optimal«. Problematisch ist dabei wie in so vielen personalwirtschaftlichen Aufgaben auch hier wieder die Abstimmung der Unternehmensziele mit den Bedürfnissen der Mitarbeiter, denn natürlich kann man die meisten Mitarbeiter für eine ganze Reihe verschiedener Aufgaben einplanen. Ob diese Planung jedoch erfolgreich sein wird, hängt davon ab, ob es gelingt, die einzelnen Faktoren der Personaleinsatzplanung zum Nutzen aller Beteiligten auszugestalten: sowohl des Unternehmens, als auch der Mitarbeiter.

Bei der Planung der Arbeitsaufnahme neuer Mitarbeiter gehört aus diesem Grund neben der rein fachlichen Einarbeitung in das neue Aufgabenfeld auch die soziale Eingliederung des betreffenden Mitarbeiters in das Team und ganz allgemein in die »Gesellschaft« des Unternehmens zum Aufgabenspektrum der Personaleinsatzplanung. Denn letztendlich ist die Professionalität, mit der die Phase der Arbeitsaufnahme eines neuen Mitarbeiters organisiert und durchgeführt wurde, mit dafür verantwortlich, wie groß der Tätigkeits- und der Entscheidungsspielraum des Mitarbeiters nach abgeschlossener Einarbeitung sein kann. Je größer der Tätigkeitsspielraum, desto umfangreicher sind die Aufgaben. Je größer der Entscheidungsspielraum, desto hochwertiger sind die Aufgaben. Für jede mögliche Kombination dieser beiden Bestimmungsgrößen des Arbeitsinhaltes gibt es dazu passende Aufgaben im Unternehmen. Sie müssen nur ermittelt und kombiniert werden, um einen für diese Aufgabe geeigneten Mitarbeiter einplanen zu können. Bei der Gestaltung der Arbeitsinhalte muss also beides berücksichtigt werden: der Umfang des Tätigkeitsspektrums, als auch das Maß an Entscheidungsfreiheit eines Mitarbeiters oder einer Gruppe von Mitarbeitern in den jeweiligen Aufgaben.

Eine besondere Herausforderung stellt die Ausgestaltung der Arbeitszeit dar. Dies zum Vorteil des Unternehmens und zugleich unter Berücksichtigung der Bedürfnisse der Mitarbeiter zu tun, ist ebenso notwendig wie schwierig. Die besondere Schwierigkeit dieses Teils der Personaleinsatzplanung leitet sich unter anderem daraus ab, dass alle Änderungen in der Arbeitszeit unmittelbaren Einfluss auf das Privatleben der betroffenen Mitarbeiter haben.

In vielen Fällen ist es sowohl für das Unternehmen als auch für die Mitarbeiter durchaus von Vorteil, die Arbeitszeit so weit wie möglich zu flexibilisieren. Da dies aber auch mit Nachteilen verbunden sein kann, ist es wichtig, Möglichkeiten der Arbeitszeitflexibilisierung eingehend auf Vor- und Nachteile für alle Interessengruppen zu prüfen. Mit dem Gleitzeitmodell und mit dem Modell der Vertrauensarbeitszeit wurden zwei bekanntere Methoden der Arbeitszeitflexibilisierung näher vorgestellt und als Beispiele genutzt, um mögliche Problemfelder bei der Flexibilisierung der Arbeitszeit anzudeuten. Welche Methode geeignet ist, lässt sich nur in einer konkreten Unternehmenssituation feststellen. Generell ist eine Flexibilisierung der Arbeitszeit jedoch sowohl im Interesse des Unternehmens als auch seine Mitarbeiter. Für die einen, um auf Volatilitäten im Markt besser reagieren zu können, für die anderen, um Beruf und Privatleben besser vereinbaren zu können.

7 Personalbeschaffung

Personalbeschaffung ist ein ausgesprochen positives Thema. Eine geplante Stelle wird frei, und man sucht einen neuen Mitarbeiter. Oder vielleicht wächst das Unternehmen ja sogar und sucht noch weitere, zusätzliche Mitarbeiter. Auf jeden Fall freuen sich alle; das Unternehmen auf neue Mitarbeiter, die die Wertschöpfung des Unternehmens weiter erhöhen, und die Kollegen des neuen Mitarbeiters freuen sich auf Entlastung bei der Abarbeitung der anstehenden Aufgaben. Vielleicht betrachten einige Mitarbeiter den neuen Kollegen als Konkurrenz für ihre eigene Position, aber das sind sicherlich nur wenige. Insgesamt ist Personalbeschaffung also für alle Beteiligten eine gute Nachricht.

7.1 Risiken der Personalbeschaffung

Personalbeschaffung kann ihre positive Wirkung jedoch nur dann entfalten, wenn sie professionell und systematisch durchgeführt wird. Denn jeder Beschaffungsprozess ist mit einem nicht zu unterschätzenden Risiko verbunden; nicht nur für den Kandidaten, sondern auch für das Unternehmen.

Das Hauptrisiko liegt dabei in der langfristigen Wirksamkeit der Entscheidung. Der neue Mitarbeiter ist darauf angewiesen, in dem Unternehmen im Durchschnitt mindestens drei Jahre bleiben zu können, da kürzere Verweildauern in einem Unternehmen bei der nächsten Stellensuche oftmals erklärungsbedürftig sind. Und die Gelegenheit, dies in einem Bewerbungsgespräch auch erklären zu können, muss man erst einmal erhalten.

Für das Unternehmen ist nicht nur der Suchprozess an sich kostspielig und damit risikoreich, sondern auch die anschließende Einarbeitungszeit, die im Kreis der unmittelbaren Kollegen und Vorgesetzten meistens viele Ressourcen bindet. Sollte sich ein neuer Mitarbeiter dann auch noch als Fehlbesetzung erweisen und das Unternehmen vorzeitig wieder verlassen müssen, ist dies meistens zudem noch für andere Arbeitsverhältnisse belastend. Denn es ist keineswegs sicher, dass die Kollegen des betreffenden Mitarbeiters alle Einzelheiten, die zu der Entscheidung führten, sich von ihm wieder zu trennen, auch in ihrer ganzen Tragweite mitbekommen haben. Vermutlich werden sie ihren Noch-Kollegen fragen, wie es dazu kommen konnte. Und dessen Version unterscheidet sich mit an Sicherheit grenzender Wahrscheinlichkeit von der Version seines Vorgesetzten deutlich. Wenn ein Mitarbeiter beispielsweise, der aufgrund von massiver Minderleistung im Rahmen der Probezeit wieder entlassen werden muss, seinen Kollegen mitteilt, er habe sich nichts zu Schulden kommen lassen, alle seine Aufgaben stets gewissenhaft und zur Zufriedenheit aller erledigt, und er könne sich daher nicht erklären, warum er nun wieder entlassen wird, außer vielleicht weil insgesamt Personal abgebaut wird, und er halt nun mal nach Sozialauswahl als erster gehen muss, dann kann das schon für eine erhebliche Verunsicherung bei seinen länger gedienten Kollegen sorgen. Für die Vorgesetzten besteht in einem solchen Fall die Herausforderung bereits darin, das überhaupt mitzubekommen, bevor der erste der länger gedienten Mitarbeiter von sich aus kündigt, weil er einen vermeintlich sichereren Arbeitsplatz gefunden hat. Dieser Fall ist sicherlich etwas überspitzt dargestellt, das zugrunde liegende Problem ist jedoch in vielen Unternehmen sehr real.

Fehlentscheidungen bei der Personalbeschaffung können aber auch das Image des Unternehmens im Arbeitsmarkt schädigen. Aus diesem Grund werden Entlassungen selbst bei höheren Führungskräften vom Personalbereich normalerweise nicht kommuniziert, sondern nur Neueinstellungen. Wenn jedoch ein Unternehmen ein- und dieselbe Position innerhalb kurzer Zeit öfter neu besetzt, dann sendet dies schon Signale in den Arbeitsmarkt aus und belastet das Image des Unternehmens als Arbeitgeber. Aus personalwirtschaftliche Sicht kann einem Unternehmen in Bezug auf den Arbeitsmarkt kaum etwas Schlimmeres passieren. Denn eines sollte einem immer bewusst bleiben: man kann nicht unter den geeigneten Personen auf dem Arbeitsmarkt auswählen, sondern nur unter denen, die sich auch tatsächlich bei dem Unternehmen bewerben. Dies ist eine Erkenntnis, die viele Unternehmen mit relativ hoher Fluktuation hart trifft. Aber auch solche, die (meistens unverschuldet) im Arbeitsmarkt weniger bekannt sind.

Aus diesem Grunde ist Personalmarketing wichtig, und viele Unternehmen nutzen Wettbewerbe wie »Bester Arbeitgeber« oder »Best Places to Work«, um sich bei potentiellen Bewerbern überhaupt erst bekannt zu machen. Insgesamt ist Personalbeschaffung also sowohl eine komplexe personalwirtschaftliche Aufgabe als auch eine mit höchster unternehmerischer Bedeutung. Und es reicht nicht, nur zu hoffen, dass der Haupteingang reicht und man die Hintertür nicht braucht.

7.2 Einflussfaktoren auf die Personalbeschaffung

Abhängig ist der Personalbeschaffungsprozess von einer ganzen Reihe von Einflussfaktoren, die in Abbildung 54 kurz übersichtsartig zusammengestellt sind.

Zu den *unternehmensbezogenen* Faktoren gehört natürlich zunächst einmal die Betriebsgröße. Während größere Unternehmen über eine eigene Personalabteilung verfügen, müssen viele kleinere Mittelständler mit einer ausgelagerten Personalverwaltung auskommen, so dass der Personalbeschaffungsprozess an den mit anderen Dingen sowieso bereits stark eingebundenen operativen Führungskräften »hängen« bleibt. Das hat Vorteile, weil operative Führungskräfte das Aufgabenbild des zukünftigen Mitarbeiters meist besser beurteilen können. Es hat aber vor allem auch gravierende Nachteile, weil es sich negativ auf die Professionalität des Beschaffungsprozesses auswirken kann.

Abbildung 54: Einflussfaktoren auf die Personalbeschaffung

unternehmensbezogene Faktoren:

- Betriebsgröße
- Image des Unternehmens
- Standort und Einsatzort
- Anreiz- und Fördersysteme
- Image der Produkte

rechtliche Faktoren:

- tarifvertragliche Regelungen
- Arbeitszeitgesetz
- Arbeitnehmerüberlassungsgesetz
- Betriebsverfassungsgesetz
- allgemeines Gleichbehandlungsgesetz

gesellschaftsbezogene Faktoren:

- staatliche Bildungspolitik
- konjunkturelle Bedingungen
- demographische Entwicklung

sonstige Faktoren:

- Zeitaspekte
- Kostenaspekte
- Verfügbarkeit von Informationen

Das Image der Unternehmen insbesondere auf dem Arbeitsmarkt wurde bereits angesprochen, aber auch der Einsatzort spielt eine wesentliche Rolle, weil der zukünftige Mitarbeiter ja im Normalfall seinen Lebensmittelpunkt dorthin verlagern soll. Anreiz- und Fördersysteme, wie zum Beispiel Traineeprogramme, können ebenfalls wichtige Argumente sein, um Interessenten zu überzeugen – zumindest, wenn es sich wirklich um Traineeprogramme handelt und nicht um umbenannte Praktika. Ein fast schon unfairer, weil vom Unternehmen nicht änderbarer Einflussfaktor auf den Erfolg einer Personalbeschaffungsmaßnahme ist das Image der Produkte des Unternehmens. Er soll dennoch erwähnt werden, weil die betreffenden Unternehmen diesem

Faktor mit geeigneten Personalmarketingmaßnahmen entgegentreten können. Also, ohne einem Unternehmen zu nahe treten zu wollen: aber im Freundeskreis ist es einfacher zu erzählen, dass man an der Entwicklung von Sportwagen mitwirkt als an der von Klobürsten.

Die *rechtlichen* Faktoren wurden bereits im Kapitel zur Sozialgeschichte und zur Geschichte der Arbeit ausführlich behandelt. Sie sind insofern gerade im Rahmen der Personalbeschaffung von hoher Bedeutung, weil beispielsweise eine Ausweitung des arbeitsrechtlichen Schutzes für Arbeitnehmer zu einer zwangsläufigen Erhöhung der Personaldecke im Unternehmen führen kann.

Zu den *gesellschaftlichen* Einflussfaktoren auf die Personalbeschaffung zählt natürlich die staatliche Bildungspolitik, weil beispielsweise mit dem Wechsel von Diplom- zu Bachelor- und Master-Studiengängen die stellenbezogenen Anforderungsprofile an die geänderten Ausbildungsprofile angepasst werden mussten. Hierbei handelt es sich jedoch um einen Einmaleffekt, der daher relativ gut beherrschbar ist. Problematischer sind die konjunkturellen Einflüsse, da sie hoch volatil sind und sich zudem auch noch relativ unmittelbar auf den Arbeitsmarkt auswirken können; sei es positiv für das Unternehmen, weil relativ kurzfristig mehr Bewerber zur Verfügung stehen, oder auch negativ, weil nach einer konjunkturellen Erholung die Zahl der Arbeitssuchenden in den jeweiligen Berufssegmenten geringer ist.

Ein gesellschaftlicher Einflussfaktor, der viele Unternehmen vor Probleme stellt, ist die demographische Entwicklung. Und das obwohl die Entwicklung der Geburtenrate bekannt ist und sich auf den Arbeitsmarkt sowieso immer erst mit einem zeitlichen Versatz von – je nach Berufsbild – fünfzehn bis dreißig Jahren auswirkt. Natürlich spielen auch kurzfristiger wirksame Migrationstendenzen eine Rolle, aber das grundlegende Problem der demographischen Entwicklung verändert sich dadurch nicht.

Ein Problem, das allen gesellschaftsbezogenen sowie den meisten rechtlichen Faktoren gemein ist, besteht in der Unmöglichkeit, diese als Unternehmen direkt zu beeinflussen. Da dieses Problem jedoch alle Unternehmen gleichermaßen trifft, kommt es im Rahmen der wettbewerblichen Differenzierung darauf an, diese unter Inkaufnahme der notwendigen Ressourcenallokation vorausplanend zu berücksichtigen.

Beim eigentlichen Prozessablauf der Personalbeschaffung handelt es sich im Wesentlichen um die in Abbildung 55 dargestellten vier aufeinanderfolgenden Prozessschritte, wobei die zeitliche Abfolge etwas variieren kann. So ist es beispielsweise natürlich sinnvoll, Marketingmaßnahmen nicht erst zu starten, wenn eine konkrete Personalanforderung vorliegt. In der Unternehmenspraxis ergibt sich die zeitliche Abfolge mit etwas Erfahrung aber fast von selbst und ist daher an dieser Stelle nur von untergeordneter Bedeutung.

Abbildung 55: Personalbeschaffung im Prozessablauf

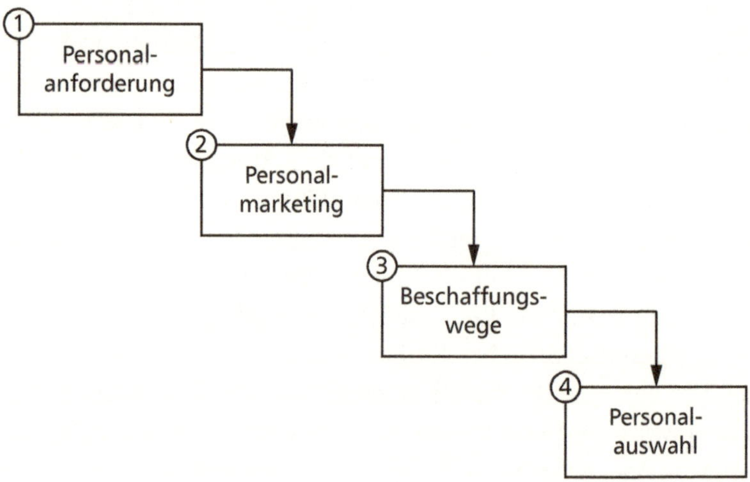

7.3 Personalanforderung

Vor Beginn des eigentlichen Beschaffungsprozesses sollte geklärt werden, ob es sich um einen Ersatzbedarf handelt oder um die Besetzung einer neu geschaffenen Stelle.

Abbildung 56: Personalanforderung – Ersatzbedarf oder Neubedarf?

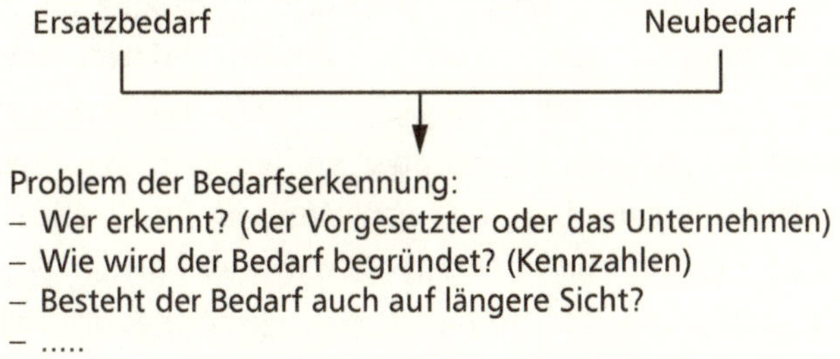

Ein Ersatz ist im Beschaffungsprozess leichter zu realisieren, weil die zu besetzende Stelle bereits existiert und man im Suchprozess auf Erfahrungen des bisherigen Stelleninhabers zurückgreifen kann. So sind die Anforderungen der Stelle sowohl aus seiner Sicht als auch aus Sicht seiner Kollegen bekannt, und das Anforderungsprofil für die zu besetzende Stelle ist daher mit größerer Verlässlichkeit beschreibbar.

Bei einem Neubedarf können die Anforderungen der Stelle und die notwendigen Kompetenzen, die ein zukünftiger Stelleninhaber besitzen sollte, nur abgeschätzt werden. Um das Risiko einer Fehlbesetzung dennoch kalkulierbar zu halten, sollte in diesem Fall das Stellenprofil und die daraus abgeleitete Personalanforderung mit besonderer Sorgfalt erarbeitet werden.

Anschließend kann der eigentliche Beschaffungsprozess gestartet werden. Jedoch empfiehlt es sich, zu diesem Zeitpunkt noch einmal inne zu halten und die Grundlagen der Personalanforderung ein letztes Mal zu überprüfen. Eigentlich ein überflüssiger Zwischenschritt, denn dies sollte im Rahmen der Personalbedarfsplanung bereits geschehen sein. Allerdings sollte man sich immer bewusst sein, dass ein einmal gestarteter Beschaffungsprozess nicht mehr ohne weiteres gestoppt werden kann, jedenfalls nicht ohne erheblichen Imageschaden für das Unternehmen bei den betroffenen Bewerbern – und meist auch im Arbeitsmarkt als solchem. Denn ein Personalbeschaffungsprozess ist ein bewusst öffentlichkeitswirksamer Vorgang.

Natürlich kann ein Bewerber aus einer ihm zugegangenen Absage nicht schließen, ob der Beschaffungsprozess als solcher gestoppt worden ist oder ob er nur einem anderen Bewerber unterlegen war. Aber wenn die gleiche Stelle mit geringfügigen Änderungen am Anforderungs- oder Stellenprofil nach wenigen Wochen erneut ausgeschrieben wird, dann bleibt dies im »organisationalen Gedächtnis« des Arbeitsmarktes haften. Je höher dotiert die entsprechende Stelle ist, desto größer wird auch dieses Problem.

Um dem zu entgehen, ist es also sinnvoll, sich einige Fragen, die im Zuge der Personalbedarfsplanung eigentlich schon einmal beantwortet worden sein sollten, eventuell noch einmal zu stellen, bevor man mit der Personalanforderung an die Öffentlichkeit geht. Zugegebenermaßen ist dieser Zwischenschritt eigentlich nur »der Hosenträger zum Gürtel«. Er stellt sich aber oftmals als wertvoll heraus.

Eine der Fragen, die nicht oft genug gestellt werden können, ist, wer den Bedarf erkannt hat. Ist es nur der Vorgesetzte, der möglicherweise über die Erhöhung der Anzahl der direkt an ihn berichtenden Mitarbeiter seine eigene Machtposition im Unternehmen festigen möchte? Oder erkennt das Unternehmen als solches den Bedarf ebenfalls. In diesem Zusammenhang sollte dann auch noch einmal überprüft werden, wie zukunftstauglich der Bedarf begründet worden ist und ob er auch tatsächlich auf längere Sicht bestehen wird. Diese Fragen zu prüfen dient nicht nur dem finanziellen Selbstschutz des Unternehmens, sondern ist auch aus Verantwortungsbewusstsein gegenüber dem zukünftigen Mitarbeiter und allen anderen Bewerbern notwendig.

Abbildung 57: Konfliktpotenzial bei der Personalanforderung

Konfliktpotential zwischen verschiedenen Interessengruppen:

Unternehmensleitung	—	Betriebsrat
Personalabteilung	—	Belegschaft
Unternehmensleitung	—	Führungskraft

Der Klassiker unter den Konflikten im Rahmen der Personalbeschaffung ist der zwischen der Unternehmensleitung und dem Betriebsrat. Gerade in größeren Unternehmen kommt es durchaus vor, dass neue Mitarbeiter eingestellt werden, während in einem anderen Unternehmensteil zur gleichen Zeit Personal abgebaut wird. Der Betriebsrat wird darauf drängen, die abgebauten Mitarbeiter vorrangig bei den neuen Stellenbesetzungen zu berücksichtigen. Wenn dies möglich ist, dann ist das natürlich die beste Lösung. Sollte es jedoch nicht möglich sein, dann muss die Entscheidung für die Suche von neuem Personal auf dem externen Stellenmarkt trotz der zeitgleich vorgenommenen Entlassungen sehr gut begründet sein.

Ein weiteres Minenfeld liegt zwischen der Personalabteilung und der Belegschaft des Unternehmens als solcher. Jeder Mitarbeiter beobachtet sehr genau, wie die ausgeschriebene Stelle gehaltlich eingruppiert wird. Ist die Eingruppierung höher, als er es aufgrund der Dotierung seiner eigenen Stelle für angemessen hält, dann ist im besten Falle offene Rebellion und im schlechtesten Falle stille innere Kündigung die Folge. Natürlich halten sich Personalbereiche bei der Eingruppierung einer neuen Stelle nach Möglichkeit immer an den »equal pay«-Grundsatz, wonach vergleichbare Tätigkeiten vergleichbar entlohnt werden. Aber wenn aufgrund diverser Einflussfaktoren, wie zum Beispiel den konjunkturellen Einflüssen oder dem demographischen Wandel, der Arbeitsmarkt unter Druck ist, dann könnte es notwendig sein, zukünftige Mitarbeiter mit höheren Gehältern zu werben. Dies muss natürlich gut begründet werden und ist aller Voraussicht nach auch dann noch schwierig im Unternehmen zu kommunizieren. Auch aus diesem Grund sollte Personalbeschaffung eine ausgesprochen langfristig geplante personalwirtschaftliche Aufgabe unter Berücksichtigung aller denkbaren (zukünftigen) Einflussfaktoren sein.

Das dritte und vermutlich nicht letzte Konfliktfeld im Rahmen der Personalanforderung ist das zwischen der Unternehmensleitung und der anfordernden Führungskraft. Zusätzliches Personal dient aus Sicht der jeweiligen operativen Führungskraft nicht nur dazu, die Aufgaben in der Abteilung abzuarbeiten, sondern hat wie schon erwähnt immer auch eine Macht demonstrierende Wirkung. Um sich ihre Mitarbeiter gewogen zu halten, könnten Vorgesetzte zudem ein Interesse an relativ hohen Gehältern ihrer Mitarbeiter haben, zumindest dann, wenn dies nicht ihr eigenes jährliches Budget belastet. Aus beiden Gründen ist es in vielen Unternehmen eine personalwirtschaftliche Kernaufgabe des Personalbereichs, Personalbeschaffung wie auch die Festlegung von Vergütungshöhen unternehmensweit zu koordinieren und dies nicht den operativen Führungskräften zu überlassen.

Behält man diese Konfliktfelder im Auge und ist man sich sicher, dass die Anforderungsplanung gewissenhaft durchgeführt worden ist, dann steht dem eigentlichen Suchprozess nichts mehr im Wege. Aber es gilt eben auch hier der alte Grundsatz: »garbage in – garbage out«. Die Personalbeschaffung kann nur erfolgreich durchgeführt werden, wenn die Personalplanung mit dem notwendigen (Zeit-)Aufwand durchgeführt worden ist.

7.4 Personalmarketing

Gerade angesichts des demographischen Wandels wird Personalmarketing immer wichtiger, und zwar gerade für die weniger bekannten Unternehmen. Denn eine Erkenntnis gilt immer: ein Unternehmen kann nur unter denjenigen Personen auswählen, die sich auch tatsächlich bewerben.

Aus Sicht des Personalmarketings kann der größte Konkurrent eines Unternehmens in einer ganz anderen Branche tätig sein und sich mit gänzlich anders gelagerten Produkten beschäftigen. Zum Konkurrenten auf dem Arbeitsmarkt wird er, wenn er seinen Firmensitz im selben Ort wie das eigene Unternehmen hat. Das bei den Bewerbern unbekanntere Unternehmen kann dann meist nur noch unter denjenigen Bewerbern auswählen, die von dem bekannteren Unternehmen abgelehnt wurden.

Die Kriterien für erfolgreiches Personalmarketing sind dieselben wie im Produktmarketing. Nur, dass die anzusprechende Kundengruppe nicht die Kunden des Unternehmens sind, sondern die möglichen Bewerber auf dem Arbeitsmarkt. Auch das Personalmarketing hat eine Informationsfunktion. Potentielle Bewerber sollen über die Existenz nicht nur der neuen Stelle, sondern auch des Unternehmens als hoffentlich attraktiver Arbeitgeber informiert werden. Es hat darüber hinaus eine Kommunikationsfunktion. Über Personalmarketing soll ein erster Kontakt zu möglichen Bewerbern hergestellt werden. Hierbei gilt für Unternehmen übrigens das gleiche wie für Bewerber: man hat nur eine Chance, einen guten ersten Eindruck zu hinterlassen. Wenn das gelungen ist, dann hat das Personalmarketing noch die alles entscheidende Aktivierungsfunktion: interessierte Personen sollen dazu gebracht werden, mit dem Unternehmen Kontakt aufzunehmen. Dieser Kontakt kann mündlich oder schriftlich erfolgen, im Unternehmen oder auf Messen, oder auch nur aus dem Betrachten der Homepage oder einer veröffentlichten Stellenanzeigen bestehen.

Die möglichen Stellhebel des Personalmarketings sind die gleichen wie im Marketing allgemein: die 5P des Marketings, die in der Marketingliteratur ausführlich beschrieben sind. An dieser Stelle sollen daher die in Abbildung 58 beispielhaft zusammengestellten Fragen genügen, die zur Entscheidungsfindung im Personalmarketing hilfreich sein können. Der tatsächliche Fragenkatalog sollte für jedes Unternehmen individuell erarbeitet werden. Individuell bedeutet in diesem Zusammenhang, dass sich die Marketingfragen auf die Attraktivität des Unternehmens aus Sicht der gewünschten Bewerbergruppe beziehen müssen. Vergangene Erfolge und zukünftige Projekte des Unternehmens sind im Personalmarketing nur dann wichtig, wenn sie für die Bewerbergruppe interessant sind. Es könnte jedoch auch sein, dass bestimmte Arbeitsbedingungen eine viel größere Marketingwirkung entfalten, als die hohe Qualität der Produkte oder andere Dinge, auf die das Unternehmen stolz ist.

Abbildung 58: Die 5 »P« des Personalmarketings

Product
- welche Aufgabe?
- welches Entwicklungspotential?
- .....

Price
- wie hoch ist der Verdienst?
- welche Sekundärkosten verursacht der neue Job?
- .....

Place
- wo ist der Arbeitsplatz?
- wie ausgeprägt ist die Reisetätigkeit?
- welche internationalen Möglichkeiten existieren?
- .....

Promotion
- wie prestigeträchtig ist die Tätigkeit?
- wie prestigeträchtig ist das Unternehmen?
- wie attraktiv ist die Region?
- .....

People
- wie ist das Betriebsklima?
- was berichten Mitarbeiter?
- .....

...und wie erfahren Außenstehende davon?

Die möglichen Beschaffungswege sind ausgesprochen vielfältig, und die Personalbeschaffung ist natürlich nicht nur auf den externen Personalmarkt beschränkt. Daher sollte sich auch das Personalmarketing nicht nur auf den externen Personalmarkt konzentrieren, sondern ebenso die internen Beschaffungsmöglichkeiten berücksichtigen. In diesem weiter gefassten Sinne des Personalmarketings kann man es auch als Aufgabe der Führungskräfte im Unternehmen bezeichnen, dafür zu sorgen, dass das Image der eigenen Abteilung als Arbeitgeber nicht nur in der Außenwirkung, sondern auch im Innenverhältnis gegenüber anderen Unternehmensteilen positiv ist. Denn auch im Falle einer internen Stellenbesetzung kann man nur unter den Personen auswählen, die sich bewerben. Ein legitimer Einwand hierauf könnte sein, dass man Menschen ja auch »einfach« versetzen könne. Das ist zwar denkbar, aber deren Motivation würde dabei mit großer Wahrscheinlichkeit erheblichen Schaden nehmen.

7.5 Interne Personalbeschaffung

Interne Personalbeschaffung ist auf eine ganze Reihe unterschiedlicher Arten möglich. Dabei muss sie jedoch gar nicht unbedingt zu physischen Personalbewegungen führen. Denn es geht nicht primär darum, den Personalstand zu erhöhen, sondern nur darum, die Abarbeitung zusätzlich anfallender Aufgaben zu gewährleisten.

Methoden der internen Personalbeschaffung

Eine Form der internen Personalbeschaffung ohne physische Personalbewegung ist die Realisierung von Mehrarbeit. Diese kann, wie in Abbildung 59 dargestellt[58], beispielsweise durch die Erhöhung der Produktivität in bestimmten Arbeitsabläufen oder auch durch die Veränderung des Arbeitszeitmodells erfolgen.

Abbildung 59: Methoden der internen Personalbeschaffung

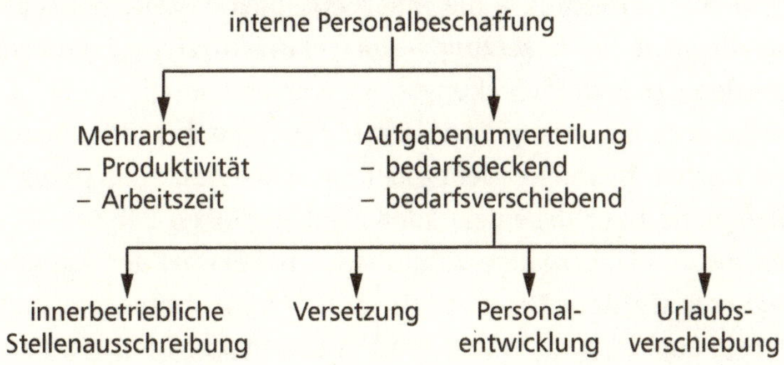

Eine andere Methode der internen Personalbeschaffung, die jedoch meistens mit Personalbewegungen verbunden ist, ist die

Aufgabenumverteilung. Diese kann sowohl bedarfsdeckend als auch bedarfsverschiebend erfolgen. Bedarfsdeckung bedeutet, dass zusätzliche, bisher nicht vorhandene Aufgaben erfüllt werden müssen. Bedarfsverschiebung heißt, dass die Anzahl der Aufgaben im wesentlichen gleich bleibt, diese jedoch intern umverteilt werden.

Auf diesen internen Personalbedarf kann auf verschiedene Art und Weise reagiert werden. Einmal natürlich durch die klassische innerbetriebliche Stellenausschreibung. Hierbei werden Mitarbeiter aus anderen Bereichen gebeten, sich auf die neuen Aufgaben, die in einem Stellenprofil zusammengefasst worden sind, zu bewerben. Dadurch wird ein neu angefallener Bedarf gedeckt, bzw. für Ersatz gesorgt. Das führt natürlich dazu, dass anschließend an anderer Stelle auch wieder eine Lücke gefüllt werden muss. Der Vorteil der innerbetrieblichen Stellenausschreibung ist jedoch die damit verbundene Freiwilligkeit. Mitarbeiter bewerben sich bewusst und damit motiviert auf die freie Stelle. Dies ist bei der Versetzung nicht unbedingt der Fall. Versetzen kann man jemanden gegebenenfalls auch gegen seinen Willen. Dennoch ist auch dies ein probates Mittel der internen Aufgabenumverteilung, wenn beispielsweise in einem Unternehmensbereich Aufgaben dauerhaft wegfallen und die entsprechenden Stellen daher gestrichen werden müssen. Beide Methoden der Aufgabenumverteilung – die innerbetriebliche Stellenausschreibung wie auch die Versetzung – sind relativ kurzfristig wirksame Methoden der Bedarfsdeckung, bzw. -verschiebung.

Eine eher langfristig wirkende Maßnahme der Aufgabenumverteilung ist die Personalentwicklung. Über Zusatzkurse bis hin zu kompletten berufsbegleitenden Studiengängen können Mitarbeiter auf die Übernahme zukünftiger, höherwertiger Aufgaben vorbereitet werden. Dies ist eine sehr interessante, weil unter anderem auch motivationsstiftende Variante der internen Personalbeschaffung, die aber natürlich nur langfristig wirken kann.

Eine weitere Maßnahme der internen Personalbeschaffung durch Aufgabenumverteilung soll hier nur kurz erwähnt werden, weil sie sich immer wieder als sub-optimal herausstellt: die Urlaubsverschiebung. Hierbei handelt es sich um eine sehr kurzfristige Maßnahme, die innerhalb eines Geschäftsjahres auch wieder ausgeglichen werden sollte. Die Urlaubsverschiebung ist nicht mit einer physischen Personalbewegung gekoppelt, weil die Arbeitslast des betreffenden Mitarbeiters ja nur zeitlich um wenige Tage bis hin zu einigen Monaten verschoben wird. Diese Maßnahme stellt sich deswegen immer wieder als ungünstig heraus, weil mit ihr eine momentane Arbeitslast auf Kosten der Zukunft abgefedert wird. Denn der aufgeschobene Urlaub muss ja dennoch genommen werden. Und wenn es dann so weit ist, dann spielt es keine Rolle mehr, wie wichtig die dann anstehenden Aufgaben sind. Der Urlaub muss trotzdem genommen werden. Und wenn man Pech hat, dann sind die zukünftigen Aufgaben möglicherweise sogar noch wichtiger, als diejenigen Aufgaben, für die man den Urlaub ursprünglich verschoben hatte. Diese Maßnahme sollte also möglichst vermieden werden.

Vor- und Nachteile der internen Personalbeschaffung

Insgesamt hat die interne Personalbeschaffung eine Reihe großer Vorteile. Zunächst einmal sorgt sie für hohe Motivation. Denn wenn ein Unternehmen bevorzugt Personal für vakante Stellen von innen heraus sucht und nicht reflexartig von außen einstellt, dann steigt automatisch die Zahl der Entwicklungsmöglichkeiten für die Mitarbeiter. Es gibt Unternehmen, die es regelrecht zur Unternehmensphilosophie erklärt haben, Stellen prioritär intern zu besetzen, und nur im Ausnahmefall, wenn sich in der Belegschaft tatsächlich kein geeigneter Kandidat finden sollte, die Stelle extern auszuschreiben. Das schafft Aufstiegschancen, erhöht die Motivation und sorgt für ein positives, proaktives Betriebsklima. Außerdem werden auf diese Weise immer wieder auch Stellen für jüngere Nachwuchskräfte frei, denn der interne Bewerber hinterlässt ja, wie schon erwähnt, selbst auch wieder eine Lücke.

Abbildung 60: Vor- und Nachteile der internen Personalbeschaffung

Vorteile:	Nachteile:
- Motivation - Betriebsklima - Eröffnung von Aufstiegschancen - Stellen werden frei für Nachwuchs - geringe Beschaffungskosten - Betriebskenntnis - Kenntnis des Mitarbeiters und seiner Leistungsfähigkeit - Einhaltung des betrieblichen Entgeltniveaus - transparente Personalpolitik - schnell wirksam	- weniger Auswahlmöglichkeit - mögliche Betriebsblindheit - gegebenenfalls hohe Weiterbildungskosten - eventuell Enttäuschungen bei Kollegen - zu starke kollegiale Bindung, Sachentscheidungen werden verkumpelt - nachlassende Mitarbeiteraktivität wegen Beförderungsautomatik - quantitativer Bedarf bleibt

Quelle: nach Hentze, Kammel (2001), S. 274

Die interne Personalbeschaffung ist natürlich auch mit geringeren Kosten verbunden als die externe. Außerdem kennen interne Bewerber den Betrieb bereits und sind auch ihrerseits schon bekannt. Und zwar mit all ihren Stärken wie auch persönlichen Limitationen. Da ein interner Wechsel normalerweise mit geringeren Gehaltssprüngen verbunden ist als ein externer, ist es auf diese Weise für das Unternehmen zudem auch leichter, ein vorhandenes Entgeltniveau einzuhalten und den »equal pay«-Grundsatz durchzusetzen. Darüber hinaus erhöht es die Transparenz der Personalpolitik, weil interne Stellenausschreibungen von jedem Mitarbeiter ohne großen Aufwand laufend verfolgt werden können. Und schließlich ein nicht zu unterschätzender Vorteil: es geht schnell.

All diesen Vorteilen stehen aber natürlich auch Nachteile gegenüber. Ein signifikanter Nachteil ist die geringere Auswahlmöglichkeit, weil die Grundgesamtheit der Bewerber intern natürlich viel geringer ist, als sie bei einer externen Stellensuche möglich wäre. Damit einher geht auch eine mögliche Betriebsblindheit der Bewerber, wenn diese schon lange im Unternehmen sein sollten. Externe Bewerber hingegen bringen eher neue Ideen mit ein, die sie bei einem früheren Arbeitgeber kennen gelernt haben. Ein weiterer Nachteil könnten auch eventuell höhere Weiterbildungskosten sein, wenn passende Kandidaten beispielsweise erst im Rahmen eines berufsbegleitenden Executive-Studiums auf eine Aufgabe vorbereitet werden müssen. Bei der externen Kandidatensuche können demgegenüber von vornherein Kandidaten ausgewählt werden, welche die notwendige Qualifikation bereits besitzen.

Aber auch im Kollegenkreis können Maßnahmen der internen Personalbeschaffung zu Konflikten führen. Wenn sich mehrere Kollegen zur gleichen Zeit Hoffnungen auf eine bestimmte Stelle gemacht haben, kann es ratsamer sein, die Stelle mit einem externen Kandidaten zu besetzen, als einen internen Bewerber zu »bevorzugen« und auf diese Weise einen Keil in den Kollegenkreis zu treiben. Auf der anderen Seite kann die interne Personalbeschaffung insbesondere dann, wenn es um eine Beförderung geht, auch zu hierarchieübergreifender »Verkumpelung« führen. Denn eine Führungskraft, die viele Jahre lang Kollege ihrer Mitarbeiter war, könnte dazu neigen, falsch verstandene Kollegialität über die unternehmerischen Notwendigkeiten zu setzen. Dieses Phänomen kann übrigens auch dann auftreten, wenn jemand zur Führungskraft in einer Nachbar-Abteilung befördert wird, mit der er jedoch zuvor über einen längeren Zeitraum eng zusammen gearbeitet hat.

Von dem Senioritätsprinzip sollte bei der internen Personalbeschaffung generell Abstand genommen werden – sofern es im Unternehmen überhaupt noch Anwendung findet. Denn dies kann von den Mitarbeitern als eine faktische Beförderungsautomatik wahrgenommen werden. Diejenigen, die nach dem Senioritätsprinzip altersmäßig als nächste für eine Beförderung »dran« wären, könnten in ihrem Engagement nachlassen. Und diejenigen, die sich aufgrund ihres jungen Alters kaum eine Chance auf eine Beförderung in absehbarer Zeit ausrechnen, könnten sich genötigt fühlen, sich außerhalb des Unternehmens um eine neue Aufgabe zu bemühen. In Tarifverträgen ist das Senioritätsprinzip bei der Entlohnung teils bereits vollständig abgeschafft worden. Bei der internen Personalbeschaffung sollte ebenfalls darauf verzichtet werden. Alter und Dauer der Betriebszugehörigkeit sind keine adäquaten Kriterien.

Schließlich bleibt zu erwähnen, dass interne Personalbeschaffung den Bedarf immer nur qualitativ, aber nicht quantitativ lösen kann. Externe Personalmarketingaktivitäten und externe Personalbeschaffung sind also in jedem Fall weiterhin notwendig.

7.6 Externe Personalbeschaffung

Bei der externen Personalbeschaffung wird – wie in Abbildung 61 dargestellt – zwischen direkter und indirekter Beschaffung unterschieden. Bei der direkten Personalbeschaffung werden potentielle Bewerber von Mitarbeitern des Unternehmens direkt angesprochen. Instrumente hierfür sind Stellenanzeigen in Printmedien, im Internet oder auch bei der Arbeitsagentur. Eine weitere Möglichkeit sind Auftritte bei sogenannten Industrie-Kontaktmessen, auf denen sich Unternehmen als Arbeitgeber potentiell Interessierten präsentieren. Aber auch Blindbewerbungen fallen unter diese Kategorie. Nur dass in diesem Fall der Bewerber versucht, sich als Produkt zu platzieren und nicht darauf wartet, ob das anvisierte Unternehmen den ersten Schritt macht.

Unter die indirekten Methoden der externen Personalbeschaffung fallen alle Aktivitäten, die zwar der Besetzung einer offenen Stelle dienen, bei denen sich das suchende Unternehmen aber nicht mit den Bewerbern direkt auseinander setzt; zumindest nicht in erster Linie. Personalberatungen beispielsweise treffen unter den Bewerbern eine Vorauswahl, bevor sie einige wenige Kandidaten im Unternehmen vorstellen. Zeitarbeitsfirmen stellen dem Unternehmen Mitarbeiter zur Verfügung, die dieses dann über einen gewissen Zeitraum als Arbeitskräfte nutzen kann, ohne sie anstellen zu müssen. Eine spätere Festanstellung und damit Übernahme eines Mitarbeiters von der Zeitarbeitsfirma ist dabei keineswegs ausgeschlossen und manchmal sogar von beiden Seiten gewollt.

Aber auch allgemeine Imagewerbung auf dem Arbeitsmarkt ist eine Möglichkeit der indirekten Personalbeschaffung. Eine eher ungewöhnliche, aber dennoch durchaus erfolgsversprechende Form der indirekten Personalbeschaffung ist die Kooperation mit Beschäftigungsgesellschaften. Diese werden von Unternehmen gegründet, die Personal abbauen müssen und dies auf eine sozialverträgliche Art und Weise realisieren wollen. Ziel der Beschäftigungsgesellschaften ist, die Mitarbeiter, die das Unternehmen verlassen müssen, für den externen Arbeitsmarkt fit zu machen.

Durch Kontaktaufnahme zu Beschäftigungsgesellschaften können Unternehmen, die Personal einstellen wollen, Kontakt zu potentiellen Bewerbern erhalten, die ohne eigenes Verschulden die Stelle wechseln müssen und daher im allgemeinen nicht nur qualifiziert und motiviert, sondern auch uneingeschränkt geschätzte Mitarbeiter sind. Über das tatsächliche Leistungsverhalten der betreffenden Mitarbeiter kann die Beschäftigungsgesellschaft darüber hinaus qualifiziert Auskunft geben.

Abbildung 61: Methoden der externen Personalbeschaffung

externe Personalbeschaffung

direkt
- Stellenanzeigen in Printmedien, Internet, Arbeitsagentur
- Kontaktmessen
- Blindbewerbungen

indirekt
- Personalberatung
- Zeitarbeit / Personalleasing
- Imagewerbung
- Beschäftigungsgesellschaften

Im Folgenden sollen nun einige ausgewählte Methoden der externen Personalbeschaffung etwas näher erläutert werden.

Die wesentlichste Methode der direkten externen Personalbeschaffung ist die Stellenanzeige. Diese ist immer gleich aufgebaut, unabhängig davon, ob sie in Printmedien wie beispielsweise Zeitungen und Zeitschriften erscheint, in internetbasierten Stellenbörsen oder aber auf dem Schreibtisch von Mitarbeitern der Arbeitsagentur.

Eine Stellenanzeige ist die externe Übersetzung einer internen Personalbedarfsanforderung. Sie enthält alle wesentlichen Informationen zu Profil und Anforderungen der Stelle, die im Rahmen der internen Personalbedarfsermittlung analysiert und definiert wurden. Hierzu gehören zunächst einmal natürlich die Aufgaben der zu besetzenden Stelle und die damit verbundenen fachlichen und persönlichen Anforderungen an den zukünftigen Stelleninhaber. Sind mit der zu besetzenden Stelle bestimmte eher ungewöhnliche Anforderungen verbunden, die sich im späteren Tagesgeschäft als problematisch herausstellen könnten, dann sollten auch diese in der Stellenanzeige erwähnt werden. Üblicherweise geschieht dies unter dem euphemistischen Begriff der Herausforderungen. Wichtig für einen potentiellen Interessenten ist darüber hinaus natürlich auch die Zukunftsträchtigkeit einer Position, und welche persönlichen Weiterentwicklungsmöglichkeiten für den späteren Stelleninhaber mit dieser Position verbunden sein könne.

Neben der Beschreibung der Stelle dient die Stellenanzeige aber auch noch einem weiteren, mindestens so wichtigen Zweck: der Beschreibung des Unternehmens. In der Stellenanzeige stellt das Unternehmen daher auch sein allgemeines Leistungs- und Produktprogramm vor, seine grundlegende Unternehmensphilosophie, den geographischen Raum, in dem es tätig ist, und eine Vielzahl weiterer Hintergrundinformationen, die es für wichtig erachtet. Die Aufgabe der Stellenanzeige ist eindeutig: es geht um die Vermittlung klarer Informationen. Und zwar ohne Übertreibungen, denn diese würden nur dazu führen, dass Bewerber dem tatsächlichen Stellenprofil nicht entsprechen, sich falsche

Vorstellungen von dem Unternehmen und der zukünftigen Aufgabe machen und dann bereits nach kurzer Zeit frustriert wieder kündigen.

Der Zwang, auf Übertreibungen zu verzichten, bedeutet auf der anderen Seite jedoch auch, dass alle Informationen, die in einer Stellenanzeige stehen, für den Interessenten relevant sind und in seinem Bewerbungsschreiben unbedingt aufgegriffen werden müssen. Viele dieser Kriterien sind allerdings nicht auf den ersten Blick als solche erkennbar. Sie verstecken sich in unscheinbaren Formulierungen. Andere sind eher weich formuliert, und nur wenige stehen klar als Anforderungen der Stelle in der Anzeige.

In Abbildung 62 sind einige dieser Kriterien, aufgeteilt nach Muss-, Kann- und versteckten Kriterien, beispielhaft und übersichtsartig zusammen gestellt.

Abbildung 62: Muss-, Kann- und versteckte Kriterien in Stellenanzeigen

Muss – Kriterien:
- Voraussetzung ist ...
- Sehr gute Kenntnisse in ...
- Als Erfolgsvoraussetzung bringen Sie mit ...
- Kenntnisse in ... sind erforderlich
- Erwartet werden ...
- Sie verfügen über ...
- Sie können vorweisen ...
- Kenntnisse in ... sind selbstverständlich
- Sind Sie vertraut mit ... ?

Kann – Kriterien:
- Idealerweise verfügen Sie über ...
- Kenntnisse in ... sind wünschenswert
- Ausbaufähige Kenntnisse in ... ... wären von Vorteil
- möglichst zwei bis drei Jahre Berufserfahrung

versteckte Kriterien:
- wir sind ein global operierender Hersteller von ...
- Stehvermögen ...
- Sie scheuen weder den Gang in die Produktion noch das Gespräch mit der Geschäftsführung
- Wir stellen überdurchschnittliche Anforderungen
- Wir bieten variable Arbeitszeiten
- Belastbarkeit, Flexibilität
- Durchsetzungsvermögen

Die *Muss-Kriterien* sind solche, die ein Interessent alle vollständig erfüllen muss, wenn seine Bewerbung überhaupt eine Chance auf Erfolg haben soll. Kriterien dieser Art werden durch Formulierungen angedeutet wie: »Voraussetzung ist ...«, »Kenntnisse in ... bringen Sie mit«, oder auch »Sie verfügen über ...«. Aus einer Bewerbung müssen die Antworten auf die Muss-Kriterien klar und eindeutig hervorgehen.

Darüber hinaus gibt es auch *Kann-Kriterien*. Diese verbergen sich hinter Formulierungen wie: »idealerweise verfügen Sie über ...«, oder auch »Kenntnisse in ... sind wünschenswert«. Ein Bewerber muss zwar nicht alle diese Kriterien, aber doch wenigstens einige davon erfüllen. Dann hat eine Bewerbung Sinn. Muss- und Kann-Kriterien beziehen sich üblicherweise auf das eigentliche Stellenprofil.

Viele der so genannten *versteckten Kriterien* haben eher mit dem Unternehmen als solchem und nur selten mit der ausgeschriebenen Stelle zu tun. Sie sind dennoch gleichermaßen wichtig. Wenn ein Unternehmen beispielsweise betont, dass es ein global operierender Hersteller sei, bedeutet dies in einer Stellenanzeige, dass Interessenten international gewandt und sprachlich kompetent sein sollten. Und wenn ein Unternehmen in einer Stellenanzeige verspricht, variable Arbeitszeiten zu bieten, dann heißt das nicht unbedingt, dass hier Beruf und Familie besonders gut vereinbar sind. Es könnte eher bedeuten, dass auch ein hohes zeitliches Engagement selbstverständlich vorausgesetzt wird. Natürlich bleibt bei den versteckten Kriterien ein besonders großer Interpretationsspielraum. Aber mit weitergehenden Informationen über das betreffende Unternehmen, beispielsweise aus dem Internet und Zeitungsartikeln über das Unternehmen, sind auch die versteckten Kriterien normalerweise mit relativ großer Sicherheit richtig interpretierbar.

Entscheidend ist, dass in einer Stellenanzeige alle für den zukünftigen Erfolg des neuen Mitarbeiters auf seiner Stelle als auch im Unternehmen als solchem notwendigen Informationen vorhanden und ohne Übertreibungen präzise formuliert sind.

Die indirekte externe Personalbeschaffung soll anhand von zwei verschiedenen Methoden erläutert werden: der Personalberatung und des Personalleasings.

Abbildung 63: Indirekte externe Personalbeschaffung mit Hilfe von Personalberatung

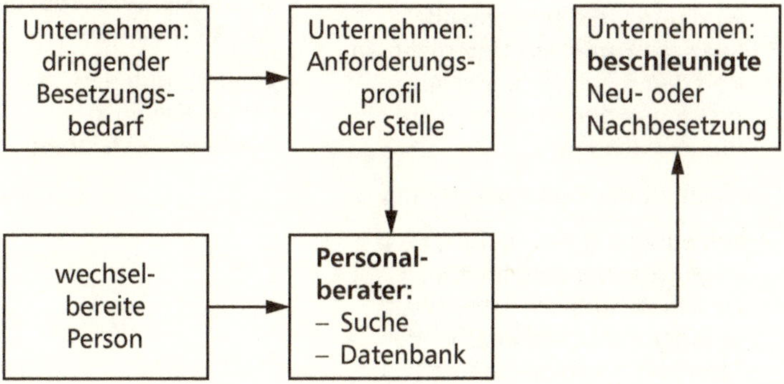

Abbildung 63 zeigt, warum Personalberatung eine indirekte Methode der Personalbeschaffung ist. Trotz eines dringenden Besetzungsbedarfs von Seiten des Unternehmens hat dieses keinen unmittelbaren Kontakt zu einer möglicherweise wechselbereiten Person. Der Personalberater übernimmt eine Vermittlungsfunktion zwischen dem Unternehmen und den möglicherweise an einer beruflichen Neuorientierung interessierten Personen und schlägt nach einer Vorauswahl dem Unternehmen einige wenige, aus seiner Sicht passende Kandidaten vor. Voraussetzung hierfür ist ein ausführliches Anforderungsprofil für die Stelle, das er vom Unternehmen erhalten sollte. Personalberater verfügen häufig über umfangreiche Datenbanken mit den wichtigsten Informationen über möglicherweise wechselbereite Kandidaten und führen darüber hinaus auch zielgerichtet eigene Suchprozesse durch. Im Ergebnis kann die Stelle durch die Beauftragung dieser »Suchspezialisten« beschleunigt und zugleich passgenau besetzt werden.

Abbildung 64: Vor- und Nachteile der Personalbeschaffung mit Hilfe von Personalberatung

Vorteile:

- Unterstützung bei der Erstellung von Stellen- und Anforderungsprofilen.
- Expertenwissen im Bereich der Personalbeschaffung: wird durch die zunehmende Spezialisierung von Unternehmen und damit auch von Stellenprofilen in den Unternehmen immer wichtiger
- Entlastung der Personalabteilung
- Beschleunigung des Suchprozesses: angesichts der zunehmenden Flexibilisierung der Arbeitswelt und der damit einhergehenden Mobilität der Arbeitnehmer immer wichtiger.

Nachteile:

- Kostenfaktor
- Offenbarung von Informationen über die Mitarbeiterstruktur
- Gefahr der Abwerbung von Mitarbeitern
- Offenbarung der personalseitigen Wettbewerbsfaktoren

Die Beauftragung eines Personalberaters ist für das suchende Unternehmen natürlich nicht kostenlos, kann aber dennoch mehrere Vorteile haben. So kann der Personalberater das Unternehmen beispielsweise bei der Erstellung des Anforderungsprofils der Stelle mit personalwirtschaftlichem Sachverstand und umfangreicher Erfahrung in Personalbeschaffungsprozessen unterstützen. Dieses Expertenwissen im Bereich der Personalbeschaffung wird durch die zunehmende Spezialisierung von Unternehmen und damit auch von Stellenprofilen in den Unternehmen immer wichtiger.

Außerdem kann der Personalberater durch die Vorauswahl infrage kommender Kandidaten die Personalabteilung deutlich entlasten. Vor allem aber kann er den Suchprozess beschleunigen. Ein Faktor, der angesichts der zunehmenden Flexibilisierung der Arbeitswelt und der damit einhergehenden Mobilität der Arbeitnehmer immer wichtiger wird.

Diesen Vorteilen stehen natürlich wie immer auch Nachteile gegenüber. Der offenkundigste Nachteil ist, dass die Personalberatung zunächst einmal Geld kostet. Die Frage ist jedoch, ob die Kosten für die externe Personalberatung nicht durch den vereinfachten, beschleunigten und gegebenenfalls auch professionalisierten Beschaffungsprozess überkompensiert werden. Das zumindest ist das Ziel des Personalberaters.

Ein weiterer Nachteil ist die unvermeidbare Offenlegung von Informationen über die Struktur und die Qualifikationsprofile der eigenen Belegschaft. Das erhöht zugleich auch die Gefahr, dass gerade die besten Mitarbeiter abgeworben werden könnten. Es gehörte zwar zum ethischen Grundkodex seriöser Personalberatungen, Mitarbeiter nicht beim eigenen Kunden abzuwerben. Kontrollieren kann der Kunde das jedoch nicht, denn die Ansprache von Kandidaten erfolgt auch im Interesse des Kandidaten stets im Verborgenen. Ein damit korrespondierender Nachteil oder zumindest Risikofaktor ist die notwendige Offenlegung der unternehmenseigenen Personalstrategie und damit bis zu einem gewissen Grad auch der Unternehmensstrategie.

Ein Großteil dieser Nachteile muss nicht unbedingt wirksam werden. Ob sie jedoch eintreten, entzieht sich dem Einfluss des Unternehmens, das den externen Personalberater engagiert. Aus diesem Grunde ist Seriosität und Integrität einer der wichtigsten Aktivposten jeder Personalberatungsgesellschaft.

Der eigentliche operative Suchprozess eines Personalberaters läuft in etwa folgendermaßen ab:

1. Auftragserhalt und Exposé.
2. Suchprozess: Research (Kandidatensuche), Kandidatenansprache, Telefoninterviews
3. Persönliche Interviews
4. Eignungsdiagnostik
5. Kandidatenexposé und Kundenpräsentation
6. Evaluation
7. Abschluss und Nachbegleitung

Nach Auftragserhalt erstellt der Personalberater zunächst einmal ein Exposé, das die wesentlichen Kriterien und Anforderungen der zu besetzenden Stelle enthält. Bereits dieser Punkt kann eine durchaus umfangreiche Beratungsleistung enthalten. Wenn beispielsweise ein Unternehmen einen Marketingleiter sucht und der Personalberater zurück fragt, was denn dieser Marketingleiter können soll und worin seine Aufgaben bestehen werden, dann kann es schon vorkommen, dass die Antwort ist: » Naja, er soll die Marketingabteilung leiten.« Gerade in Unternehmen, die nicht über eigene Personalabteilung verfügen, kann die Unterstützung des Personalberaters bei der Erstellung des Stellen- und Anforderungsprofils eine wichtige Beratungsleistung sein.

Ist das Exposé geklärt, dann startet der Personalberater den eigentlichen Suchprozess. Beim so genannten Research versucht der Personalberater herauszufinden, welche Person eine vergleichbare Position in einem vergleichbaren Unternehmen zurzeit bekleidet, um diese Person dann anschließend direkt ansprechen und Termine für Telefoninterviews vereinbaren zu können.

Sind die telefonischen Interviews erfolgreich verlaufen, dann werden die verbliebenen Kandidaten zu persönlichen Interviews eingeladen und mit Hilfe relevanter eignungsdiagnostischer Verfahren auf ihre Eignung für die ausgeschriebene Stelle überprüft. Auch in der Anwendung dieser Verfahren zeigt sich die Expertise von Personalberatern.

Die dann noch verbliebenen, üblicherweise drei bis fünf Kandidaten werden dem suchenden Unternehmen vorgestellt und durchlaufen dort nochmal einen Evaluation- und Auswahlprozess.

Wichtig ist, dass der Suchauftrag für den Personalberater an dieser Stelle noch nicht beendet sein sollte, sondern dass er den neu eingestellten Mitarbeiter im Unternehmen noch eine Zeit lang als Ansprechpartner begleitet, um sicherstellen zu können, dass die Auswahl erfolgreich war. Dies ist nicht nur für das einstellende Unternehmen wichtig, dessen finanzieller Aufwand ja nicht ganz unerheblich war, sondern auch für den Personalberater selbst und seine eigene Qualitätskontrolle.

Ein ganz anderes Verfahren der indirekten externen Personalbeschaffung ist die Zusammenarbeit mit Zeitarbeits- bzw. Personalleasingfirmen. In dieser Konstellation kann ein Unternehmen die Arbeitskraft von Personen nutzen, ohne sie selbst einstellen zu müssen. Wie in Abbildung 65 dargestellt, leiht es sich einen Arbeitnehmer, den so genannten Leiharbeitnehmer, von einem verleihenden Unternehmen. Der Leiharbeitnehmer schuldet dem entleihenden Unternehmen zwar seine Arbeitsleistung, und das entleihende Unternehmen hat mit dem Recht, dem Leiharbeitnehmer fachliche Anweisungen zu geben, auch ein begrenztes Direktionsrecht, ein Arbeitsvertrag besteht aber nur zwischen dem verleihenden Unternehmen und dem Leiharbeitnehmer, nicht jedoch zwischen dem Leiharbeitnehmer und dem entleihenden Unternehmen. Das entleihende Unternehmen behält damit ein größtmögliches Maß an Flexibilität, ist es doch arbeitsvertraglich nicht an den Leiharbeitnehmer gebunden. Sein Gehalt bekommt der Leiharbeitnehmer von dem verleihenden Unternehmen, mit dem er ja einen Arbeitsvertrag geschlossen hat. Dieses hat daher auch das disziplinarische Weisungsrecht und übt das unbegrenzte Direktionsrecht aus.

Abbildung 65: Arbeits- und Vertragsverhältnisse beim Personalleasing

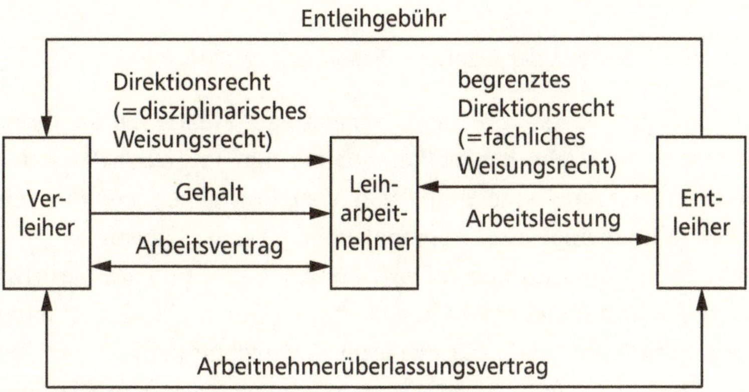

Quelle: nach Olfert (2005), S. 124

Diese Konstruktion funktioniert, weil zwischen dem verleihenden Unternehmen und dem entleihenden Unternehmen ein Arbeitnehmerüberlassungsvertrag geschlossen worden ist und das entleihende Unternehmen eine Entleihgebühr an das verleihende Unternehmen entrichtet. Diese Entleihgebühr ist natürlich höher als das Gehalt, welches das verleihende Unternehmen seinem Angestellten, dem Leiharbeitnehmer, bezahlt. Für das entleihende Unternehmen bedeutet dies, dass Leiharbeitnehmer teurer sind als fest angestellte Mitarbeiter. Außer jedoch, sie würden eine geringere Entlohnung bekommen als die fest angestellten Kollegen, mit denen sie bei dem entleihenden Unternehmen täglich zusammenarbeiten. Das würde dann allerdings Fragen der Lohngerechtigkeit aufwerfen.

Der Vorteil der Personalbeschaffung durch Zeitarbeit liegt jedoch insgesamt gar nicht unbedingt in einem möglichen, aber eher fraglichen Einsparpotenzial bei der Entlohnung, sondern vor allem in einem Zugewinn an Flexibilität, weil es keine langfristigen arbeitsvertraglichen Bindungen eingehen muss. Die Frage, ob die Leiharbeitnehmer weniger Geld oder genauso viel Geld verdienen wie ihre fest angestellten Kollegen, und in zweiterem Fall damit für das entleihende Unternehmen faktisch teurer wären, ist jedoch dennoch ein wichtiges personalwirtschaftliches Problem.

Vor- und Nachteile der externen Personalbeschaffung

Unabhängig davon, ob ein Unternehmen Personal nun direkt oder indirekt sucht, hat die Personalbeschaffung über den externen Arbeitsmarkt eine Reihe von Vorteilen gegenüber der rein unternehmensinternen Personalsuche. Einige davon sind in Abbildung 66 zusammengefasst. Zunächst einmal sind natürlich die Auswahlmöglichkeiten bedeutend größer. Außerdem bringen neue Mitarbeiter auch mit größerer Wahrscheinlichkeit gänzlich neue Ideen und auch neues Wissen mit, wenn sie von außen kommen. Vielleicht sehen sie die Dinge auch anders und betrachten die Abläufe im Unternehmen aus einer anderen Perspektive und mit weniger Betriebsblindheit. All dies sind Vorteile der externen Personalbeschaffung – und damit zugleich Nachteile der internen Personalbeschaffung.

Abbildung 66: Vor- und Nachteile der externen Personalbeschaffung

Vorteile	Nachteile
– große Auswahlmöglichkeiten	– in der Regel höhere Gehaltsvorstellungen
– neue Impulse	– größere Beschaffungskosten
– Kenntnisse aus anderen Unternehmen	– fluktuationsfördernd
– neue Perspektiven	– Blockierung von Aufstiegsmöglichkeiten
– verringert Betriebsblindheit	– höheres Risiko, Probezeit
	– keine Betriebskenntnis

Quelle: nach Hentze, Kammel (2001), S. 274

Ein Nachteil der externen Personalbeschaffung ist, dass Mitarbeiter, die von außen kommen, in der Regel höhere Gehaltsvorstellungen haben als bei einem internen Wechsel. Immerhin ist für sie ja auch das Risiko größer, weil sie das für sie neue Unternehmen noch nicht kennen. Hinzu kommen die Kosten der Personalsuche als solcher, die gerade beim Einsatz von Personalberatern nicht zu unterschätzen sind.

Ein weiterer Nachteil ist, dass der Personalzuwachs von außen auf andere Personen im Unternehmen eine fluktuationsfördernde Wirkung haben kann, wenn diese sich ebenfalls Hoffnungen auf die ausgeschriebene Stelle gemacht hatten. Und selbst wenn sie nicht sofort das Unternehmen verlassen sollten, so könnten sie sich doch in ihrer eigenen Karriereentwicklung mindestens blockiert fühlen und im Extremfall innerlich kündigen.

Ein oftmals echtes Problem der externen Personalbeschaffung ist jedoch das mit bisher unbekannten Personen immer verbundene Risiko einer Fehleinschätzung ihrer Kenntnisse,

Kompetenzen, Fähigkeiten oder auch Eigenschaften. Die fehlende Betriebskenntnis »fremder« Personen ist demgegenüber ein beherrschbares Problem der Stellenbesetzung von außen, da diese vergleichsweise rasch ausgeglichen werden kann. Im übrigen kann dies auch bei Personen vorkommen, die intern aus einem anderen Bereich herüber wechseln.

Auch im Falle der externen Personalbeschaffung muss im Einzelfall geklärt werden, ob die Vorteile oder die Nachteile überwiegen. Wichtig ist daher einzig, alle Aspekte der unterschiedlichen, zur Verfügung stehenden Verfahren der Personalbeschaffung zu kennen und im aktuellen Fall zu bewerten, um anschließend eine qualifizierte Entscheidung über das richtige Vorgehen treffen zu können.

7.7 Personalauswahl

Die eigentliche Auswahl einer geeigneten Person ist der letzte und alles entscheidende Schritt im gesamten Prozessablauf der Personalbeschaffung. Hierbei kommt es insbesondere darauf an, ein geeignetes Auswahlverfahren auszuwählen und professionell, d.h. kenntnisreich anzuwenden. Oder anders ausgedrückt: man muss sich ganz sicher sein, dass das angewendete Auswahlverfahren als solches sowie in der Art und Weise der Anwendung auch tatsächlich tauglich ist. Genau das ist aber bei einer ganzen Reihe durchaus üblicher Auswahlverfahren teils zweifelhaft.

Methoden der Personalauswahl

Einige Methoden zur Auswahl neuer Mitarbeiter sind:[59]

- Intelligenztests
- Arbeitsproben
- Strukturiertes Interview
- Unstrukturiertes Interview
- Assessment-Center
- Gewissenhaftigkeitstest
- Integritätstest
- Arbeitserfahrung
- Dauer der Ausbildung
- Grafologisches Gutachten

Intelligenztests sind allgemein bekannt. Bei Arbeitsproben präsentieren oder dokumentieren die Kandidaten bisherige Arbeitsergebnisse und Arbeitserfolge. Strukturierte Interviews sind eine Befragungstechnik, bei der unterschiedliche Interviews mit verschiedenen Kandidaten durch die Ähnlichkeit der Fragen und des Interview-Ablaufs untereinander vergleichbar gemacht werden. Ziel ist es, objektivierbare Interview-Ergebnisse zu erhalten, die die Erstellung einer stellenbezogenen Rangfolge der verschiedenen interviewten Kandidaten ermöglichen sollen. Unstrukturierte Interviews sind demgegenüber solche, bei denen dem Kandidaten zwar mit Vorbereitung aber doch jeweils individuell unterschiedliche Fragen gestellt werden, aufgrund derer sich das Unternehmen zwar ein Bild von jedem einzelnen Kandidaten machen kann, die Ergebnisse der Interviews mit den verschiedenen Kandidaten untereinander jedoch dennoch nicht ohne weiteres vergleichbar sind. Die Entscheidung beruht dann auf subjektiven Einschätzungen der Interviewer und auf Eindrücken, die die Kandidaten bei den Interviewpartnern hinterlassen haben. Assessment-Center sind meist mehrtägige, formalisierte Auswahlverfahren, bei denen Kandidaten verschiedene Aufgaben teils in Einzelarbeit, teils in der Gruppe mit anderen Bewerbern lösen müssen und dabei von geschulten Personen beobachtet werden. Geprüft werden sollen dabei verschiedene fachliche, methodische und soziale Kompetenzen. Gewissenhaftigkeit und Integrität soll mit Hilfe von Persönlichkeitstests ermittelt werden. Arbeitserfahrung und Ausbildungsdauer sind wiederum selbsterklärend. Und die Existenz grafologischer Gutachten als angenommene Möglichkeit zur Ermittlung geeigneten Personals soll hier nur sehr kurz erwähnt werden.

Verlässlichkeit der Methoden

Die grundlegende Frage, die sich bei jedem dieser Auswahlverfahren stets stellt ist, wie verlässlich – also valide – diese Methoden als Test der Qualifikation eines Kandidaten für eine ausgeschriebene Stelle tatsächlich sind. Hierzu gibt es empirisch abgesicherte Ergebnisse, die im Folgenden einführend vorgestellt werden sollen. Zuvor muss jedoch der Begriff der Validität – und insbesondere der der prädikativen, also voraussagenden Validität – definiert werden.

Die prädikative Validität ist: »die Stärke des Zusammenhangs zwischen den Ergebnissen des Personalauswahlverfahrens und dem Berufserfolg (...). Mathematisch handelt es sich dabei um den Korrelationskoeffizienten, der Werte zwischen –1 und 1 annehmen kann. Je höher der betragsmäßige Wert, umso besser ist das Personalauswahlverfahren in der Lage, zukünftigen Berufserfolg vorauszusagen. Berufserfolg wird in der empirischen Forschung durch unterschiedliche Indikatoren wie Vorgesetzteneinschätzung, Gehaltsentwicklung oder Beförderungsgeschwindigkeit gemessen.«[60]

Weiter führen Biemann und Weckmüller (2012) aus: »Grundsätzlich lassen sich drei Gruppen von Personalauswahlverfahren in ihrer Validität unterscheiden: Gute Instrumente, deren prädiktive Validität 0,5 übersteigt (insbesondere Intelligenztests, strukturierte Interviews und Arbeitsproben), durchschnittliche Instrumente mit einer Validität um 0,3 bis 0,4 (z. B. Assessment-Center, unstrukturierte Interviews) und ungeeignete Instrumente mit einer Validität um 0 (z. B. grafologische Gutachten)[61]. Durch die Kombination mehrerer Verfahren kann die Validität erhöht werden. Der zusätzliche Erklärungsbeitrag durch Ergänzung eines Auswahlverfahrens wird als inkrementelle Validität bezeichnet.«[62]

Die in Abbildung 67 dargestellte Studie zeigt, dass Intelligenztests die höchste Validität als Auswahlkriterium für die spätere Arbeitsleistung von Bewerbern auf eine ausgeschriebene Stelle haben. Der Intelligenztest ist damit das beste Instrument der Personalauswahl. Biemann und Weckmüller erklären das wie folgt: »Intelligenztests haben den Vorteil, dass sie schnell und einfach durchgeführt werden können und keine Anpassung des Tests an den Arbeitskontext erfolgen muss. Intelligenz kann die Arbeitsleistung direkt und indirekt beeinflussen. Personen mit hoher Intelligenz sind besser in der Lage, Informationen im Arbeitsalltag schnell und effizient zu erfassen und zu verarbeiten, was letztlich direkt zu besseren Entscheidungen führt. Indirekt ermöglicht höhere Intelligenz eine schnellere Aufnahme neuen Wissens im Arbeitsalltag und bei Trainings, was zu mehr aufgabenrelevantem Wissen und so indirekt zu einer besseren Arbeitsleistung in späteren Perioden führt. Entsprechend ist die Validität dieses Verfahrens für sehr anspruchsvolle Aufgaben besonders hoch, jedoch besteht auch noch ein positiver, wenn auch schwächerer Zusammenhang zwischen Intelligenz und der Arbeitsleistung bei sehr einfachen Tätigkeiten.«[63]

Abbildung 67: Prädikative Validität verschiedener Auswahlkriterien für die spätere Arbeitsleistung

Auswahlkriterium	Validität[a]	Validität in Kombination mit Intelligenztest[b]	Inkrementelle Validität
Intelligenztest	.51	–	–
Arbeitsproben	.54	.63	.12
Strukturiertes Interview	.51	.63	.12
Unstrukturiertes Interview	.38	.55	.04
Assessment-Center	.37	.53	.02
Gewissenhaftigkeitstest	.31	.60	.09
Integritätstest	.41	.65	.14
Arbeitserfahrung	.18	.54	.03
Dauer der Ausbildung	.10	.52	.01
Grafologische Gutachten	.02	.51	.00

a Gemessen wird die Validität als Korrelation des Ergebnisses des Auswahlverfahrens mit der Arbeitsleistung.
b Validität, wenn das jeweilige Verfahren in Kombination mit einem Intelligenztest eingesetzt wird

Quelle: Biemann; Weckmüller (2012), S. 47

Weitere gute Instrumente zur Personalauswahl sind Arbeitsproben und strukturierte Interviews. Beide verfügen mit 0,54, bzw. 0,51 bereits über eine hohe eigene Validität, die in Kombination mit Intelligenztests nochmals erheblich gesteigert werden kann, wie die zweite Spalte, und als Differenz der ersten zwei Spalten auch die dritte Spalte in der Grafik zeigt. Die Validität unstrukturierter Interviews ist mit 0,38 schon erheblich geringer und steigert auch in Kombination mit Intelligenztests deren sowieso schon vorhandene Validität von 0,51 als Auswahlkriterium nur unwesentlich auf 0,55. Gleiches gilt für Assessment-Center, deren Validität jedoch noch ein Stück geringer ist, als die unstrukturierter Interviews. Gewissenhaftigkeits- und Integritätstests können gerade noch als Instrumente mit durchschnittlicher Validität gelten. Die Aussagekraft bisheriger Arbeitserfahrungen für den zukünftigen Arbeitserfolg in einem neuen und gegebenenfalls höherwertigen Job ist zu gering, um als valides Auswahlinstrument gelten zu können. Gleiches gilt für die Dauer der Ausbildung. Und beide Verfahren stärken noch nicht einmal wirklich die Aussagekraft der von Schmidt und Hunter präferierten Intelligenztests. Vollkommen ungeeignet sind grafologische Gutachten, wie die Studie zeigt. Zusammenfassend und schlussfolgernd stellen Biemann und Weckmüller (2012) fest:

- »In keiner anderen personalwirtschaftlichen Teilfunktion ist der Unterschied zwischen wissenschaftlichen Erkenntnissen und Einschätzung von Personalverantwortlichen so groß wie bei der Bewertung der Nützlichkeit und Qualität von Personalauswahlinstrumenten.
- Intelligenztests und strukturierte Interviews sind am besten in der Lage, Berufserfolg zu prognostizieren.
- Der betriebswirtschaftliche Nutzen von Personalauswahlverfahren ist im Vergleich zu anderen personalwirtschaftlichen Entscheidungen einfach zu berechnen. Das Themenfeld eignet sich deshalb zur Demonstration des Wertbeitrags der Personalarbeit.«[64]

Die empirischen Erkenntnisse zur Validität unterschiedlicher Auswahlinstrumente könnten die Personalarbeit in dem einen oder anderen Fall aber sicherlich auch noch professionalisieren.

7.8 Zusammenfassung

Was für die Personalbedarfsplanung und für die Personaleinsatzplanung selbstverständlich ist, gilt in gleichem Maße für den Personalbeschaffungsprozess. Auch dieser muss mit hoher Professionalität und einem ausgeprägtem Maße an Voraussicht durchgeführt werden.

Denn auch bei der Einstellung neuer Mitarbeiter können Fehlentscheidungen das Image des Unternehmens auf dem Arbeitsmarkt nachhaltig beschädigen. Andererseits ist Personalbeschaffung streckenweise mit viel Routine verbunden, und gerade bei der oftmals extrem großen Zahl von Bewerbungen auf ein und dieselbe Stelle ist es schwierig, die notwendige Sorgfalt im Beschaffungs- und Auswahlprozess stets zu gewährleisten. Notwendig ist es trotzdem.

Ein Großteil des Kapitels beschäftigte sich mit den verschiedenen Verfahren der internen und externen Personalbeschaffung sowie den diversen Beschaffungswegen. Sowohl interne wie auch externe Beschaffung hat Vor- und Nachteile. Welcher Weg der richtige ist, hängt nicht zuletzt von der Philosophie und personalseitigen Strategie des Unternehmens ab. Aber auch von dem Aufwand, den es mit den ihm zur Verfügung stehenden Kapazitäten bewältigen kann.

In jedem Fall muss der adäquate Beschaffungsweg unter Berücksichtigung aller relevanten Situationsfaktoren wie auch der Spezifika jedes einzelnen Auswahlinstrumentes sorgfältig gewählt werden. Und das gilt nicht nur für die grundlegende Entscheidung zwischen interner und externer Personalbeschaffung, sondern insbesondere auch für die zu nutzenden Test- und Auswahlverfahren bei der eigentlichen Stellenbesetzung. Unter dieser Voraussetzung wird das Ergebnis der Personalbeschaffung eine Belegschaft sein, mit deren Hilfe die unternehmerischen Ziele mindestens planmäßig realisiert werden können.

8
Personalabbau

Personalabbau ist das Resultat unternehmerischer Notwendigkeiten. Die unternehmerische Notwendigkeit kann natürlich verschiedene Ursachen haben. Und es ist auch nicht ausgeschlossen, dass dem Personalabbau ein Versagen des Managements vorausging – was sich jedoch meist erst im Nachhinein feststellen lässt. In den allermeisten Fällen wird es sich jedoch vermutlich um eine gerade angesichts der Volatilität der Märkte oftmals nur schwer vorhersehbare Entwicklung gehandelt haben, die den Personalabbau erforderlich machte. Denn Personalabbau ist nicht nur für die betroffenen Mitarbeiter mit einem großen Risiko verbunden, sondern immer auch für das Unternehmen selbst riskant. Nicht nur wegen der Irritationen bei den »Zurückgebliebenen«, die ein Personalabbau immer auslöst, sondern auch, weil das Unternehmen durch den Abbau vorhandenen Personals immer auch selbst zukünftige Wachstumschancen verliert, oder zumindest sein Wachstum erschwert und verzögert.

In jedem Fall ist Personalabbau immer eine finanzielle Belastung für das Unternehmen. Erstens, weil es administrative Ressourcen bindet. Und zweitens, weil Personalabbau oft mit Abfindungszahlungen verbunden ist. Weder das eine noch das andere leistet auch nur den geringsten Wertschöpfungsbeitrag. Personalabbau ist aber auch ein strategisches Risiko für das Unternehmen, wenn er von den Betroffenen oder ihren Interessenvertretern in der Öffentlichkeit diskutiert wird und damit die Bemühungen des Unternehmens im Personalmarketing konterkariert.

Das Mindeste, was ein Unternehmen im Rahmen eines durchzuführenden Personalabbaus versuchen wird, ist diesen so sozialverträglich wie möglich zu gestalten. Das bedeutet, dass diejenigen Personen, die am ehesten wieder eine Stelle finden können und die auch sonst geringere soziale Verpflichtungen haben, am ehesten von dem geplanten Abbau betroffen sein werden. Allerdings wird die zu treffende Sozialauswahl gerade von dieser Personengruppe vermutlich am ehesten als ungerecht empfunden werden. Denn Sozialauswahl hat nichts mit den sonst üblichen unternehmerischen Kriterien wie individueller Leistungs- und Wertschöpfungsbeitrag zu tun. Die langfristigen Auswirkungen von Personalabbau auf die Loyalität der Belegschaft sind – wenn überhaupt – nur schwer zu messen. Aber sicherlich vorhanden.

8.1 Wer von Personalabbau betroffen sein könnte

Ist Personalabbau wirklich ein so weit verbreitetes Phänomen, dass man sich damit grundsätzliche beschäftigen müsste? Die Antwort ist einfach: Ja. Denn auf der Unternehmensseite wird Personalabbau durchgeführt:

- »nicht nur in den Zeiten der Rezession, sondern auch während des Wirtschaftswachstums,
- nicht nur in Schornsteinindustrien, sondern auch in Zukunftsbranchen,
- nicht nur bei kleineren, sondern verstärkt auch bei den Großunternehmen,
- nicht nur bei kranken, sondern auch bei gesunden, gewinnbringend (aber u.U. nicht »gewinnbringend genug«) agierenden Unternehmen,«

wie Marr und Fliaster (2003) unter dem Titel »Jenseits der Ich-AG«[65] ausführen. Und sie stellen weiter fest, wer auf Mitarbeiterseite von Personalabbau betroffen ist:

- »nicht nur gewerbliche Arbeitnehmer, sondern (u.U. vor allem) Angestellte und Manager,

- nicht nur ungelernte und angelernte, sondern auch hochqualifizierte Mitarbeiter,
- nicht nur die Jüngeren und die Mitarbeiter im Vorruhestandsalter, sondern auch die Kernbelegschaft,
- nicht nur die unteren Einkommensgruppen, sondern auch die gesamte Mittelschicht.«[66]

Im Klartext: alle können betroffen sein. Natürlich muss das Unternehmen den Anforderungen der Kunden und Investoren sowie eines sich laufend beschleunigenden globalen Wettbewerb gerecht werden. Zugleich muss es auch noch den ebenfalls legitimen Ansprüchen seiner Mitarbeiter Rechnung tragen, wie Abbildung 68 verdeutlicht. Hierzu zählen beispielsweise der Wunsch nach einem sicheren Arbeitsplatz, nach Karrierechancen und interessanten Aufgabeninhalten, aber ebenso das Streben nach einem aus subjektiver Sicht »angemessenen« Verdienst.

Abbildung 68: Kooperative Umsetzung aller Anforderungen?

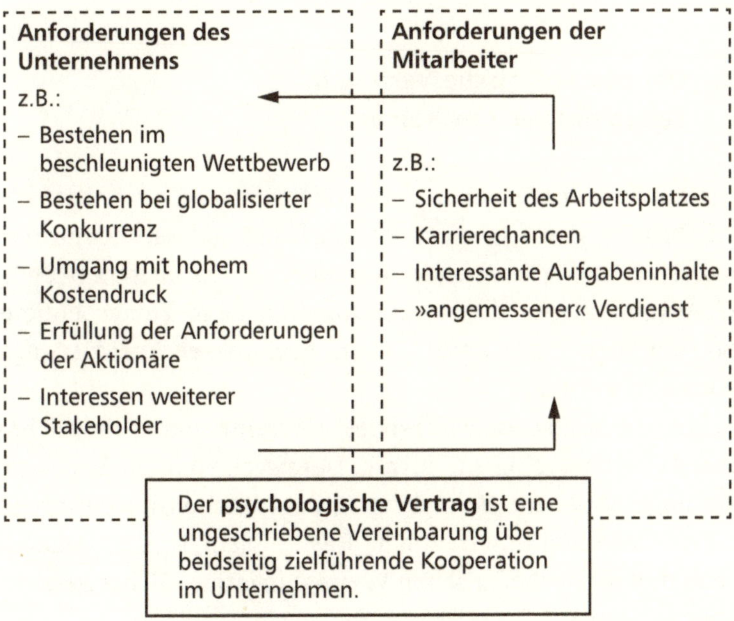

Diese beiden höchst unterschiedlichen Anforderungssysteme bedingen sich allerdings nicht nur im Prinzip gegenseitig, sondern auch ganz konkret in der täglichen Unternehmenspraxis. Denn die Anforderungen jeder dieser beiden Seiten sind nur erfüllbar, wenn die andere Seite ihre eigenen Anforderungen ebenfalls erfüllen kann, oder wenn die Erfüllung ihrer Anforderungen mindestens mit ausreichender Sicherheit prognostizierbar ist.

Prognostizierbarkeit bedeutet, sich auf die zukünftigen Aktivitäten der anderen Seite verlassen zu können. Vor allem aber bedeutet es, sich darauf verlassen zu können, dass die zukünftigen Aktivitäten der anderen Seite nicht nachteilig für einen selbst sein werden. Denn wenn das Unternehmen beispielsweise versuchen würde, seinen eigenen Anforderungen und denen seiner Kunden bzw. Investoren gerecht zu werden, indem es die legitimen Interessen der Mitarbeiter vernachlässigt, dann gäbe es für die Mitarbeiter keinen Grund, sich weiter in dem Unternehmen zu engagieren.

8.2 Der psychologische Vertrag in Zeiten des Personalabbaus

Damit alle Anforderungen tatsächlich umgesetzt werden können, ist eine wenn schon nicht schriftlich gefasste, dann doch mindestens stillschweigende Vereinbarung darüber notwendig, die Anforderungen der jeweils anderen Seite zu respektieren und sein Möglichstes dafür zu tun, auch diesen Anforderungen gerecht zu werden.

Ein solches stillschweigendes Übereinkommen bezeichnet man als psychologischen Vertrag. Der psychologische Vertrag ist eine ungeschriebene Vereinbarung über beidseitig zielführende Kooperationen im Unternehmen. Das Problem ist, dass Personalabbau diesen psychologischen Vertrag unvermeidlicherweise torpediert. Denn:

> *Der psychologische Vertrag ist »definiert als das, was Unternehmen und ihre Mitarbeiter als verbindliche Verpflichtungen zueinander de facto ansehen und ihrem Handeln zu Grunde legen«*[67]

Natürlich betrachten es Mitarbeiter als eine verbindliche Verpflichtung des Unternehmens, ihren Arbeitsplatz und damit ihre persönliche Karriereentwicklung im Unternehmen zu sichern und nach Möglichkeiten zu unterstützen. Wird ihr Arbeitsplatz jedoch unvermittelt abgebaut, dann hat das Unternehmen mit dieser Aktion den psychologischen Vertrag mit seinen Mitarbeitern unweigerlich gebrochen. Der dadurch hervorgerufene Vertrauensverlust ist kaum zu kompensieren, weil das Nichteinhalten der ›de facto als verbindlich angesehenen Verpflichtungen‹ einem Wortbruch gleichkommt.

Andersherum gilt natürlich das Gleiche: bricht ein Mitarbeiter oder eine Gruppe von Mitarbeitern gegenüber ihrem Arbeitgeber das stillschweigende Übereinkommen beidseitig profitabler Kooperation, dann ist auch in diesem Fall der Vertrauensverlust kaum zu reparieren.

Ein Fazit aus der Diskussion der unterschiedlichen Aspekte von Personalabbau könnte sein, dass ein ausbalancierter psychologischer Vertrag im Unternehmen Voraussetzung für langfristige Profitabilität ist. Durch die ihm eigene Reziprozität, also die wechselseitige Verpflichtung aus sich gegenseitig bedingenden Handlungen, sorgt er für eine gewisse innerbetriebliche Krisenresistenz. Diese ergibt sich nicht zuletzt aus der Balance von Rechten und Pflichten des Unternehmens und seiner Mitarbeiter, und der dadurch größeren Verlässlichkeit der Dauerhaftigkeit von Leistung und Gegenleistung.

Den Fortbestand des innerbetrieblichen psychologischen Vertrags zwischen dem Unternehmen und seinen Mitarbeitern trotz immer mal wieder unbestreitbar notwendiger Personalanpassungen zu gewährleisten, ist eine ebenso wesentliche wie schwierige personalwirtschaftliche Aufgabe.

8.3 Zusammenfassung

Personalbeschaffung und Personalabbau sind die zwei Seiten ein und derselben Medaille. Während Personalbeschaffung ein ausgesprochen positives Unterfangen ist, sind Maßnahmen des Personalabbaus stets mit großen Ängsten auf der Mitarbeiterseite verbunden. Und dennoch kann Personalabbau eine unternehmerisch ebenso notwendige Maßnahme sein wie die Personalbeschaffung.

Die zur Personalbeschaffung korrespondierende unternehmerische Aufgabe ist der Personalabbau. Auch dieser muss wie gesagt mit größter Sorgfalt voraus geplant werden, um die Leistungsbereitschaft und Loyalität der verbleibenden Mitarbeiter nicht zu gefährden. Wichtigstes Kriterium hierbei ist der unbeschädigte Fortbestand des psychologischen Vertrages zwischen Unternehmen und seinen verbleibenden Mitarbeitern.

Wenn es gelingt, den psychologischen Vertrag zu erhalten und die damit verbundene Reziprozität von Leistung und Gegenleistung zwischen dem Unternehmen und seinen Mitarbeitern zu gewährleisten, dann kann sogar Personalabbau nicht nur einseitig im Sinne des Unternehmens, sondern zum bilateralen Vorteil des Unternehmens und seiner Belegschaft durchgeführt werden.

9 Personalentlohnung und Gerechtigkeit

Die Ausgestaltung von Entlohnungssystemen führt wieder zu dem ursprünglichsten aller personalwirtschaftlichen Probleme: dem Spannungsfeld zwischen den Zielen des Unternehmens und den Zielen der Mitarbeiter. Die Frage ist in diesem Kontext, wie man Kooperation in diesem Spannungsfeld der Interessen gewährleisten kann und welchen Beitrag das Entlohnungssystem für die langfristige Stabilität der innerbetrieblichen Kooperation leisten kann.

Abbildung 69: Das Entgeltsystem als Garant für Kooperation?

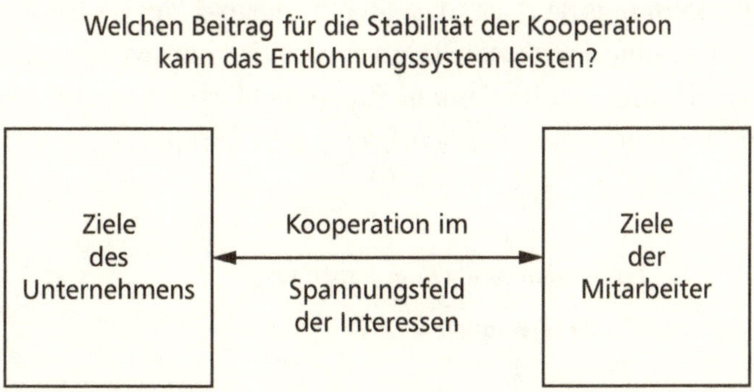

Natürlich möchte das Unternehmen ein Höchstmaß an Profitabilität erzielen. Nur zu diesem Zweck beschäftigt es ja überhaupt Mitarbeiter. Wenn Profitabilität ohne Mitarbeiter möglich wäre, würde jedes Unternehmen sofort auf Mitarbeiter verzichten.

Auf der anderen Seite schmälert natürlich das Entgelt (Gehalt oder Lohn) der Mitarbeiter gleichzeitig auch die erreichbare Profitabilität. Die Frage ist also nicht nur, wie viele Mitarbeiter das Unternehmen benötigt, sondern auch wie viel es ihnen bezahlen sollte, damit diese einen ausreichenden Anreiz verspüren, sich für das Unternehmen und seine Interessen einzusetzen.

Mitarbeiter hingegen sind an der Profitabilität des Unternehmens aus nachvollziehbaren Gründen nur insoweit interessiert, wie hierdurch die langfristige Sicherheit ihres Arbeitsplatzes gewährleistet wird. Ansonsten würden sie am liebsten noch viel mehr Geld verdienen, als sie derzeit bekommen.

Das personalwirtschaftliche Spannungsfeld ist deshalb ein Spannungsfeld, weil beide Sichtweisen vollkommen legitim sind. Die Frage ist daher, wie ein für beide Seiten akzeptabler Mittelweg aussehen könnte und ob beide Seiten diesen nicht nur als gerechtfertigt, sondern auch als gerecht betrachten würden.

9.1 Entlohnung im Spannungsfeld

Aus Entlohnungssicht ist das Spannungsfeld der Personalwirtschaft also eine Frage der Balance zwischen notwendigem Leistungsanreiz des Unternehmens für seine Mitarbeiter und der von diesen empfundenen Gerechtigkeit der Entlohnung für ihren Leistungsbeitrag.

Abbildung 70: Das Spannungsfeld der Entlohnung

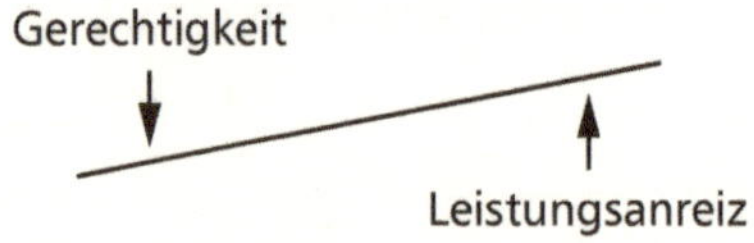

Wenn es um Entlohnungsfragen geht, dann ist das personalwirtschaftliche Spannungsfeld allerdings noch deutlich komplexer als bei den anderen personalwirtschaftlichen Aufgaben, wie das folgende, berühmt gewordene Beispiel gleich zeigen wird. Denn wenn es um Leistungsanreize und Gerechtigkeit geht, dann verlaufen die Fronten nicht nur zwischen dem Unternehmen und seinen Mitarbeitern, sondern sogar zwischen verschiedenen Mitarbeitergruppen.

Fallbeispiel 12: Die Lokomotivführer der Deutschen Bahn

Im Jahr 2007 lieferten sich die Lokomotivführer einen ausgedehnten Arbeitskampf mit ihrem Arbeitgeber, der Deutschen Bahn. Schließlich versprach die Bahn den Lokführern einen Lohnzuwachs von bis zu 13 %.[68] Interessant ist nun im Nachhinein gar nicht so sehr, ob die Lokomotivführer mit diesem Angebot einverstanden waren oder nicht, sondern wie andere Mitarbeitergruppen im selben Unternehmen, vertreten durch ihre jeweiligen Gewerkschaften, darauf reagierten. Kurze Zeit später konnte man nämlich in der Zeitung lesen, dass die größte Bahngewerkschaft die Zugeständnisse des Unternehmens an die GDL – die Gewerkschaft der Lokomotivführer – kritisierten.[69] Sollte man als Kollege von Kollegen nicht froh sein, wenn es den Kollegen gelingt, ein höheres Gehalt heraus zu verhandeln? Ja, wenn es »nur« um Leistungsanreize geht. Nein, wenn es zusätzlich auch um tatsächliche, oder zumindest um empfundene Gerechtigkeit geht.

Damit sind die beiden grundlegenden Problemfelder bei der Ausgestaltung von Entgeltsystemen umfassend definiert. Das erste Problemfeld beschäftigt sich mit der Anreizwirkung von Entlohnung. Mit der Frage also, welche Entlohnungshöhe in der Lage ist, die betriebsnotwendige Leistung des Mitarbeiters zu erzeugen. Es geht um den Zusammenhang von Anreizen des Unternehmens und Beiträgen der Mitarbeiter. Das zweite Problemfeld geht der Frage nach, welche Entlohnungshöhe gerecht ist und wie absolute und relative Entgeltgerechtigkeit zusammenhängen. Abbildung 71 verdeutlicht die beiden Problemfelder im Spannungsfeld der Entlohnung nochmals, bevor diese anschließend jeweils in einem eigenen Kapitelabschnitt genauer betrachtet werden.

Abbildung 71: Hauptprobleme bei der Ausgestaltung von Entgeltsystemen

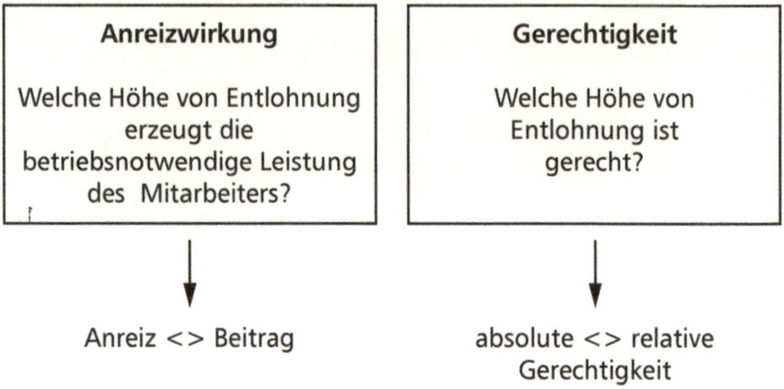

Anreizwirkung von Entlohnung

Zunächst zum ersten Problemfeld: der Anreizwirkung von Entlohnung. Um dies zu erläutern, soll auf die in Abbildung 72 skizzierte Anreiz-Beitrags-Theorie von March und Simon zurückgegriffen werden. Diese Theorie geht der Frage nach, wie hoch die Anreize des Unternehmens gegenüber den Mitarbeitern sein müssen, damit diese bereit sind, ihren betriebsnotwendigen Beitrag im Wertschöpfungsprozess des Unternehmens zu leisten.

Hohe Anreize des Unternehmens für die Mitarbeiter gegenüber relativ geringeren Beiträgen der Mitarbeiter zum Unternehmenserfolg sind aus Unternehmenssicht ineffizient. Für die Mitarbeiter ist es natürlich attraktiv, unter solchen Bedingungen mitzumachen. Anreizüberschuss ist daher ein Eintrittsanreiz, denn für Arbeitnehmer ist es interessant, unter solchen Bedingungen mitzumachen. Und natürlich bedeutet Anreizüberschuss immer auch eine gewisse Verpflichtung für die Mitarbeiter und ist daher ein Leistungsanreiz.

Der umgekehrte Fall relativ geringerer Anreize des Unternehmens im Vergleich zu hohen Beiträgen der Mitarbeiter ist natürlich ineffizient aus deren Sicht. In einem solchen Fall des Beitragsüberschusses besteht für die Mitarbeiter eher der Anreiz, sich woanders einen neuen Job zu suchen, als sich im aktuellen Unternehmen weiter zu engagieren.

Abbildung 72: Anreiz-Beitrags-Theorie

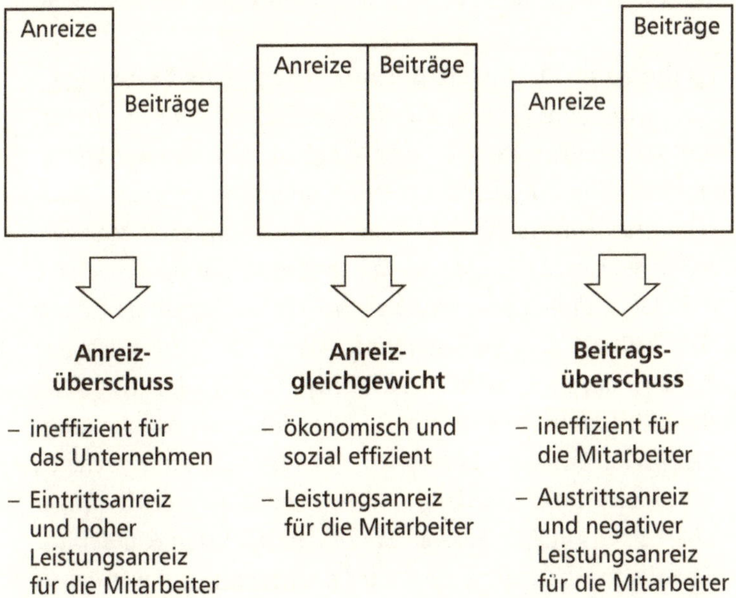

Quelle: vgl. March, Simon (1993)

Da sowohl Anreizüberschuss als auch Beitragsüberschuss einen negativen Einfluss auf die innerbetriebliche Kooperationsbeziehung haben, sollte es daher personalwirtschaftliches Ziel sein, für ein ausgeglichenes Verhältnis zwischen Anreizen und Beiträgen zu sorgen. Denn das ist sowohl ökonomisch als auch sozial effizient, es lohnt sich also für beide. Natürlich ist ein ausgeglichenes Verhältnis zwischen Anreizen und Beiträgen nur geeignet, das aktuelle Leistungsniveau der Mitarbeiter zu halten. Soll es erhöht werden, dann ist eine Zeitlang Anreizüberschuss nötig, der sich jedoch schnell nivelliert, sobald die Leistungen der Mitarbeiter dem höheren Anreizniveau entsprechen, oder aber im schlechteren Fall, die Anreizhöhe wieder abgesenkt wird, wenn das Leistungsniveau die höheren Anreize nicht rechtfertigen sollte.

Die spannende Frage ist nun, welcher dieser drei Zustände sich am ehesten einstellen wird. Anreizüberschuss, Anreizgleichgewicht, oder Beitragsüberschuss? Das kann man mit dem kleinen Test des folgenden Fallbeispiels auch selbst herausfinden:

Fallbeispiel 13: Anreiz-Beitrags-Theorie im Selbsttest

Bitten Sie eine Person, die Sie gut kennen und zu der sie ein vertrauensvolles Verhältnis haben, sich einmal vorzustellen, sie würde sich bei einem großen und seriösen Industrieunternehmen auf eine freie Stelle im unteren Management bewerben. Fragen Sie diese Person dann, ob sie sich die Übernahme dieser Position für ein Brutto-Jahresgehalt von 300.000 € vorstellen könnte. Wenn die Antwort ehrlich gemeint ist, dann wird sie sicherlich auf »Ja« lauten. Wenn Sie nun langsam die Preise senken, dann werden Sie lange Zeit weiterhin ein »Ja« hören. Aber irgendwann erreichen Sie einen Punkt, an dem ihre Testperson ein wenig länger überlegt als bisher. Senken Sie in den nächsten Runden die Gehaltsangebote dennoch weiter ab. Irgendwann werden sie bei einer Zahl ankommen, die für ihren Kandidaten nicht mehr akzeptabel ist. Bei dem einen sind das 60.000 € Jahresgehalt, bei dem anderen vielleicht 120.000 €. Die absolute Höhe spielt keine Rolle.

Wenn sie die »Schmerzgrenze« ihrer Testperson in Erfahrung gebracht haben, dann erhöhen Sie Ihr Angebot einfach wieder um 50.000 € und fragen Sie ihren Kandidaten, ob er mit diesem Gehalt einverstanden sei. Die Antwort ist selbstverständlich »ja«, denn Sie bewegen sich ja mit ihrem Angebot deutlich oberhalb dessen, was sich die Person als ein aus ihrer Sicht gerade noch akzeptables Gehalt vorgestellt hat.

Fragen Sie sie nun, warum sie dieses höhere, als das minimal erwartete Gehalt akzeptiert und nicht stattdessen Sie als Vertreter des Unternehmens darüber informiert, dass die zusätzlichen 50.000 € gar nicht notwendig wären, sondern sie durchaus bereit wäre, den Job auch für das rund 50.000 € geringere Gehalt zu übernehmen. Natürlich ernten Sie auf diese Frage hin nur ein sarkastisches: »Warum sollte ich?« Und genau das ist der Punkt. Aufgrund des latent vorhandenen Informationsdefizits beider Seiten über die minimalen Anforderungen und Ansprüche der jeweils anderen Seite wird sich ein tatsächliches Gleichgewicht zwischen Anreizen und Beiträgen niemals einstellen. Wenn das Unternehmen jemanden für eine Position gewinnen möchte, dann wird es immer Gefahr laufen, ein höheres, als das minimal notwendige Gehalt bezahlen zu müssen. Auf der anderen Seite werden Mitarbeiter immer mehr leisten müssen, als es aus ihrer Sicht gerechtfertigt wäre, wenn alternative Angebote auf dem externen Arbeitsmarkt rar sind. Aus diesem Grund übrigens ist persönliche Ausbildung und laufende Weiterbildung eine der wichtigsten beruflichen Absicherungen.

Wie diese Beispiele zeigen, ist das Problemfeld der Anreizwirkung von Entlohnung faktisch nicht lösbar. Es ist Ort ständiger Verhandlungen zwischen den beiden Parteien.

Gerechtigkeit von Entlohnung

Auch zum Einstieg in das zweite Problemfeld, der Frage der Gerechtigkeit von Entlohnung, wieder zwei Zeitungsüberschriften: Am 2.12.2007 forderte der damalige Bundespräsident Köhler mit Blick auf die Gehälter von Top-Managern eine Kultur der Mäßigung.[70] Nur drei Tage später konnte man in der Zeitung lesen, dass der damalige Vorstandvorsitzende von Porsche, Wendelin Wiedeking, verkündete: »Wenn ich Erfolg habe, möchte ich auch gut bezahlt werden.«[71] Wer hat Recht?

Weil Wiedeking nun gerade schon zitiert wurde, soll dieser Frage im Folgenden anhand eines Fallbeispiels zu Vorstandsgehältern bei der Firma Porsche nachgegangen werden. Allerdings – um es vorweg zu nehmen – mit offenem Ergebnis.

Fallbeispiel 14: Vergütung bei Porsche

Im Jahr 2007 bekam der Wiedeking als Porsche-Chef ein Gesamtgehalt von 72.600.000 €, wie das Manager Magazin im Juni 2008 unter dem Titel »Das Gesetz der großen Zahl« schrieb.[72] *In der gleichen Studie ist zu lesen: »Vor seinem Amtsantritt im Herbst 1992 hatte sich der Porsche-Chef ein für damalige Verhältnisse reichlich ungewöhnliches Vergütungspaket in seinen Arbeitsvertrag hinein schreiben lassen. Er verzichtete auf ein üppiges Fixgehalt und koppelte seine Bezüge an den Firmenerfolg – geschätzte 0,9 Prozent der Konzerngewinne sollen ihm danach zustehen. Schon in der Zeit als Porsche sein Geld noch ausschließlich mit dem Bau schneller Autos verdiente, dürfte Wiedeking bis zu 15 Millionen Euro mit nach Hause genommen haben (...) In die Sphären von US-Firmenlenkern katapultierte die Formel den Porsche-Chef aber erst, als die Sportwagenfirma damit begann, sich über die Terminmärkte Aktienpakete des Volkswagen-Konzerns zu sichern. Der daraufhin einsetzende Höhenflug der VW-Aktie ließ Porsche im Jahr 2007 wie einen Hedgefonds mit angehängter Autoproduktion erscheinen.«*[73] *Nach etwas mehr als einem weiteren Jahr gab es jedoch Anlass zu der Vermutung, dass nicht Porsche Volkswagen übernehmen wird, sondern dass vielmehr umgekehrt Porsche eine weitere Marke im VW-Konzern sein könnte. So schrieb die Süddeutsche Zeitung im August 2009 unter dem Titel »Alles wird gut«: »(...) die Börsenspielchen der dafür gefeuerten Porsche-Manager Wendelin Wiedeking und Holger Härter steuerten Porsche in den Notverkauf an Volkswagen. Die Unabhängigkeit der renommierten Marke – einfach so verspielt.«*[74]

Wie sagte der Porsche-Chef gut eineinhalb Jahre zuvor? »Wenn ich Erfolg habe, möchte ich auch gut bezahlt werden.« Was ist denn nun aus Unternehmenssicht Erfolg? Und welche Entlohnung von Angestellten, zu denen auch der Porsche-Chef gehört, ist für welchen Leistungsbeitrag gerechtfertigt? In ihrer »Vergütungsstudie 2011« halten Schwalbach, Prinz, et al. (2011) fest:

- »Das Verhältnis der Pro-Kopf-Gehälter zwischen Vorstand und Mitarbeiter ist im Durchschnitt vom 14- auf das 49-fache im Zeitraum von 1987–2010 gestiegen, mit deutlichem Anstieg in der zweiten Hälfte der 90er Jahre und einem Zwischenhoch 2007 des 54-fachen.
- Die Individualvergütung innerhalb des Vorstands variiert stark, wobei der Vorstandsvorsitzende in einigen Fällen das zwei- bis dreifache der Vergütung des Vorstandsmitglieds mit der zweithöchsten Vergütung erhält.«[75]

Beipflichten muss man in der eingangs gestellten Frage, wer denn Recht hat, beiden: Köhler, der eine Kultur der Mäßigung fordert, und auch dem Porsche-Chef Wiedeking, der bei Erfolg gut bezahlt werden möchte. Das Problem ist nur, dass die Frage, welche absolute Lohnhöhe für den Leistungsbeitrag eines bestimmten Mitarbeiters gerechtfertigt wäre, so nicht beantwortbar ist. Denn es gibt keine absolute Lohngerechtigkeit. Die Gerechtigkeit einer Entlohnung kann nur in Relation zu einer anderen Vergleichsgröße ermittelt werden. Personalwirtschaftlich werden die folgenden fünf Formen relativer Lohngerechtigkeit unterschieden:

- *Marktgerechtigkeit* bedeutet, dass ein Unternehmen für eine bestimmte Tätigkeit ungefähr denselben Lohn bezahlt, wie ein anderes vergleichbares Unternehmen für eine vergleichbare Tätigkeit. Um gerade seine besten Mitarbeiter nicht auf Dauer zu verlieren, wird es immer bestrebt sein, dies zu tun. Auf der anderen Seite kann man als Mitarbeiter jedoch nicht nur mit dem Hinweis darauf, dass man woanders mehr verdienen würde, mehr Lohn verlangen. Denn im Interesse der internen Lohngerechtigkeit zwischen den Kollegen der gleichen Lohn- oder Gehaltsstufe wäre es dann gezwungen, dem betreffenden Mitarbeiter viel Glück und Erfolg bei dem anderen Unternehmen zu wünschen. Einerseits marktübliche Löhne zu bezahlen, andererseits aber auf individuelle Wünsche diesbezüglich kaum eingehen zu können, ist das Grundproblem der Marktgerechtigkeit.

- *Anforderungsgerechtigkeit* bedeutet, dass die Lohnhöhe sich an dem Anforderungsprofil der betreffenden Stelle orientieren sollte. Die meisten Tarifverträge enthalten ausgeklügelte Systeme zur Bestimmung der Lohnhöhe bei entsprechenden Anforderungen.
- *Leistungsgerechtigkeit* bedeutet, dass sich die Lohnhöhe nach der individuellen Leistung, die ein Mitarbeiter auf einer bestimmten Arbeitsstelle mit den definierten Anforderungen zeigt, richtet. Leistungsgerechtigkeit und Anforderungsgerechtigkeit sind daher die beiden zentralen Faktoren zur Bestimmung der Höhe der Entlohnung eines bestimmten Mitarbeiters. Ohne die Diskussion über die Vorstandsvergütung noch einmal aufgreifen zu wollen: aber wie hoch müssen die Anforderungen der Stelle sein und welche Leistung muss der Stelleninhaber an den Tag legen, um ein Jahresgehalt von 72.600.000 € zu rechtfertigen? Und was genau ist dann gerecht?
- *Qualifikationsgerechtigkeit* bedeutet, dass sich der Lohn nach dem Ausbildungsstand des betreffenden Mitarbeiters richtet. Dabei stellt sich allerdings die Frage, inwiefern der Ausbildungsstand eines Mitarbeiters als solcher für das Unternehmen von Bedeutung ist. Doch nur insofern, als er es ihm ermöglicht, einem bestimmten Anforderungsniveau einer Stelle gerecht zu werden und die betriebsnotwendige Leistung erbringen zu können. Aus Sicht des Unternehmens spielt die Qualifikationsgerechtigkeit daher keine Rolle. Sie ist in der Anforderungs- und Leistungsgerechtigkeit stets enthalten, da bestimmte Anforderungen und Leistungsniveaus entsprechende Qualifikationen voraussetzen.

- *Sozialgerechtigkeit* bedeutet, dass die Lohnhöhe dem Lohnempfänger ein adäquates Leben in der Gesellschaft ermöglichen sollte. Aus soziologischer Sicht ist dies ein legitimer Anspruch. Und die Frage der mindestens notwendigen Lohnhöhe, um eine adäquate Teilnahme in der Gesellschaft zu ermöglichen, ist Ausgangspunkt einer wichtigen Diskussion, der sich auch Unternehmen als Teil der Gesellschaft stellen müssen.

Mindestens so wichtig und aus Unternehmenssicht noch fundamentaler als die gerechtigkeitsorientierte Frage, wer wie hoch entlohnt wird, ist die Entscheidung darüber, wofür überhaupt eine Entlohnung gewährt werden sollte.

Wertschöpfung und Entlohnung

Aus ökonomischer Sicht ist die Frage, wofür eigentlich entlohnt wird, einfach zu beantworten:

Entlohnung ist Wertschöpfungsverteilung.

Wertschöpfung bedeutet, dass das Ergebnis einer Tätigkeit bzw. eines Prozesses mehr wert ist, als die Einzelteile, die im Laufe des Prozesses zu einem Ganzen zusammengefügt werden. Wenn ein Kunde also bereit ist, für ein Produkt mehr Geld zu bezahlen als für die Einzelteile oder Rohstoffe, aus denen das Produkt besteht, dann ist es dem Unternehmen gelungen, zusätzlichen Wert zu schaffen, bzw. zu schöpfen: es hat Wertschöpfung betrieben und die Mitarbeiter werden konsequenterweise für ihren jeweiligen individuellen Beitrag zur Wertschöpfung entlohnt. Insofern wird die Wertschöpfung bzw. ein Teil der Wertschöpfung auf die Mitarbeiter verteilt, und Entlohnung ist daher Wertschöpfungsverteilung.

Die Herausforderung besteht vor allem darin, zu ermitteln, wie hoch der jeweils persönliche Anteil jedes Mitarbeiters an der insgesamt generierten Wertschöpfung des Unternehmens ist. Oder anders ausgedrückt: wie der Wertschöpfungsanteil der Mitarbeiter unter diesen gerecht aufgeteilt werden soll, und dabei antizipatorisch zu ermitteln, was zumindest von den meisten Mitarbeitern wohl als gerecht empfunden werden wird.

Ein weiteres Problem besteht darüber hinaus für das Unternehmen darin, dass Mitarbeiter oftmals bereits entlohnt werden müssen, noch bevor das Unternehmen die Wertschöpfung tatsächlich realisiert hat. Wenn beispielsweise die Entwicklung, Produktion und Vermarktung eines Produktes insgesamt mehrere Monate dauert, dann muss das Unternehmen den daran beteiligten Mitarbeitern ihren monatlichen Lohn bereits überweisen, noch bevor es Umsatz generiert hat. Und wenn das Unternehmen weniger Umsatz erzielt, als es geplant hatte, dann sind die Entgelte der Mitarbeiter trotzdem fällig, bzw. bereits ausbezahlt worden. Das ist das unternehmerische Risiko des Inhabers, an dem die Mitarbeiter nur insofern beteiligt sind, als sie im Falle eines vollkommenen Scheiterns der Vermarktung des Produktes vermutlich ihren Job verlieren würden. Ansonsten tragen nur die Inhaber des Unternehmens dieses Risiko und wollen dafür natürlich auch mit einem höheren Teil der Wertschöpfung entlohnt werden. Auch in dieser Hinsicht sind übrigens derart hohe Vorstandsgehälter befremdlich. Denn bei Vorständen handelt es sich nicht um Unternehmer, sondern nur um hohe Angestellte, deren einziges Risiko in der eventuellen Nicht-Verlängerung ihres Angestelltenvertrages liegt, worauf hin sie dann finanziell relativ unbeschadet zu einem anderen Unternehmen wechseln könnten. Im Gegensatz zu einem Inhaber, dessen gesamtes Vermögen in diesem einen Unternehmen steckt.

Entlohnung ist vorweggenommene
Wertschöpfungsverteilung.

Bei jeder Diskussion über die absolute Lohnhöhe und die relative Lohngerechtigkeit sollte stets berücksichtigt werden, dass Entlohnung eben nicht nur Wertschöpfungsverteilung ist, sondern in vielen Fällen *vorweggenommene* Wertschöpfungsverteilung. Immer dann nämlich, wenn der Lohn bezahlt werden muss, noch bevor der Umsatz realisiert wurde.

Insgesamt ist die Frage der Wertschöpfungsverteilung ein großes und komplexes Konfliktfeld, bei dem nur das Ziel klar ist: Verteilungsgerechtigkeit. Aber weder die Art der Verteilung noch die Verteilungsinhalte sind eindeutig und ohne Diskussion festlegbar. Es gilt daher, die möglichen Konflikte bei Annäherung an das Ziel der Lohngerechtigkeit so antizipativ wie möglich zu berücksichtigen.

Bezüglich der Verteilungsart muss dabei zunächst einmal entschieden werden, welcher Anteil der finanzwirksamen Ressourcen überhaupt in Form von Lohn ausgeschüttet werden kann und soll. Dies ist eine Frage der absoluten Lohnhöhe und damit der insgesamten Personalkosten des betreffenden Unternehmens im betrachteten Geschäftsjahr. Ist dies festgelegt worden, dann gilt die nächste Frage den Entlohnungsrelationen innerhalb des Unternehmens und erfordert damit eine Entscheidung über die Höhe der Entlohnung einzelner Mitarbeiter gegenüber der anderer Mitarbeiter. Entschieden werden muss in diesem Zusammenhang auch, welche Entlohnungshöhe insgesamt für einzelne Personen gerechtfertigt ist und argumentativ gerechtfertigt werden kann. Zur Veranschaulichung der Dimensionen, die diese Entscheidungen annehmen kann, ein kleines Rechenbeispiel:

Fallbeispiel 15: Vorstandsvergütung

Der achtköpfige Vorstand von Volkswagen[76] *hat laut der »Vergütungsstudie 2011« im Geschäftsjahr 2010 insgesamt 36,67 Millionen Euro pro Jahr als Vergütung erhalten.*[77] *Im selben Jahr hat Volkswagen laut Geschäftsbericht eine Umsatzrendite vor Steuern von 7,1 % erwirtschaftet.*[78] *Das bedeutet, dass der Vertrieb von VW innerhalb dieses Jahres Fahrzeuge im Wert von über 516 Millionen Euro verkaufen muss, nur um das Gehalt von acht Angestellten zu finanzie-*

ren.[79] *Rechtfertigen die Anforderungen der Vorstandsposten und die Leistungen der acht Mitglieder des Vorstands dieses zur Refinanzierung ihrer Gehälter notwendige Umsatzvolumen von über einer halben Milliarde Euro? Gegenüber dem Gesamtumsatz mögen die Kosten für die Entlohnung des Vorstands marginal sein. Die ausschüttungsfähigen Ressourcen sind also sicherlich vorhanden. Wie aber verhält es sich mit der relativen Lohnhöhe für diese Mitarbeiter im Vergleich zu allen anderen Mitarbeitern des Unternehmens? Die Antwort kann nur offen bleiben, das Ziel jedoch ist klar: relative Lohngerechtigkeit.*

Wenn die absolute und relative Lohnhöhe geklärt sind, dann muss entschieden werden, auf welche Weise die realisierte Wertschöpfung inhaltlich verteilt werden soll, in Form von Entgelt, als Sozialleistungen, als freie Lohnzulagen oder als Erfolgsbeteiligungen. Auch bei dieser Entscheidung muss das Ziel der Verteilungsgerechtigkeit natürlich weiterhin berücksichtigt werden. Wie diese verschiedenen Entgeltbestandteile ermittelt werden können, ist Thema der nachfolgenden Einführung zu verschiedenen Formen der Entlohnung.

9.2 Entgeltfindung allgemein

Grundsätzlich geht es bei der Entgeltfindung um die Ermittlung des adäquaten Lohnsatzes und um die Auswahl einer geeigneten Lohnform.

Lohnsatz und Lohnsatzdifferenzierung

Der Lohnsatz ist der Preis eines Mitarbeiters für seine Arbeitsleistung. Er ist definiert als finanzielles Äquivalent für den aus dem individuellen Beitrag zur Wertschöpfung des Unternehmens ermittelten Wert der individuellen Arbeitsleistung, die wiederum in Mengen- oder auch Zeiteinheiten ausgedrückt werden kann. Ermittelt wird der Lohnsatz als Produkt aus Arbeitswert und einem dem Arbeitswert zugeordneten Geldfaktor. Mathematisch gilt:

$$Lohnsatz = Arbeitswert \cdot Geldfaktor$$

In der Ausgestaltung des Lohnsatzes sind die in Abbildung 73 dargestellten Alternativen der Lohnsatzdifferenzierung denkbar.

Abbildung 73: Alternativen der Lohnsatzdifferenzierung

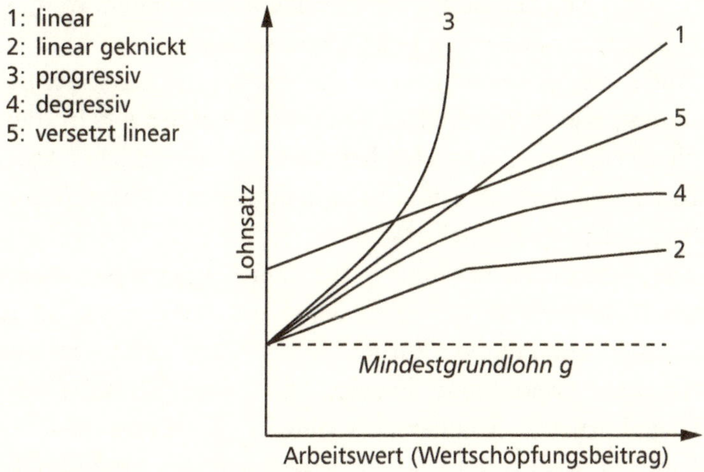

Quelle: nach Kupsch, Marr (1991), S. 825; vgl. auch Thommen, Achleitner (2012), S. 785

Ausgehend von einem bestimmten Mindestgrundlohn[80] kann der Lohnsatz mit zunehmendem Wertschöpfungsbeitrag der Arbeitsleistung beispielsweise linear ansteigen, wie hier mit der Alternative 1 dargestellt. Der Lohnsatz kann sich mit zunehmendem Arbeitswert aber auch geknickt linear, progressiv, degressiv sowie vom Mindestgrundlohn versetzt linear entwickeln. Dies entspricht den Alternativen 2 bis 5 und hängt von den Vereinbarungen der Vertragsparteien ab.

Interessant ist vor allem die Differenzierungsalternative Nummer 4, bei der sich der Lohnsatz degressiv entwickelt und damit ab einem bestimmten Arbeitswert nicht weiter ansteigt. Wie viel würde ein Mitarbeiter, der nach dieser Lohnsatzkurve entlohnt wird, wohl arbeiten? So viel wie irgend möglich? Vermutlich nicht, denn ab einem bestimmten Punkt bekommt er für seine Mehrarbeit, bzw. den zusätzlichen Wert seiner Arbeitsleistung keinen zusätzlichen Lohn mehr. Vielmehr würde er vermutlich darauf achten, dass der Wert seiner Arbeit in etwa das Niveau erreicht, ab dem die degressive Lohnsatzkurve sich auslevelt und nur noch horizontal, das heißt ohne weiteren Lohnzuwachs verläuft. Denn welchen Sinn macht es, mehr zu arbeiten, wenn sich dies nicht in zusätzlichem Lohn niederschlägt?

Anders verhält es sich bei dem progressiven Verlauf der Lohnsatzkurve, wie in Alternative Nummer 3 dargestellt. In diesem Fall herrscht stets ein erheblicher Anreiz zu zusätzlicher Arbeitsleistung, weil der Lohnsatz mit zunehmendem Wertschöpfungsbeitrag überproportional ansteigt.

Die wesentliche Erkenntnis aus dem Vergleich der verschiedenen Differenzierungsmöglichkeiten des Lohnsatzes ist, dass der Verlauf der Lohnsatzkurve das Verhalten des betreffenden Mitarbeiters unmittelbar steuert. Aus diesem Grund sind die Lohnsatzkurven von hoher personalwirtschaftlicher Bedeutung und spielen in allen denkbaren Lohnformen eine große Rolle.

Lohnformen

Die drei grundlegendsten Lohnformen sind Zeitlohn, Akkordlohn und Prämienlohn. Im Zeitlohn wird reiner Zeitlohn und Zeitlohn mit Leistungszulage unterschieden. Akkordlohn und Prämienlohn gehören zur Gruppe der Leistungsentgelte, weil bei ihnen »zur Erledigung der Arbeit Mengen, Zeiten und / oder andere Leistungsmerkmale vorgegeben oder vereinbart werden. Zeitentgelt kommt zur Anwendung, wenn im Unterschied dazu zur Erledigung der Arbeit nur allgemeine betriebliche Planungsgrößen und Arbeitsvorschriften vorhanden sind.« So beispielsweise die Definition im Tarifvertrag zum Entgeltrahmenabkommen (ERA-TV) der Metall- und Elektroindustrie.[81]

Abbildung 74: Übersicht zu den grundlegenden Lohnformen

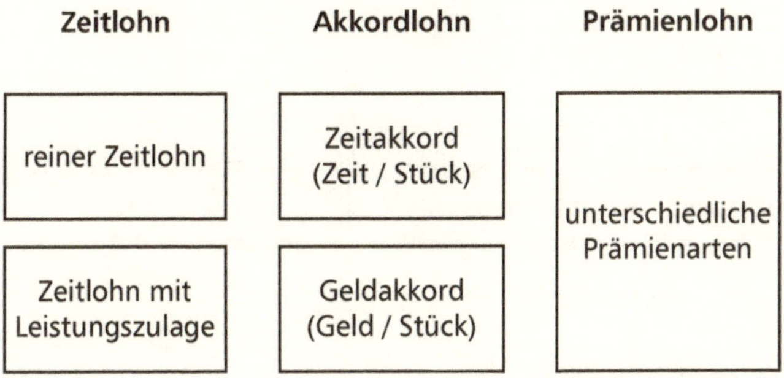

Im Akkordlohn ist sowohl Zeitakkord, als auch Geldakkord denkbar. und beim Prämienlohn existieren eine ganze Reihe unterschiedlicher Arten von Prämien. Doch zunächst zum Zeitlohn.

9.3 Zeitlohn

Der reine Zeitlohn ist – wie der Name schon sagt – unabhängig von den Anforderung des Arbeitsplatzes und den Leistungsbeiträgen des Mitarbeiters. Leistungszulagen sind zwar möglich, z.B. für Sorgfalt oder Arbeitseinsatz, da es sich jedoch insgesamt um eine zeitbezogene Entlohnungsform handelt, bei der »keine exakten Bestimmungsgrößen für die Leistung vorgegeben«[82] werden, machen die Leistungszulagen häufig nur einen kleinen Teil der gesamten Entlohnungshöhe aus. Etwas überspitzt könnte man daher sagen, dass im Zeitlohn eigentlich vor allem für eines bezahlt wird: die Anwesenheit des Mitarbeiters am Arbeitsplatz. Ein Leistungsanreiz ist kaum vorhanden und der Beitrag des Mitarbeiters zur Wertschöpfung des Unternehmens wird auch nicht berücksichtigt, wie die linke Seite von Abbildung 75 zeigt.

Abbildung 75: Lohn und Lohnkosten im Zeitlohn

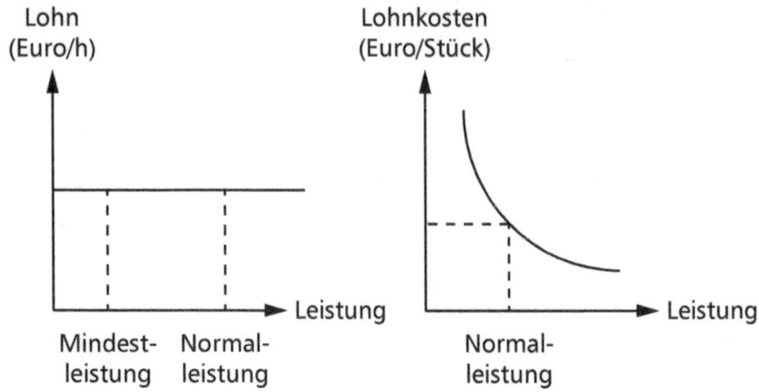

Quelle: nach Jung (2006), S. 586

Im Zeitlohn bleibt der Lohn in Euro pro Stunde unabhängig von der erbrachten Leistung des Mitarbeiters stets konstant. Der Vorteil des Zeitlohns für den Mitarbeiter ist die damit fast vollkommene Planbarkeit und Prognostizierbarkeit der Lohnhöhe. Aber auch für das Unternehmen hat diese Lohnform durchaus einen Vorteil. Denn mit zunehmender Leistung des Mitarbeiters sinken die Lohnkosten pro erbrachter Leistung. Wenn es dem Unternehmen also gelingt, den Mitarbeiter zu einem Leistungsbeitrag oberhalb der rechnerischen Normalleistung zu bewegen, dann profitiert auch das Unternehmen von dem Vorteil der Lohnsicherheit, den es dem Mitarbeiter gewährt. Die Philosophie des Zeitlohns ist: Leistung gegen Sicherheit.

Zeitlohn ist bei all jenen Tätigkeiten angebracht, deren Wertschöpfungsbeitrag zwar qualitativ bewertbar ist, aber nur schwer quantifiziert werden kann. Andererseits ist die zeitbezogene Entlohnung von Mitarbeitern, die regelmäßig mit hochgradig variabel entlohnten Kollegen zusammen arbeiten, immer wieder Ursache erheblicher Konflikte im operativen Tagesgeschäft. Denn (zusätzliche) Leistung lohnt sich im Zeitlohnmodell nur indirekt als angenommener Zugewinn an Sicherheit und Planbarkeit, jedoch nicht unmittelbar finanziell wie bei dem Modell der variablen Entlohnung. Hierzu folgendes Beispiel als Illustration:

Fallbeispiel 16: Kundenorientierung im Zeitlohn?

Was antwortet ein variabel am Umsatz und Absatz beteiligter Vertriebsmitarbeiter seinem Kunden normalerweise, wenn dieser ihn an einem Freitagnachmittag um ein Angebot bis Montagmorgen bittet? Genau: »Aber gerne, kein Problem.« Welche Antwort wird er aber von seinen nach dem Zeitlohnmodell fix entlohnten Kollegen beispielsweise aus der Entwicklungsabteilung zu hören bekommen, wenn er diesen um die zur Erstellung des Angebotes notwendige Zuarbeit bittet? Stimmt, fast die gleiche: »Aber gerne, kein Problem. Jetzt ist Wochenende, gleich am Montagmorgen fange ich damit an, bis Montagabend haben Sie es auf dem Schreibtisch.« Unternehmerisch ist die Antwort indiskutabel, aber verständlich; und angesichts des zeitlohnspezifischen Anreizsystems sogar vollkommen in Ordnung.

Zeitlohn ist eine Entlohnung unabhängig vom Wertschöpfungsbeitrag des betreffenden Mitarbeiters. Sie verlagert das gesamte unternehmerische Risiko auf diejenigen Personen, die in der einen oder anderen Form am Erfolg des Unternehmens beteiligt sind. Durch die in der Höhe fixierte Entlohnung im Zeitlohn tragen die betreffenden Mitarbeiter zwar in der Tat kein unternehmerisches Risiko, sind allerdings auf der anderen Seite auch nicht am unternehmerischen Erfolg beteiligt. Der Anreiz zur Mehrleistung ist dementsprechend moderat und Konflikte, wie der eben geschilderte, an der Tagesordnung.

Daher sollten Unternehmen immer prüfen, ob sie nicht auch Mitarbeiter, die nicht unmittelbar mit den Kunden zusammenarbeiten, dennoch variabel entlohnen sollten. Die einer variablen Entlohnung zugrunde liegenden Zielvereinbarungen der unterschiedlichen Abteilungen müssten dann allerdings so miteinander verknüpft werden, dass jede Abteilung ihre Ziele nur erreichen kann, wenn Sie Ihren Beitrag dazu leistet, dass dies auch den anderen Abteilungen innerhalb der Wertschöpfungskette gelingen kann. Umsetzen lässt sich dies mit den Management-Werkzeugen der internen Kundenorientierung und ist dann sowohl für das Unternehmen als auch die betreffenden Mitarbeiter vorteilhaft.[83]

Das vielfach gehörte Argument für Zeitlohn und gegen variable Entlohnung von Mitarbeitern, die nicht im unmittelbaren Kundenkontakt stehen, ist, dass ihr Wertschöpfungsbeitrag ja nicht so ohne weiteres messbar sei. Und häufig wird argumentiert, dass der Beitrag beispielsweise eines Buchhalters oder einer Sekretärin ja kaum quantifiziert werden könne. Fragt man die jeweils vorgesetzte Führungskraft daraufhin jedoch, ob die betreffenden Mitarbeiter eigentlich gute Mitarbeiter wären, dann ist die Antwort üblicherweise ein fast schon entrüstetes: »Ja, selbst verständlich«. Aber woher weiß das die Führungskraft, wenn sie den Wertschöpfungsbeitrag des Mitarbeiters doch nicht messen kann? Bauchgefühl? Mitarbeiter verlassen sich bei Fragen ihrer Entlohnung und ihrer Karriere nachvollziehbarer Weise nur sehr ungern auf das Bauchgefühl ihres Chefs.

In den allermeisten Fällen ist es auch bei Tätigkeiten ohne Kundenkontakt durchaus möglich, den Wertschöpfungsbeitrag zu messen und zu quantifizieren. Und wenn es möglich ist, dann kann man diesen auch mit den Beiträgen anderer Abteilungen verknüpfen, bis die gesamte Wertschöpfungskette messbar ist. Sowohl die Kunden als auch die Mitarbeiter würden es danken. Reiner Zeitlohn, der für das Unternehmen vor allem unter der Voraussetzung interessant ist, dass die Mitarbeiter freiwillig mehr leisten als eigentlich vereinbart, wäre dann nicht mehr notwendig. Im übrigen ist die Sicherheit, die der Zeitlohn für die betreffenden Mitarbeiter ausstrahlt, oft nicht real, da sie schlagartig schwindet, wenn die Wertschöpfung des Unternehmens die Kosten nicht mehr rechtfertigt und Personal abgebaut werden muss. Da wäre es doch besser, jeden Mitarbeiter unmittelbar an seinem Wertschöpfungsbeitrag zu messen und durch die daraus resultierende Messbarkeit der gesamten Wertschöpfungskette tatsächliche Sicherheit zu erreichen: eine Sicherheit, die aus der Beherrschung der Unternehmensprozesse resultiert.

9.4 Akkordlohn

Im Gegensatz zum Zeitlohn ist der Akkordlohn eine leistungsabhängige Form der Entlohnung. Hierbei wird der Lohn auf der Basis individuell beeinflussbarer Mengenleistung bzw. der Ausführungsdauer einer Tätigkeit berechnet. Der Akkordlohn basiert zwar nach wie vor auf einem üblicherweise garantierten Grundlohn, jedoch ist der Lohnsatz üblicherweise vollständig variabilisiert. Wenn die Leistungsanforderungen also in einem konkreten Fall über einen längeren Zeitraum unterschritten werden sollten, dann wird die Akkord-Entlohnung als solche überprüft werden. Wie beispielsweise im Entgeltrahmenabkommen der Metall- und Elektroindustrie definiert, liegt Akkordarbeit vor, »wenn die zur Ausführung der Arbeit notwendige Zeit vorher auf der Grundlage der Bezugsleistung (...) ermittelt und vorgegeben wird.«[84]

Die Bezugsleistung oder auch Normalleistung ist folgendermaßen definiert: »Bezugsleistung ist die Leistung, die von für die jeweils auszuführende Arbeit geeigneten, eingearbeiteten und geübten Beschäftigten bei normaler Anstrengung und menschengerechter Gestaltung von Arbeitsplatz, Arbeitsablauf und Arbeitsumgebung auf Dauer ohne Gesundheitsschädigung erreicht und erwartet werden kann.«[85]

Abbildung 76: Lohn und Lohnkosten im Akkordlohn

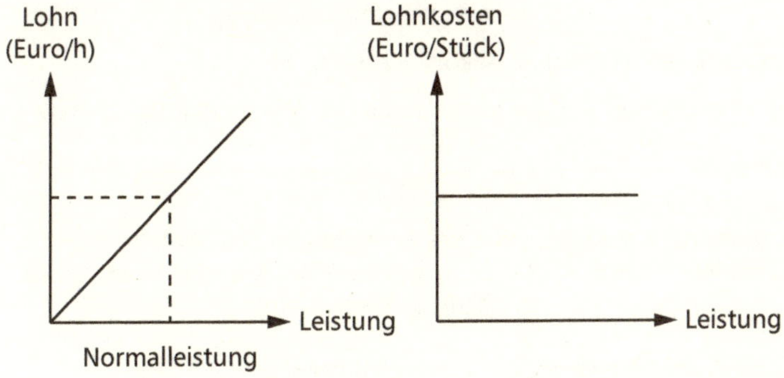

Quelle: Jung (2006), S. 588

Auf der Grundlage der so für die Berechnung des Lohnsatzes festgelegten Normalleistung steigt im Akkord der Lohn pro Stunde oder pro Stück mit zunehmender Leistung des Mitarbeiters an, wie der linke Teil von Abbildung 76 verdeutlicht.

Der Vorteil für die Mitarbeiter ist offenkundig. Aber auch für das Unternehmen ist diese Form der Entlohnung vorteilhaft, und zwar nicht erst, wenn der Mitarbeiter mehr als die vereinbarte Normalleistung erbringen sollte. Der wesentliche Vorteil für das Unternehmen ist, dass im Akkordlohn die Lohnkosten pro erbrachter Leistung stets konstant bleiben. Denn mit zunehmender Ausbringungsmenge erhält der Mitarbeiter zwar mehr Geld, leistet ja aber auch einen höheren Beitrag zur Wertschöpfung des Unternehmens.

Berechnung des Akkordlohns

Um den Akkordlohn berechnen zu können, ist die Kenntnis einiger wichtiger Begriffe notwendig. Die wesentlichsten sind in der folgenden Abbildung zusammengefasst.

Abbildung 77: Berechnungsgrößen für die Akkordentlohnung

Akkordzuschlag [%]	=	für die Bereitschaft, im Akkord zu arbeiten
Normalleistung [Stk/h]	=	vorgegebene Stückzahl in Vorgabezeit
Akkordrichtsatz [€/h]	=	Tariflohn + Akkordzuschlag
	=	Lohn bei Normalleistung
Minutenfaktor [€/min]	=	Akkordrichtsatz : 60
Stücklohn [€/Stk]	=	Vorgabezeit pro Stück · Akkordrichtsatz

Zeitakkord (Bezugsgröße ist der Zeitaufwand pro Stück):
Stundenlohn [€/h] = tatsächliche Stück pro Stunde · Vorgabezeit pro Stück · Akkordrichtsatz

Geldakkord (Bezugsgröße sind die Lohnkosten pro Stück):
Stundenlohn [€/h] = tatsächliche Stück pro Stunde · Stücklohn

Auch der Akkord-Entlohnung liegt der tariflich vereinbarte Lohn für das entsprechende Stellen- und Anforderungsprofil zugrunde. Der Akkordlohn richtet sich damit nach den gleichen tariflichen Vereinbarungen wie der Zeitlohn. Einziger Unterschied zum Zeitlohn ist, dass sich der Mitarbeiter auf eine bestimmte, mindestens zu erzielende Ausbringungsmenge, die so genannte Normalleistung, festlegen muss. Da ihn diese Festlegung gegenüber den im Zeitlohn entlohnten Kollegen in gewisser Weise schlechter stellt, wird allein schon seine Bereitschaft, sich auf die Normalleistung festzulegen, mit einem Zuschlag auf den Tariflohn, dem sogenannten Akkordzuschlag, honoriert.

Der Akkordrichtsatz ist die Summe aus dem Tariflohn und dem Akkordzuschlag als Prozentsatz des Tariflohns. Es handelt sich dabei also um den Lohnsatz im Akkordlohn. Zur Erinnerung: der Lohnsatz ist der Preis eines Mitarbeiters für einen bestimmten Arbeitswert. Meistens wird der Akkordrichtsatz als Stundenlohn errechnet, aber auch Minutensätze sind durchaus üblich.

Mit diesen Berechnungsgrößen kann die Entlohnung bei Akkordarbeit berechnet werden. Je nach Rechenweg werden Zeit- und Geldakkord unterschieden, die jedoch beide zum gleichen Ergebnis führen.

Im Zeitakkord wird die tatsächlich erzielte Stückzahl in einer bestimmten Zeitspanne mit der aus der Normalleistung ermittelten Vorgabezeit pro Stück verglichen. Wird die Normalleistung erzielt, dann entspricht der Stundenlohn dem Akkordrichtsatz. Wird die Normalleistung übertroffen, dann steigt auch der Stundenlohn entsprechend. Ist die Ausbringungsmenge geringer als die vereinbarte Normalleistung, dann erhält der Mitarbeiter dennoch den im Akkordrichtsatz vereinbarten Stundenlohn. Minderleistung wird das Unternehmen allerdings nicht lange tolerieren.

Im Geldakkord wird dem Mitarbeiter nicht eine bestimmte einzuhaltende Bearbeitungszeit vorgegeben. Es wird lediglich ein Geldbetrag pro hergestelltem Stück vereinbart. Wie lange der Mitarbeiter zur Herstellung dieses Stückes braucht, spielt dann (natürlich im Rahmen gewisser Grenzen) keine Rolle. Er wird nur an dem fertigen Ergebnis gemessen. Da der Stundenlohn auch im Geldakkord auf der Normalleistung basiert, unterscheiden sich Zeitakkord und Geldakkord nicht im Ergebnis, sondern nur in der Bezugsgröße zur Leistungsmessung.

Rahmenbedingungen für Akkordentlohnung

Die Entlohnung im Akkord bietet sich vor allem bei repetitiven Tätigkeiten in der Fertigung oder Montage an. Ob sich eine Tätigkeit aber tatsächlich für Akkordentlohnung eignet, hängt von einigen Kriterien ab, deren Erfüllung in jedem Fall sichergestellt sein muss.

Abbildung 78: Rahmenbedingungen für Akkordentlohnung

Akkordfähigkeit	Akkordreife
– regelmäßig in gleicher Weise wiederkehrende Tätigkeiten – Mengenleistung durch den Mitarbeiter beeinflussbar – Qualität der Arbeitsergebnisse unwichtig oder problemlos durch Qualitätskontrollen feststellbar	– wenn Akkordfähigkeit der Tätigkeiten sichergestellt ist – Arbeitsablauf frei von arbeitsbehindernden Mängeln oder Störungen, die der Mitarbeiter nicht zu verantworten hat

Quelle: vgl. Schanz (2000), S. 599 f.

Zunächst muss die Akkordfähigkeit einer Tätigkeit bzw. eines Arbeitsablaufs gewährleistet sein. Akkordfähigkeit bedeutet, dass der Arbeitsablauf festgelegt ist und das Leistungsergebnis durch die Mitarbeiter beeinflussbar ist. Weiterhin muss das persönliche Leistungsergebnis des betreffenden Mitarbeiters messbar oder zumindest objektiv feststellbar sein. Aus Sicht des Unternehmens muss sich der Aufwand für die Messung des Leistungsergebnisses natürlich in einem vertretbaren Rahmen bewegen. Wäre für die Messung der Leistung eines Mitarbeiters beispielsweise dauerhaft ein weiterer Mitarbeiter mit Zettel, Stift und Stoppuhr notwendig, dann wäre der Aufwand hierfür sicherlich nicht vertretbar.

Akkordfähigkeit eines Arbeitsablaufs reicht jedoch nicht aus, um den Mitarbeiter, der diese Tätigkeiten ausführen soll, im Akkord entlohnen zu können. Neben der Akkordfähigkeit muss auch die Akkordreife des Arbeitsablaufs gewährleistet sein.

Akkordreife setzt Akkordfähigkeit voraus. Darüber hinaus muss der Arbeitsablauf jedoch auch so frei von Mängeln und Störungen sein, dass grundlegende Änderungen des Ablaufs nicht notwendig sind. Auch diese Voraussetzung für Akkordentlohnung ist nachvollziehbar, denn wenn die Normalleistung, die der Akkordentlohnung zu Grunde liegt, berechnet worden ist, dann dürfen die Abläufe nicht anschließend durch Unterbrechungen, die der betreffende Mitarbeiter nicht zu verantworten hat, verzögert werden.

Die Kriterien der Akkordfähigkeit bedeuten allerdings auch, dass beispielsweise Mitarbeiter am Fließband nicht nach Akkord bezahlt werden können; jedenfalls sofern es sich um den aus Gründen der Mitarbeitermotivation sinnvolleren Einzelakkord und nicht um Gruppenakkord handelt. Denn am Fließband wiederholen sich zwar die Tätigkeiten, die mögliche Mengenleistung wird jedoch von der Geschwindigkeit des Fließbands vorgegeben. Akkordentlohnung ist eher für Werkstattaufgaben geeignet.

9.5 Prämienlohn

Der Prämienlohn verbindet die Vorteile des Zeitlohns mit denen des Akkordlohns, ist aber im Gegensatz zum Akkordlohn in nahezu jedem Arbeitsumfeld denkbar.

Das Ziel des Prämienlohns ist die Reduzierung des unternehmerischen Risikos bei gleichzeitig leistungsbezogener Lohnsteigerung für den Mitarbeiter. Das Prinzip des Prämienlohns ist einfach: zusätzliche Wertschöpfung soll sich für alle Beteiligten finanziell lohnen. Dies ist beim Zeitlohn nicht der Fall, weil nur das Unternehmen von zusätzlicher Wertschöpfung durch die Arbeitsleistung des Mitarbeiters profitiert. Und auch nicht beim

Akkordlohn, bei dem theoretisch nur der Mitarbeiter profitiert, die vom Unternehmen zu bezahlenden Lohnkosten bei zunehmender Leistung jedoch konstant bleiben.

Beim Prämienlohn wird die zusätzliche Wertschöpfung zwischen dem Mitarbeiter und dem Unternehmen aufgeteilt. Das Entgelt des Mitarbeiters steigt also in Form einer Prämie, und gleichzeitig sinken dennoch die vom Unternehmen zu tragenden Lohnkosten.

Allerdings wird beim Prämienlohn im Gegensatz zum Akkordlohn nicht das gesamte Entgelt zur Berechnung der leistungsbezogenen Entlohnung herangezogen. Vielmehr wird auf der Basis eines definierten, meist zeitbezogenen Grundlohns ein zusätzliches Entgelt definiert, das bei Realisierung bestimmter Zielgrößen als Prämie zusätzlich ausbezahlt wird. Diese Zielgrößen können sich auf bestimmte Mengenleistungen beziehen, auf Qualitätsverbesserungen, als Ersparnisprämie auf Beiträge zur Steigerung der Effizienz, auf Verbesserungen des Nutzungsgrads von Anlagen oder auf wie auch immer gearteten Erfolg.

Parameter des Prämienlohns

Damit das Prämienlohnsystem funktioniert, sollten einige Parameter definiert werden:

- Prämienausgangsleistung
- Prämienendleistung
- Prämienausgangsentgelt
- Prämienendentgelt
- Prämienentgeltlinie

Mit der Prämienausgangsleistung muss zunächst einmal festgelegt werden, ab welcher Leistung überhaupt eine Prämie ausbezahlt wird und welcher Leistungsgrad demgegenüber als selbstverständlich erwartbares Engagement im Job bereits mit dem Grundlohn abgegolten ist. Bereits die Interpretation der Prämienausgangsleistung sorgt allerdings regelmäßig für viel Diskussionsstoff zwischen Vorgesetzten und Mitarbeitern. Denn während der Mitarbeiter seine Leistung tendenziell immer eher als prämienwürdig einstufen würde, sind Vorgesetzte als Vertreter des Unternehmens eher geneigt, eine gezeigte Leistung der erwarteten Pflichterfüllung und damit dem Grundlohnbereich zuzuordnen. Natürlich sollten Probleme wie dieses vermieden werden, indem man messbare und nachprüfbare Kriterien für die Gewährung von Prämien und damit für die Festlegung der Prämienausgangsleistung festlegt. Das ist in der Praxis jedoch nicht immer trivial, wie einer der Klassiker unter den Prämienmodellen, das betriebliche Vorschlagswesen, zeigt:

Fallbeispiel 17: Wenn das betriebliche Vorschlagswesen »zuschlägt«

In vielen Unternehmen können Mitarbeiter eine geldliche Prämie erhalten, wenn Sie Vorschläge zur Verbesserung von Arbeitsabläufen machen. Die Verbesserungen können sich dabei auf jede beliebige betrieblich relevante Prämienart beziehen. Ob Vorschläge zur Verbesserung der Qualität von Arbeitsabläufen oder Arbeitsergebnissen, zur Ersparnis von Roh-, Hilfs-, oder Betriebsstoffen oder wozu auch immer eingereicht werden: sie alle können prämienwürdig sein. Jedoch nur, sofern sie sich nicht auf die unmittelbare tägliche Arbeit des betreffenden Mitarbeiters beziehen. Denn Vorschläge zur Optimierung des eigenen Tätigkeitsbereiches – so die übliche Philosophie – sind mit dem Grundentgelt selbstverständlich bereits abgegolten. Um prämienwürdig zu sein, müssen sich die Vorschläge also auf Dinge außerhalb des unmittelbaren Arbeitsbereichs desjenigen Mitarbeiters beziehen, der den Verbesserungsvorschlag einreicht.

Betriebliche Regelungen wie diese sind nachvollziehbar und einleuchtend. Allerdings sind in der Praxis Vorschläge aus dem eigenen Arbeitsbereich nur schwer von solchen außerhalb des eigenen Arbeitsbereiches abgrenzbar. Und an diesem Punkt entzündet sich oft Streit zwischen den Mitar-

beitern und ihren Vorgesetzten. Denn wenn ein Vorschlag mit dieser Begründung abgelehnt wird, dann interpretieren Mitarbeiter häufig, der Vorschlag als solcher würde abgelehnt, weil das Unternehmen das Prämiengeld einbehalten wolle. Das Ergebnis ist Demotivation und damit das Gegenteil dessen, was mit der Einführung eines Prämienlohnsystems bezweckt wurde.

Solche Probleme sind nur vermeidbar, wenn bei der Festlegung der Prämienausgangsleistung auf eindeutige Messbarkeit der Kriterien geachtet wird und wenn »eigener Arbeitsbereich« ebenfalls eindeutig definiert ist. Diese Voraussetzungen sind natürlich nicht hinreichend, für den Erfolg des Prämienlohnsystems sind sie aber zwingend notwendig.

Wenn eine Prämienausgangsleistung festgelegt werden muss, dann natürlich auch Prämienendleistung. Andernfalls ist die Gefahr groß, dass Mitarbeiter falsch angereizt werden und Lücken im Beurteilungssystem nutzen, um ihre Entlohnung in Höhen zu treiben, die durch den Wertschöpfungszuwachs ihrer Arbeit nicht mehr gerechtfertigt werden können. Diese Gefahr besteht auch und gerade bei Mitarbeitern in den oberen Bereichen der Hierarchie. Denn diese können ihre Machtbefugnisse dazu nutzen, die Lücken auszureizen, wie das folgende Beispiel zeigt.

Fallbeispiel 18: Lohnt es sich? Das Prämienlohnsystem bei Porsche

1992 hat Wendelin Wiedeking einen Arbeitsvertrag unterschrieben, nach dem ihm als Vorstandschef bei Porsche ca. 0,9% der Konzerngewinne zustehen.[86] Diese Regelung lohnte sich für ihn im Laufe seiner Tätigkeit bei Porsche vermutlich durchaus. Und sicherlich auch im Geschäftsjahr 2007/08, in dem das Ergebnis vor Steuern laut Geschäftsbericht mit 8,569 Mrd. € höher war als der Umsatz in Höhe von 7,466 Mrd. €.[87] Als Begründung für diese eher unge-

wöhnliche Umsatz-Ergebnis-Kombination schreibt Porsche am 28.11.2008: »Erneut ist der hohe Ergebnissprung auf Sondereinflüsse im Zusammenhang mit der Beteiligung an der Volkswagen AG, Wolfsburg, zurückzuführen«.[88] *Die Erträge aus Aktienkurssicherungen beliefen sich in jenem Geschäftsjahr auf immerhin 19,256 Mrd. €.*[89]

Die Erträge aus Aktienkurssicherungen stiegen im folgenden Geschäftsjahr 2008/09 laut Geschäftsbericht noch einmal erheblich auf 53,653 Mrd. €.[90] *Mit Umsatzerlösen aus dem Fahrzeugverkauf (ohne Volkswagen) von 4,987 Mrd. €.*[91] *und sonstigen betrieblichen Aufwendungen (ohne Volkswagen) in Höhe von 57,714 Mrd. €, die im Wesentlichen Aufwendungen aus Aktienkurssicherungen (45,832 Mrd. €) und aus der Marktbewertung von Aktienoptionen (10,283 Mrd. €) waren,*[92] *ergab sich im Geschäftsjahr 2008/09 dann allerdings ein negatives Ergebnis vor Steuern in Höhe von –4,405 Mrd. €.*[93]

Interessant sind in diesen beiden Geschäftsjahren aber vor allem die Vorstandsvergütungen. Im Geschäftsjahr 2007/08, in dem der Gewinn auf Grund der Finanzgeschäfte zur Erhöhung der Beteiligung an Volkswagen höher war als der Umsatz, wurde der Vorstand laut Geschäftsbericht mit insgesamt 143,5 Mio. € vergütet, wovon 139,5 Mio. € auf die erfolgsbezogene variable Prämie entfielen.[94] *Gegenüber dem Vorjahr war dies eine Steigerung der Entlohnung für den Vorstand insgesamt um 27,3 %, des Prämienanteils sogar um 30,0 %.*[95] *Im darauf folgenden Geschäftsjahr 2008/09, in dem ein Verlust von insgesamt –4,405 Mrd. € auflief, war die Vergütung des Vorstands natürlich erheblich geringer. Die variable Prämie fiel komplett weg. Aber dennoch belief sich die Vorstandsvergütung insgesamt auf immerhin noch 75,0 Mio. €*[96]*; trotz des Verlustes. Allerdings sind hierin laut Geschäftsbericht Abfindungen in Höhe von 71,0 Mio. € enthalten.*[97] *Der Vorstandsvorsitzende Wiedeking und der Finanzvorstand Härter wurden am 23.07.2009 kurz vor*

Ablauf des Geschäftsjahres entlassen.[98] *Von den 71 Mio. € Abfindung erhält Wiedeking 50 Mio. €*[99], *und Porsche ist mittlerweile nur noch eine der Marken im Konzernverbund von Volkswagen. Erfolgsprämie wofür? Welche Prämienhöhe ist gerecht-(fertigt)? Was ist Erfolg?*

In diesem Fallbeispiel ist die fehlende Deckelung der Prämienendleistung problematisch und die Bezugsgröße für die Prämienausgangsleistung eventuell nicht ausreichend differenziert. Aber auch die Verhältnismäßigkeit des Prämienendentgelts zur gezeigten unternehmerischen Leistung ist abhängig von der unternehmerischen Definition von Erfolg diskutierbar. Im vorliegenden Kontext dient dieses Fallbeispiel nur zur Verdeutlichung der Prämienlohnsystematik. Die unternehmerische Bewertung obliegt den Anteilseignern des Unternehmens.

Mögliche Prämienverläufe

Den Zusammenhang der unterschiedlichen Parameter des Prämienlohns und die möglichen Prämienverlaufslinien verdeutlicht Abbildung 79.

Einer mindestens notwendigen Prämienausgangsleistung ist ein dafür vorgesehener Prämiengrundlohn zugeordnet. Bei einer geringeren als der so definierten Leistung erhält der Mitarbeiter nur seinen vertraglich vereinbarten fixen Grundlohn, meist in Form eines Zeitlohns. Erst wenn die Leistung des Mitarbeiters bei der Erledigung der ihm überantworteten Tätigkeiten diesen Ausgangswert überschreitet, kommt eine Prämie in Betracht. Der finanzielle Wert der Prämie kann (muss aber nicht) mit zunehmender Leistung ansteigen, bis bei einer zuvor definierten Prämienendleistung eine maximal zu gewährende Höchstprämie erreicht wird. Die Differenz von Prämienendleistung und Prämienausgangsleistung wird als Leistungsspanne bezeichnet. Der Unterschied zwischen dem prämienlosen Grundlohn und der Höchstprämie ist die Prämienspannweite.

Abbildung 79: Parameter und Verlaufslinien des Prämienlohns

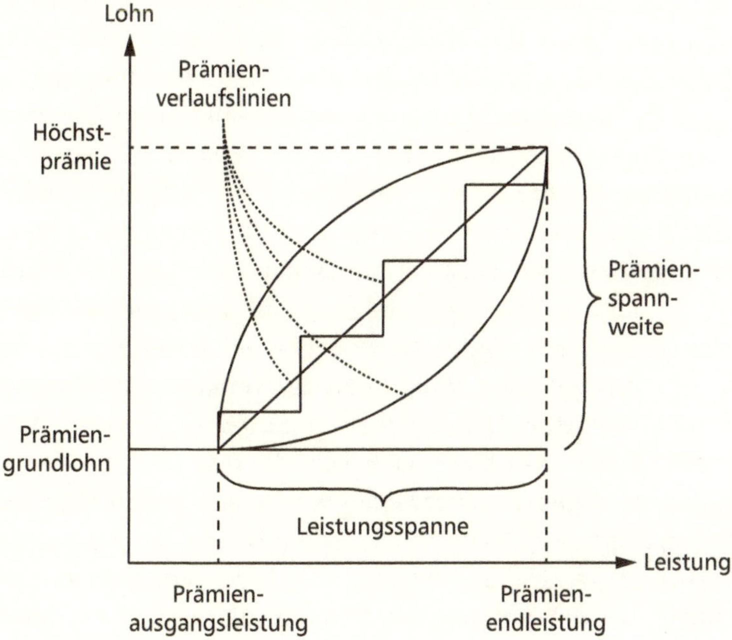

Quelle: Jung (2006), S. 593

Diese Eckwerte sagen jedoch noch nichts darüber aus, auf welche Weise die Prämie zwischen Grundlohn und Höchstprämie ansteigt. Der Verlauf der Prämie zwischen diesen beiden Polen kann als Lohnsatzkurve frei bestimmt werden. Aber wie schon bei der Beschreibung der allgemeinen Lohnsatzkurve erwähnt, gilt auch hier wieder, dass man mit dem Verlauf der Prämien das Verhalten des betreffenden Mitarbeiters steuert. Und dieses Steuerungsinstrument sollte das Unternehmen bewusst einsetzen.

Eine rein lineare Prämienverlaufslinie wie im Porsche-Beispiel der prozentualen Beteiligung am Erfolg animiert zu kontinuierlich immer höherer Leistung. Zumindest bis das Maximum der Höchstprämie bei einer erwarteten Höchstleistung erreicht ist, sofern eine Höchstprämie überhaupt definiert ist. Aus Entlohnungssicht wird der betreffende Mitarbeiter bei einer linearen

Prämienverlaufslinie also immer versuchen, so viel wie möglich zu leisten, um dadurch eine möglichst hohe Prämie zu erzielen.

Es sind jedoch auch Fälle denkbar, in denen das vom Unternehmen gar nicht gewollt ist. Bei einer Mengenleistungsprämie könnte das Optimum bereits vor der maximal möglichen Mengenleistung erreicht sein, wenn darüber hinaus beispielsweise die Qualität der Erzeugnisse abnimmt. Wie würde die Prämienverlaufslinie in so einem Fall aussehen? Sie könnte linear bis zu einem gewünschten Leistungsmaximum ansteigen und würde dann bei noch höherer Leistung nicht auf dem gleichen Niveau verharren, sondern relativ steil wieder bis auf den Prämiengrundlohn abfallen. Auf diese Weise wird das Verhalten des Mitarbeiters im Interesse des Unternehmens unmittelbar gesteuert. Denn der Mitarbeiter wird zwar versuchen, die maximal gewünschte Leistung zu zeigen. Darüber hinaus wird er sich jedoch nicht weiter anstrengen, weil es für ihn finanziell keinen Sinn macht.

Auch progressive und degressive Prämienverlaufslinien sind denkbar. Bei der progressiven Verlaufslinie besteht ein hoher Anreiz, sich im unteren Teil der Leistungsspanne zu bewegen, weil der finanzielle Grenznutzen mit zunehmender Leistung abnimmt. Dies könnte beispielsweise bei Ersparnisprämien sinnvoll sein, wenn der Mitarbeiter zwar auf einen sparsamen Umgang mit den ihm zur Verfügung gestellten Hilfsmitteln achten, sich aber nicht ständig nur auf dieses Thema konzentrieren soll.

Eine degressive Prämienverlaufslinie ist neben einer sprungfixen Prämiengestaltung das vielleicht wirksamste Mittel, einen Mitarbeiter dazu zu bringen, stets das ihm maximal Mögliche zu versuchen. Denn aus Prämiensicht lohnt sich erst ein wirklich hoher persönlicher Einsatz.

Mit sprungfixen Prämienverlaufslinien kann man das Verhalten eines Mitarbeiters nicht nur tendenziell wie bei progressiven oder degressiven Verlaufslinien steuern, sondern sogar punktgenau. Denn es lohnen sich immer nur ganz bestimmte Leistungszustände. Innerhalb eines horizontal verlaufenden Teils der Prämienlinie lohnt sich nur die geringst mögliche Leistung, nicht aber die höchstmögliche Leistung. Da wäre es besser, noch ein klein wenig mehr zu leisten, bis der nächste Sprung nach oben in der Prämienverlaufslinie ansteht, und dann auf dem nächst höheren Leistungsniveau zu verharren.

Das Prämienlohnsystem ist insgesamt also eine sehr wirksame Methode, das Verhalten von Mitarbeitern direkt und unmittelbar zu steuern. Wichtig ist einzig, die Leistungsgrundlagen für die Gewährung von Prämien klar, nachvollziehbar, prognostizierbar und vor allem messbar zu definieren; mit Leistungsspanne, Prämienspannweite und einer zur Prämienendleistung korrespondierenden Höchstprämie. Auch auf Vorstandsebene.

Die Lohnformen im Vergleich

Insgesamt haben alle hier vorgestellten Lohnformen – Zeitlohn, Akkordlohn und auch Prämienlohn – sowohl aus Unternehmenssicht wie auch aus Mitarbeitersicht Vor- und Nachteile. Die wesentlichen sind in der folgenden Abbildungen übersichtsartig zusammengestellt.

Dass Vorteile einer Lohnform im Allgemeinen zugleich Nachteile anderer Lohnformen sind, ist selbstverständlich und wird in der folgenden Zusammenstellung nicht eigens erwähnt. Die Übersicht dient vielmehr der Darstellung der spezifischen Vor- und Nachteile, die bei der Auswahl der jeweiligen Lohnform besonders beachtet werden sollten. Die zusätzliche Reflexion der Vor- und Nachteile der übrigen Lohnformen im Vorfeld einer personalwirtschaftlichen Entscheidung ist dennoch ratsam, denn die Festlegung von Entlohnungssytemen für einzelne Mitarbeiter oder Gruppen von Mitarbeitern ist nur langfristig revidierbar und vor allem ist es eine Entscheidung mit unmittelbaren Auswirkungen auf die gesamte übrige Belegschaft.

Abbildung 80: Vergleich der Lohnformen

Vorteile	Nachteile
Zeitlohn:	**Zeitlohn:**
– geeignet bei kaum messbaren Leistungskriterien – unterstützt Sicherung bestimmter Qualitätskriterien – Lohnkosten für das Unternehmen planbar – Lohn der Mitarbeiter sicher	– bietet kaum Leistungsanreiz für Mitarbeiter – Höchstleistung von den Mitarbeitern nicht erwartbar – Motivationsprobleme falls Kollegen nicht ebenfalls im Zeitlohn entlohnt werden
Akkordlohn:	**Akkordlohn:**
– eindeutiger Zusammenhang von Leistung und Lohn – unternehmerische Wertschöpfung als Entlohnungsbasis – Selbstbestimmung des persönlichen Leistungsniveaus	– Gefahr der Selbstausbeutung – Motivationsprobleme bei Gruppenakkord – verhindert Flexibilität in Arbeitsabläufen und Unternehmensprozessen – Quantität möglicherweise auf Kosten von Qualität
Prämienlohn:	**Prämienlohn:**
– mit Zeitlohn kombinierbar – zielgerichtete Entlohnung spezifischen Verhaltens – hohe Prognostizierbarkeit des Leistungsniveaus – gerechte Aufteilung des Wertschöpfungsbeitrags	– nur bei individuell zuordbaren Leistungsergebnissen – Gerechtigkeitsprobleme in arbeitsteiligen Wertschöpfungsprozessen – Prämien appellieren an Egoismus und können zu unternehmensschädlichem Verhalten führen – rein extrinsische Arbeitsmotivation

9.6 Weitere Entlohnungsbestandteile: Sozialleistungen

Unabhängig von der gewählten Lohnform wird der gewährte Lohn in vielen Fällen um sogenannte Sozialleistungen als weitere Entlohnungsbestandteile ergänzt. Hierbei wird unterschieden zwischen:

- gesetzlichen Sozialleistungen,
- tarifvertraglichen Sozialleistungen,
- freiwilligen Sozialleistungen.

Art und Inhalt der Sozialleistungen

Zu den gesetzlichen Sozialleistungen gehören beispielsweise der Arbeitgeberanteil zur Sozialversicherung oder auch die Lohnfortzahlung im Krankheitsfall.

Sozialleistungen, die nicht gesetzlich verankert sind, sondern in Ausgestaltung und Höhe von den Tarifparteien verhandelt werden können, sind zum Beispiel Urlaubs- und Weihnachtsgeld oder auch betriebliche Altersversorgung.

Zu den betrieblichen und damit freiwilligen Sozialleistungen zählen zum Beispiel Betriebskindergärten, vergünstigte Verpflegung für die Belegschaft, aber auch Gratifikationen nach erfolgreichem Abschluss des Geschäftsjahres. Weitere übliche freiwillige Sozialleistungen sind die Zurverfügungstellung von Firmenwägen, die Gewährung von Weiterbildungen oder der gerade in jüngster Zeit immer wichtiger werdende betriebliche Gesundheitsschutz. Inhaltlich können sich tarifvertragliche und freiwillige Sozialleistungen überschneiden. Der Unterschied ist, dass ein Mitarbeiter während der Laufzeit des Tarifvertrages Anspruch auf tarifvertraglich vereinbarte Sozialleistungen hat, während die freiwilligen Sozialleistungen vom Unternehmen nach eigenem Ermessen gewährt oder auch entzogen werden.

Die Einführung gesetzlicher Sozialleistungen ist nicht zuletzt das Ergebnis der gesellschaftlichen Erfahrungen aus den Zeiten der Industrialisierung mit all ihren negativen Konsequenzen für die abhängig Beschäftigten. Um deren Schutz geht es bei dieser Form von Sozialleistungen. Hintergrund der tarifvertraglich verhandelten und vereinbarten Sozialleistungen ist das Bestreben der Tarifpartner, die Mitarbeiter nicht nur individuell aufgrund ihrer jeweiligen persönlichen Leistung, sondern auch als Gesamt-Belegschaft am Wertschöpfungserfolg des Unternehmens teilhaben zu lassen.

Mit freiwilligen betrieblichen Sozialleistungen bemüht sich das Unternehmen selbst, als Arbeitgeber attraktiv zu sein, die Loyalität der Mitarbeiter sicherzustellen und, ganz allgemein, die Leistungsfähigkeit der Belegschaft zu erhalten. Letztendlich handelt es sich dabei um intern wie auch extern wirkende Instrumente des Personalmarketings. Sie sind aber auch Ausdruck der Erkenntnis, dass ökonomische Ziele nur über die Realisierung sozialer Ziele und die Berücksichtigung persönlicher Bedürfnisse der Belegschaft erreicht werden können. Allerdings sollte beachtet werden, dass einmal gewährte freiwillige Sozialleistungen kaum wieder zurückgenommen werden können, ohne einen Motivationsverlust in der Belegschaft zu riskieren. Die Entwicklung freiwilliger betrieblicher Sozialleistungen ist daher eine wichtige strategische Aufgabe der betrieblichen Personalarbeit.

Anforderungen an Sozialleistungen

Um ihrer strategische Bedeutung gerecht zu werden, müssen betriebliche Sozialleistungen den folgenden Anforderungen genügen:

- *Bedürfnisgerechtigkeit.* Um wirksam sein zu können, müssen sich die betrieblichen Sozialleistungen an den Wünschen und Interessen der Mitarbeiter orientieren und diese nach Möglichkeit realisieren.
- *Flexibilität.* Die betrieblichen Sozialleistungen müssen darüber hinaus so flexibel gestaltet sein, dass sie leicht an die sich stets ändernden unternehmerischen Rahmenbedingungen angepasst werden können. Um sich tatsächlich an den Wün-

schen und Interessen der Mitarbeiter orientieren zu können, ist es darüber hinaus wichtig, dass die Sozialleistungen auch individuell flexibel gestaltet sind. So sollten die Mitarbeiter innerhalb eines finanziellen Rahmens aus einer Reihe angebotener Sozialleistungen die für sie attraktivsten Leistungen auswählen können. Denn nur dann können die freiwilligen betrieblichen Sozialleistungen ihre loyalitätsfördernde und motivierende Wirkung voll entfalten.

- *Partizipative Gestaltung.* Bei der Festlegung und Ausgestaltung der betrieblichen Sozialleistungen sollten Belegschaft und Betriebsrat aktiv mitwirken (können).
- *Ökonomische Effizienz.* Und schließlich sollte das Ziel der freiwilligen betrieblichen Sozialleistungen stets im Auge behalten werden: es geht um die freiwillige Honorierung der Mitwirkung der Mitarbeiter bei der unternehmerischen Wertschöpfung, um sie auf diese Weise an das Unternehmen zu binden und ihr Engagement für die unternehmerischen Ziele sicherzustellen. Das bedeutet natürlich auch, dass die Kosten der freiwilligen Sozialleistungen ihren betriebswirtschaftlichen Nutzen nicht übersteigen dürfen. Oder anders ausgedrückt: der betriebswirtschaftliche Nutzen der freiwilligen Sozialleistungen muss stets ermittelbar sein. Denn Sozialleistungen sind keine Geschenke an die Mitarbeiter, sondern unternehmerisches Kalkül.

Ausgestaltung der Sozialleistungen: das Cafeteria-System

Zur Ausgestaltung und Umsetzung der betrieblichen Sozialleistungen hat sich das so genannte Cafeteria-System bewährt. Hierbei werden unterschiedliche Leistungen als Entlohnungsbestandteile angeboten, aus denen die Mitarbeiter nach eigenen Vorstellungen auswählen können, bis sie den ihnen zustehenden finanziellen Rahmen ausgeschöpft haben. Der Begriff des Cafeteria-Systems hat sich etabliert, weil dieses Prinzip genauso funktioniert wie die Essensausgabe in einer Cafeteria. Dort geht man meistens mit seinem Tablett an einer langen Reihe von Regalen vorbei, in denen eine Auswahl verschiedener Salate, Vorspeisen, Desserts und Getränke steht. Aus jeder dieser Essensgruppen darf man sich dann eine der angebotenen Speisen auswählen und mit einem Hauptgericht kombinieren. Das ausgewählte Hauptgericht – das entspricht in diesem Beispiel der stellenbezogenen Entlohnungsgruppe – bestimmt den Preis. Welcher Salat und welches Dessert hinzukommt, spielt für den Preis keine Rolle, weil es bereits im Vorhinein kalkulierter Bestandteil des Gesamtangebotes ist. Diese in der Cafeteria angebotenen Beilagen kann man sich ganz nach eigenem Geschmack auswählen.

Genauso wie mit den Beilagen beim Essen verhält es sich mit den freiwilligen betrieblichen Sozialleistungen im Cafeteria-System der Entlohnung. Der Gesamtpreis des Paketes ist definiert, so dass die Mitarbeiter aus den Angeboten ganz nach eigenem Geschmack und je nach persönlichen Bedürfnissen auswählen können. Es handelt sich damit beim Cafeteria-System um eine ausgesprochen flexible materielle Anreizgestaltung.

Ziel ist die optimale Nutzung der stets knappen Mittel des Unternehmens durch die Gewährung finanziell wirksamer Anreize, die dennoch nicht nur die monetären Bedürfnisse von Mitarbeitern befriedigen, sondern darüber hinaus auch Wünsche befriedigen können, die aus bestimmten persönlichen Lebenslagen resultieren. So mag für den einen Mitarbeiter ein Firmenwagen attraktiv sein, ein anderer hätte statt dessen lieber die Möglichkeit, an Weiterbildungsprogrammen teilzunehmen, oder einen der kostenfreien Plätze im Betriebskindergarten.

Der große Vorteil von Cafeteria-Systemen ist, dass sie durch die Abkehr vom Gießkannenprinzip den Netto-Effekt der finanzwirksamen Anreize erhöhen, weil sie auf die individuellen Bedürfnisse eingehen. Wenn die richtigen Bestandteile angeboten werden, dann profitieren das Unternehmen und die Mitarbeiter im gleichen Maße von dem Cafeteria-System. Darüber hinaus erhöht es die Attraktivität der Arbeitsplätze und steigert die Loyalität der Mitarbeiter, weil es die Entlohnung individualisiert.

Einige Bestandteile der »Speisekarte« des Cafeteria-Systems wurden bereits genannt, andere sind nachfolgend noch ergänzend dargestellt, wobei der Kreativität bei der Entwicklung möglicher Bestandteile keine Grenzen gesetzt sind:

- Firmenwagen
- Tankkarte
- Weiterbildungsprogramme
- Kumulation von Urlaub
- Direktversicherungen
- Erfolgsbeteiligung
- Investivlohn
- Individuelle Zeitmodelle
- Kinderbetreuung
- .....

9.7 Management-Fragen an Entlohnungssysteme

Wie gezeigt wurde, gibt es eine ganze Reihe verschiedener Entlohnungssysteme und –instrumente, um das Verhalten von Mitarbeitern zum beidseitigen Vorteil zu steuern. Bei der Einführung von Entlohnungssystemen stellen sich jedoch eine Reihe von Fragen, die für den späteren Erfolg des Systems entscheidend sind:

- Wie wird individuelle Leistung gemessen und bewertet?
- Wie wird der Wertschöpfungsbeitrag in der individuellen Entlohnung abgebildet?
- Können pauschale Maßnahmen vermieden werden?
- Wie wird Lohngerechtigkeit sichergestellt?
- Wie wird Entwicklungspotenzial und -bereitschaft in der Entlohnung abgebildet?

Zunächst einmal steht und fällt die motivierende Wirkung von Vergütung mit der Fähigkeit, individuelle Leistung sowie den Wertschöpfungsbeitrag jedes Einzelnen zu messen und im Entlohnungssystem adäquat abzubilden. Einer der wichtigsten Grundsätze bei der Ausgestaltung von Entlohnungssystemen ist daher, dass nur individuell messbare Leistungen vergütet werden sollten. Pauschale Vergütungsmaßnahmen wie zum Beispiel allgemeine Ausschüttungen nach einem erfolgreichen Geschäftsjahr können keine motivierende Wirkung haben, weil sie den individuellen Beitrag des einzelnen Mitarbeiters ignorieren. Bekommt beispielsweise jemand, der während des gesamten Geschäftsjahres auf höchstem Niveau gearbeitet und geleistet hat, die gleiche Jahresend-Gratifikation wie jemand, der sich kaum jemals engagiert hat, dann ist das Signal an den Hoch-Leister eindeutig: Leiste in Zukunft weniger, denn die Gratifikation bekommst Du ja erfahrungsgemäß sowieso.

Die Frage ist also nicht, ob pauschale Maßnahmen vermieden werden können, sondern wie. Denn dass sie vermieden werden müssen, ist unzweifelhaft.

Ein ganz wesentliches Thema bei allen Vergütungssystemen und Vergütungsinstrumenten ist die Lohngerechtigkeit. Hierbei steht jedoch nicht die Frage im Vordergrund, ob die Entlohnung gerecht ist oder nicht, sondern vielmehr, welcher Gerechtigkeitsaspekt in welcher Ausprägung berücksichtigt wurde.

Und letztendlich stellt sich immer die Frage, wie Entwicklungspotential und Entwicklungsbereitschaft von Mitarbeitern im Entlohnungssystem abgebildet werden können. Denn genau genommen kann ja eigentlich nur die tatsächlich erbrachte Leistung finanziell honoriert werden und nicht die Aussicht auf vielleicht einmal zukünftig zu erbringende Leistung. Wenn andererseits aber das Zukunftspotenzial eines Mitarbeiters nicht honoriert wird, dann ist die Gefahr groß, dass der betreffende Mitarbeiter nicht lange genug im Unternehmen bleibt, bis dieses herausgefunden hat, ob er das vermutete Potenzial auch tatsächlich besitzt. Darin steckt ein erhebliches Dilemma, das zudem auch noch eine Gerechtigkeitskomponente hat. Denn selbst wenn sich das Unternehmen dazu durchringen könnte, das Entwicklungspotential eines Mitarbeiters finanziell zu honorieren, wie kann es dann begründen, wenn andere Mitarbeiter diese finanzielle Honorierung nicht bekommen? Der Grundsatz »Geld gegen Leistung« verursacht in dieser Hinsicht erhebliche personalwirtschaftliche Probleme. Einen Ausweg bietet das Cafeteria-System, nach dem Mitarbeiter mit hohem vermuteten Potenzial zum Beispiel weitere Weiterbildungsmaßnahmen finanziert bekommen könnten, während anderen Mitarbeitern dann vielleicht anderweitige Anreize im selben finanziellen Volumen offeriert werden.

Insgesamt ist die Entwicklung und Steuerung von Vergütungssystemen eine ausgesprochen spannende personalwirtschaftliche Aufgabe, die Überschneidungen mit nahezu allen anderen personalwirtschaftlichen Themen hat.

9.8 Zusammenfassung

Aus Entlohnungssicht ist das Spannungsfeld der Personalwirtschaft eine Frage der Balance zwischen notwendigem Leistungsanreiz des Unternehmens für seine Mitarbeiter und der von diesen empfundenen Gerechtigkeit der angebotenen Entlohnung für ihren Leistungsbeitrag. Die verschiedenen Formen der Lohngerechtigkeit stehen dabei teilweise im Widerspruch zueinander und sind auch nicht alle für das Unternehmen gleichermaßen relevant.

Die grundsätzliche Frage, was überhaupt entlohnt werden sollte, ist allerdings leicht zu beantworten: Entlohnung ist (vorweggenommene) Wertschöpfungsverteilung.

Allerdings ist es nicht trivial, den individuellen Wertschöpfungsbeitrag auch tatsächlich zu messen und in einem Entlohnungssystem abzubilden. Zu den Grundformen möglicher Entlohnungssysteme gehören der Zeitlohn, der Akkordlohn und der Prämienlohn. Insbesondere beim Prämienlohn, aber auch bei der eventuellen Leistungskomponente des Zeitlohns sollte der Festlegung der Lohnsatzkurve besondere Aufmerksamkeit gelten, da hierüber das Verhalten von Mitarbeitern unmittelbar gesteuert wird, wie mit verschiedenen Beispielen gezeigt wurde.

Über freiwillige betriebliche Sozialleistungen kann darüber hinaus nicht nur der Leistungsbeitrag, sondern auch die längerfristige Teilnahmebereitschaft von Mitarbeitern gesteuert werden.

10
Unternehmens- und Personalentwicklung

Ebenso wie die Unternehmensplanung und die Personalbedarfsplanung gehören auch die Unternehmensentwicklung und die Personalentwicklung unmittelbar zusammen. Denn die Personalentwicklung leitet sich unmittelbar aus der Unternehmensentwicklung ab und soll diese mit Hilfe geeigneter Maßnahmen unterstützen. Die besondere Herausforderung besteht in der Konkretisierung dessen, was als geeignete Maßnahmen gelten könnte, und in der Überprüfung ihres Erfolgs.

10.1 Zum Zusammenhang von Unternehmens- und Personalentwicklung

Unternehmensentwicklung bedeutet, dass Unternehmen entsprechend der zuvor durchgeführten strategischen Analysen kontinuierlich an die sich laufend verändernden Markt- und Wettbewerbsbedingungen anzupassen. Die Unternehmensentwicklung resultiert daher unmittelbar aus der strategischen Unternehmensplanung und berücksichtigt stets die aktuellen Entwicklungen auf den Absatzmärkten und im Wettbewerbsumfeld des Unternehmens.

Natürlich ist sie damit auch ausgeprägten Unsicherheiten unterworfen und muss aufgrund der hohen Komplexität sowie der teilweisen Unplanbarkeit zukünftiger Entwicklungen im Markt- und Wettbewerbsumfeld laufend aktualisiert werden.

Sie erfordert deshalb eine ausgesprochen hohe Flexibilität aller Unternehmensprozesse. Wie die Erfahrungen aus dem Management von unternehmerischen Veränderungsprozessen zeigt, ist dies jedoch ein hoher und manchmal auch zu hoher Anspruch. Denn Flexibilität der Unternehmensprozesse bedeutet, dass all diejenigen, die die Unternehmensprozesse im Tagesgeschäft prägen, laufend mit Unsicherheiten konfrontiert sind. Und zwar nicht nur mit Unsicherheiten in Bezug auf das zukünftige Erscheinungsbild des Unternehmens und seiner internen Abläufe, sondern auch in Bezug auf die Auswirkungen dieser Veränderungen auf sie selbst. Unsicherheiten bezüglich der eigenen Zukunft können jedoch zu Stressreaktionen und damit auch zu Widerständen führen. Denn wenn in einem Unternehmen die eigene Zukunft offen erscheint, dann steht damit zugleich auch die persönliche wirtschaftliche Basis unter Risikovorbehalt. Eine unangenehme Situation – für jeden Menschen.

Mögliche negative Auswirkungen dieser Veränderungen auf die betroffenen Personen müssen soweit irgend möglich abgefedert werden. Denn andernfalls wird es schwierig, Bereitschaft für die Umsetzung der notwendigen Maßnahmen im Rahmen der Unternehmensentwicklung zu erzeugen. Und dabei ist es unerheblich, ob die vermuteten negativen Auswirkungen tatsächlich eintreten. Entscheidend ist einzig die Möglichkeit ihres Eintretens.

Aus nachvollziehbaren Gründen haben Mitarbeiter umso mehr Sorge vor möglichen negativen Auswirkungen unternehmerischer Veränderungen auf ihre eigene Zukunft, je mehr sie sich dem Unternehmen ausgeliefert fühlen. Jungen, ungebundenen und sehr gut ausgebildeten Mitarbeitern wird es leichter fallen, in unternehmerischen Veränderungen Karrierechancen zu entdecken, als älteren Mitarbeitern, die sich kaum Hoffnungen machen, gegebenenfalls auf dem externen Arbeitsmarkt wieder eine neue Anstellung zu finden. Je ausgelieferter man sich dem Unternehmen aufgrund fehlender externer Optionen fühlt, desto eher wird man der Weiterentwicklung des Unternehmens mit Sorge und vielleicht sogar mit Angst um die eigene Zukunft begegnen. Diese menschlich nachvollziehbare Reaktion kann aber natürlich nicht bedeuten, notwendige unternehmerische Veränderungen zu unterlassen. Denn das würde das Unternehmen als solches ins Risiko stürzen, und die Mitarbeiter hätten erst recht Anlass zur Sorge. Diesmal jedoch nicht nur einige wenige, sondern alle.

Die personalwirtschaftliche Antwort auf die notwendigen Prozesse der Unternehmensentwicklung kann also nur sein, diese durch geeignete Maßnahmen der Personalentwicklung zu unterstützen. Personalentwicklung bedeutet in diesem Zusammenhang, Mitarbeiter vorausschauend in die Lage zu versetzen, qualifiziert und schnell auf die Anforderung der Unternehmensentwicklung reagieren zu können.

Darauf nur re-agieren zu können, ist jedoch keineswegs ausreichend. Mitarbeiter mit ihren legitimen Ängsten vor unternehmerischen Veränderungen ernst zu nehmen, bedeutet, sie darüber hinaus auch in die Lage zu versetzen, auf die Anforderung der Unternehmensentwicklung nicht nur reagieren zu können, sondern dies auch aktiv zu wollen. Und zwar nicht nur, wenn sie keine neue Betätigung außerhalb des Unternehmens finden können, sondern um ihre Leistungsfähigkeit trotz möglicher externer Optionen für das Unternehmen auf Dauer zu sichern.

Gute Personalentwicklung bedeutet, dass das Unternehmen sich darauf verlassen kann, dass die Mitarbeiter den zukünftigen Anforderungen gewachsen sein werden. Und es bedeutet, dass die Mitarbeiter dies mit ausreichendem Zukunftsoptimismus ebenfalls so sehen. Beides ist wichtig, denn Unternehmensentwicklung bedeutet ja nicht nur, dass sich die Unternehmensprozesse gegebenenfalls ändern müssen, um auf Marktentwicklungen reagieren zu können, sondern dass sich damit auch die Stellenprofile der Mitarbeiter ändern können. Darauf müssen die Mitarbeiter im Rahmen der Personalentwicklung vorbereitet werden, um die notwendige gegenseitige Verlässlichkeit sicher zu stellen, wie das folgende Fallbeispiel zeigt.

Fallbeispiel 19: Ein Mittelständler wird (zwangsweise) international

Ein kleiner Mittelständler, in dessen Betrieb in all den Jahrzehnten seines Bestehens noch nie Englisch gesprochen wurde, wird unvermittelt von einem seiner wichtigsten Kunden aufgefordert, die notwendigen Abstimmungen in Zukunft nicht mehr mit dem einen Ansprechpartner in der Zentrale zu tätigen, sondern sich mit Mitarbeitern in den weltweit verstreuten Werken des Kunden direkt abzustimmen. Innerhalb kürzester Zeit ändern sich damit die Unternehmensprozesse bei dem kleinen Mittelständler grundlegend. Vor allem aber müssen die Mitarbeiter, die dies bisher noch nie getan haben, nun plötzlich ständig Englisch sprechen. Allgemein ausgedrückt ändern sich damit die Anforderungen ihrer Arbeitsplätze fundamental, und Personalentwicklung ist dringend notwendig.

Besser wäre es allerdings, wenn die Personalentwicklung antizipatorisch auf zwar noch nicht eingetretene, aber doch sehr wahrscheinliche unternehmerische Entwicklungen reagieren würde. Denn viele Maßnahmen der Personalentwicklung sind nur über einen längeren Zeitraum umsetzbar, so zum Beispiel auch das Verbessern von Sprachkompetenzen.

10.2 Methoden der Personalentwicklung

Im Folgenden werden einige Methoden der Personalentwicklung systematisch dargestellt und erläutert. Für die Unternehmenspraxis besonders wichtig ist es, bei der Auswahl geeigneter Personalentwicklungsmaßnahmen immer den Beitrag der Maßnahme zur erfolgreichen Weiterentwicklung des Unternehmens zu ermitteln und bereits vor Beginn der Maßnahme als Erfolgsmaßstab anhand geeigneter, möglichst auch quantifizierbarer Kriterien eindeutig festzulegen.

Abbildung 81: Methoden der Personalentwicklung

Ausbildung	**Weiterbildung**	**Begleitung**	**Organisationsentwicklung**
Lehre	Einarbeitung	Eingliederung	Datenerhebung
Umschulung	Sonderprojekte	Mentoring	Seminare
duales Studium	Trainee	Coaching	Workshops
	Seminare		
	Studium		
	Dissertation		

am Arbeitsplatz:	**on-the-job**
außerhalb des Arbeitsplatzes:	**off-the-job**
unter Einbeziehung des Arbeitsplatzes:	**near-the-job**

Grundsätzlich werden die Methoden der Personalentwicklung unterschieden in: Ausbildung, Weiterbildung, Begleitung und Organisationsentwicklung.

- Zur *Ausbildung* gehören die betriebliche Lehre, die Umschulung oder auch ein duales Studium.
- *Weiterbildung* umfasst die Einarbeitung an einem neuen Arbeitsplatz, die Übernahme bestimmter Sonderprojekte, aber auch Trainee-Programme oder Seminare, und reicht bis zum Angebot ganzer akademischer Studienprogrammen oder sogar zur Freistellung für die Anfertigung einer Dissertation.
- Unter *Begleitung* versteht man Maßnahmen zur Eingliederung eines Mitarbeiters an einem neuen Arbeitsplatz sowie Mentoring und Coaching.
- Der Begriff der *Organisationsentwicklung* wird häufig im Zusammenhang mit Personalentwicklung ebenfalls genannt und soll deswegen hier kurz erwähnt werden. Hierzu zählen innerbetriebliche empirische Untersuchungen sowie Seminare und Workshops, die der empirischen Datenerhebung nachgeschaltet werden, um bestimmte, als notwendig erkannte Maßnahmen umzusetzen. Genau genommen ist die Organisationsentwicklung jedoch nicht ein Teilbereich der Personalentwicklung, weil es nicht um die Qualifizierung von Einzelpersonen geht, sondern um die Entwicklung gan-

zer Organisationsbereiche. Die inhaltliche Nähe zur Personalentwicklung ergibt sich aus dem Umstand, dass die Organisationsentwicklung oftmals Teile der Personalentwicklung beinhaltet. Sie kann aber ebenso der Unternehmensentwicklung und hier insbesondere dem Veränderungsmanagement zugerechnet werden.

Die hier übersichtsartig dargestellten und nachfolgend ausführlich erläuterten Maßnahmen der Personalentwicklung können entweder am Arbeitsplatz, d.h. on-the-job, durchgeführt werden oder aber in der Freizeit bzw. am Wochenende, d.h. off-the-job. Einige dieser Maßnahmen können unter zeitweiser Einbeziehung des Arbeitsplatzes oder aktueller Arbeitsprojekte durchgeführt werden, d.h. near-the-job. Natürlich eignet sich nicht jede Maßnahme für jede dieser Durchführungsformen gleichermaßen.

Ausbildung

Die *Lehre* ist im Rahmen der Ausbildung die klassische Einstiegsqualifikation für eine berufliche Tätigkeit in einem Unternehmen. Es handelt sich dabei um eine praktische Berufsausbildung im Unternehmen, kombiniert mit theoretischen, in der Berufsschule vermittelten Lerninhalten.

Diese Form der Ausbildung ist jedoch in vielen Ländern unbekannt, was die Vergleichbarkeit der Qualifikation von Mitarbeitern aus verschiedenen Ländern innerhalb des gleichen Unternehmens schwierig macht. Hier ist die Personalentwicklung gefordert, unternehmensweite Standards zu definieren, anhand derer ein Vergleich von Kompetenzen und Fähigkeiten trotz unterschiedlicher Ausbildungssysteme möglich ist.

Die *Umschulung* ist insbesondere in Ausbildungsberufen der unteren Qualifikationsstufen immer wieder im Zuge grundsätzlicherer unternehmerischer Reorganisationsvorhaben notwendig. Bei höheren Qualifikationsniveaus und insbesondere im Falle akademischer Studienabschlüsse geht man eher davon aus, dass der betreffende Mitarbeiter seine Kompetenzen im Zuge der Einarbeitung an sich ändernde Stellenprofile anpassen kann. Denn je höherwertig jemand ausgebildet ist, desto inhaltlich breiter war seine Ausbildung von vornherein angelegt. Aber natürlich kann Umschulung gerade bei spezialisierteren Aufgaben auch im Falle akademischer Berufe notwendig werden.

Bei Umschulungsmaßnahmen sollte jedoch immer berücksichtigt werden, dass dies für den Betreffenden mit einem erheblicher Wechsel in seiner beruflichen Laufbahn verbunden sein kann. Wie bei jeder fundamentalen Veränderungsmaßnahme können daher auch in diesem Fall Motivationsprobleme und angesichts der ungewissen beruflichen Zukunft desjenigen auch Widerstände auftreten. Die Ungewissheit resultiert dabei aus der Tatsache, dass die umzuschulende Person noch über keinerlei Erfahrung in der neuen Tätigkeit verfügt und daher oftmals auch nur schwer abschätzen kann, ob sie darin wohl Erfolg haben wird. Zugleich kann sie diese Ungewissheit auch nicht unmittelbar abstellen, sondern nur abwarten, wie die Dinge sich tatsächlich entwickeln werden. Dies führt zu empfundener Passivität, die wiederum Ängste und Unsicherheiten, und damit Widerstand gegenüber dem Unternehmen und den geplanten Maßnahmen auslösen kann.

Bei der Planung von Umschulungsmaßnahmen ist es daher wichtig, mit der betreffenden Person ausführlich über die Hintergründe der Umschulungsmaßnahme und die beruflichen Perspektiven nach erfolgreicher Umschulung zu sprechen. Einwände und Wünsche müssen dabei auch im Interesse des Unternehmens ernst genommen werden. Letztendlich kommt es darauf an, die Notwendigkeit der Umschulungsmaßnahme nachvollziehbar aus der Unternehmensplanung und den entsprechenden Maßnahmen der Unternehmensentwicklung ableiten und die Notwendigkeit der Umschulungsmaßnahme somit nachweisen zu können.

Ein *duales Studium* ist für Mitarbeiter eine gute Möglichkeit, eine hochwertige akademische Ausbildung mit gleichzeitig praktischer Erfahrung im Unternehmen zu kombinieren. Aber auch das Unternehmen profitiert. Denn es kann während der ausgedehnten Praxisphasen im Rahmen des Studiums das Potenzial des betreffenden Mitarbeiters eingehend analysieren und auf diese Weise bereits frühzeitig seinen Einsatz im Unternehmen planen. Zudem hat das Unternehmen die Möglichkeit, im Rahmen akademischer Studienprojekte auch eigene Lerninhalte einzubringen.

Insgesamt handelt es sich bei einem dualen Studium um eine für beide Seiten vorteilhafte Ausbildungsmöglichkeit, die nur den einen Nachteil für den Mitarbeiter hat, dass dieser zumindest zu Beginn seiner beruflichen Laufbahn relativ stark an das Unternehmen gebunden ist. Da empfundener Zwang Demotivation erzeugen und langfristig auch die Loyalität von Mitarbeitern schmälern kann, sollte das Unternehmen daher ein Interesse daran haben, diese studienbegleitende Fixierung auf das Unternehmen für den betreffenden Mitarbeiter nicht nachteilig werden zu lassen. Sogenannte Loyalitätsvereinbarungen, mit denen die Mitarbeiter nach Abschluss einer Ausbildungsmaßnahme für eine gewisse Zeit an das Unternehmen gebunden werden sollen, üben einseitigen Zwang aus und sind damit eine denkbar schlechte Möglichkeit, sich der Leistungsbereitschaft eines Mitarbeiters nach Abschluss der Maßnahme zu versichern.

Weiterbildung

Eine der grundlegenden Maßnahmen der Weiterbildung ist die *Einarbeitung* in ein neues Thema. Der Begriff der Einarbeitung wird sehr vielfältig verwendet. Im Rahmen der Personalentwicklung bezeichnet man damit aber die Unterweisung an einem neuen Arbeitsplatz. Bei rein manuellen Tätigkeiten kann dies innerhalb weniger Tage erfolgen. Je höherwertig die Tätigkeit ist, desto länger dauert jedoch der Einarbeitungsprozess. Bei Arbeitsplätzen mit einem akademischen Qualifikationsanspruch an den Stelleninhaber sollte man für die Einarbeitung ein komplettes Geschäftsjahr ansetzen. Das klingt nach einer sehr langen Zeit, die Erfahrung zeigt jedoch, dass man bei akademischen Stellenprofilen die Vorgänge im Laufe eines Geschäftsjahres alle einmal miterlebt haben muss, um über genügend Erfahrungswissen zu verfügen.

Einarbeitungs-, bzw. Integrationspläne, auf denen präzise verzeichnet ist, mit welchen Kollegen und Führungskräften aus welchen Abteilungen Einarbeitungsgespräche zu führen sind, was Inhalt dieser Einarbeitungsgespräche sein sollte, welche Art von Projekten zu welchem Zeitpunkt und mit welchem Grad an Selbstständigkeit erledigt werden können sollten, et cetera: all diese Maßnahmen (und je nach Stelle noch weitere) sind Voraussetzung für eine erfolgreiche Einarbeitung neuer Mitarbeiter.

Sonderprojekte, die einem einzelnen Mitarbeiter übertragen werden, sind ebenfalls eine Möglichkeit der Einarbeitung in ein Aufgabengebiet. Bei einem Sonderprojekt handelt es sich um ein in sich abgeschlossenes Projekt, das im allgemeinen außerhalb des Tagesgeschäfts bearbeitet wird, und dessen Ergebnis der betreffenden Person direkt zugeordnet werden kann. Inhaltlich beziehen sich Sonderprojekte auf Themenstellungen, die zwar von Relevanz für das Unternehmen sind, deren Ergebnisse jedoch nicht unmittelbar zeit- oder kundenkritisch sind. Sie eignen sich daher insbesondere für die Ermittlung der tatsächlichen Leistungsfähigkeit von Mitarbeitern in komplexeren Tätigkeiten mit höheren Anforderungen.

Die Übertragung von Sonderprojekten kann im Rahmen der Einarbeitung eines neuen, im Unternehmen bisher unbekannten Mitarbeiters erfolgen, um dessen fachliche, methodische und persönliche Kompetenzen zu überprüfen. Das Sonderprojekt hätte dann den Charakter einer Arbeitsprobe, z.B. im Rahmen der Probezeit. Üblicherweise werden jedoch Mitarbeiter mit einem vermuteten Potenzial für höherwertige Aufgaben mit Sonderprojekten betraut, um ihre tatsächliche Eignung für anspruchsvollere Tätigkeiten bereits vor der offiziellen Beförderung auf eine neue Stelle testen zu können. Insbesondere Führungs- und Managementkompetenzen können auf diese Weise überprüft werden, bevor jemand tatsächlich zur Führungskraft befördert wird. Es ist übrigens auch durchaus möglich, Mitarbeiter mit einem vermuteten Potenzial für höherwertige Aufgaben Sonderprojekte in abteilungsübergreifenden Gruppen bearbeiten zu lassen, wenn beispielsweise „Jung-Ingenieure“ als so genannte High-Potentials auf ihre Eignung für eine Spezialistenkarriere einerseits oder eine Generalistenkarriere andererseits überprüft werden sollen.

Generell wichtig ist allerdings, dass die mit Sonderprojekten beauftragten Mitarbeiter im Rahmen eines Mentorenprogrammes relativ intensiv betreut werden; einerseits, um ihnen das für höhere Aufgaben notwendige Erfahrungswissen zu vermitteln, andererseits aber auch, um sie im Falle eines Misserfolgs aufzufangen und in den bisherigen Arbeitsprozess reintegrieren zu können.

Trainee-Programme ähneln dem Prinzip der Sonderprojekte. Hierbei handelt es sich jedoch um eine Weiterbildungsmaßnahme für Mitarbeiter, deren Potenzial für höherwertige Managementaufgaben bereits erkannt worden ist.

Auch in Trainee-Programmen werden Mitarbeiter mit der Durchführung zeitlich und inhaltlich abgegrenzter Projekte beauftragt, die sie eigenverantwortlich und mit ihnen direkt zurechenbaren Ergebnissen durchführen sollen. Meistens handelt es sich um mehrere Projekte in verschiedenen (internationalen) Bereichen des Unternehmens und innerhalb eines Zeitraums von üblicherweise zwei Jahren.

Ziel eines Trainee-Programms ist, einem jungen Mitarbeiter zu Beginn seiner Karriere die Möglichkeit zu geben, seine Management- und Führungsfähigkeiten unter Beweis zu stellen und währenddessen sein Potenzial für Aufgaben, bei denen derartige Fähigkeiten notwendig sind, ununterbrochen testen und beurteilen zu können.

Ein Trainee-Programm ist jedoch keine verlängerte Probezeit. Vielmehr handelt sich um eine volle, gegebenenfalls zeitlich befristete Stelle nach Abschluss des Studiums. In keinem Fall ist ein Trainee-Programm mit einem Praktikum zu verwechseln, denn Trainees sind Mitarbeiter, die ein Bewerbungsverfahren erfolgreich durchlaufen haben und die von dem jeweiligen Unternehmen daher als Mitarbeiter bereits akzeptiert und anerkannt worden sind.

Sowohl für Sonderprojekte als auch für Trainee-Programme gilt allerdings ohne Ausnahme: die Qualität der Weiterbildungsmaßnahme und die Aussagekraft ihrer Ergebnisse steht und fällt mit der Verlässlichkeit der Methode, mit der das Potenzial der betreffenden Mitarbeiter bestimmt wird. Dies muss unbedingt mit Hilfe von abgesicherten und validen Testverfahren geschehen. Das „Bauchgefühl" von „erfahrenen" Vorgesetzten und Personalverantwortlichen ist dafür in keinem Fall ausreichend. Immerhin geht es bei diesen wie auch allen anderen Methoden der Personalentwicklung um den Karriere- und damit Lebensweg von Menschen – übrigens auch von denen, die für derartige Weiterbildungsprogramme nicht ausgewählt wurden. Auch diese Menschen wollen sich darauf verlassen können, dass die Entscheidung anhand fundierter Kriterien getroffen worden ist.

Eine der am häufigsten eingesetzten Methoden der Personalentwicklung sind die Weiterbildungs*seminare*. Hierbei wird Wissen zu spezifischen Themen in Form von meistens ein bis drei Tage dauernden Veranstaltungen vermittelt. Meistens werden hiermit externe Dozenten, seltener Mitarbeiter aus den eigenen Reihen beauftragt. Externe Dozenten haben den Vorteil, neutraler Ansprechpartner zu sein und verfügen damit auch als Lehrende über größere Autorität. Insbesondere in Seminaren, die zur Ausbildung von Führungs- oder Managementkompetenzen dienen, ist die Neutralität externer Dozenten wichtig, um auch mal kritischere Diskussionen über die Vorgänge im Unternehmen führen zu können. Denn Lehre lebt von der Verknüpfung von Wissen mit bereits gemachten Erfahrungen.

In jedem Fall kommt es auch bei Seminaren auf die Sicherung und laufende Kontrolle der Angebotsqualität an. Inhalte müssen präzise auf die fachlichen und methodischen Bedürfnisse der Zielgruppe abgestimmt werden. Darüber hinaus ist es wichtig, auch die didaktische Qualität des Dozenten zu überprüfen. Gerade Letzteres kommt jedoch vielfach zu kurz und beschränkt sich oft auf das Ausfüllen von Seminarbeurteilungen durch die Teilnehmer. Wichtig wäre allerdings, nicht nur die Teilnehmer zu befragen, sondern auch die Fachabteilungen, in denen die Teilnehmer ihr neues Wissen erfolgreich anwenden sollen. Und zwar in zeitlichem Abstand zu dem erfolgten Seminar und anhand objektivierbarer Kriterien, um auch den Erfolg der Anwendung der Seminarinhalte zu erfassen.

Das weiterbildende, nebenberufliche *Hochschulstudium* mit Präsenzzeiten an der Hochschule oder in sonstigen Seminarräumen ist eine Personalentwicklungsmaßnahme, die oftmals (leider) nicht vom Unternehmen initiiert wird, sondern für die sich die Teilnehmer meist als Privatpersonen entscheiden, um ihre Karriere voranzutreiben. Ein nebenberufliches Studium hat im Gegensatz zu Einzelseminaren einen hohen Anteil an Selbstlernphasen, der um Präsenzlehre in Seminarräumen und Videokonferenzen ergänzt wird.

So groß der Aufwand ist, so groß ist auch der anschließende Erfolg. Denn im Gegensatz zu Seminaren wird nach erfolgreichem Abschluss eines Weiterbildendungsstudiums ein akademischer und damit visitenkartentauglicher Titel verliehen. Allerdings sollten auch mögliche negative Reaktionen von Kollegen oder unmittelbaren Vorgesetzten nicht unterschätzt werden. Denn weiterbildende Studienprogramme sind wie kaum eine andere Weiterbildungsmaßnahme geeignet, die eigene Karriere zu beflügeln. Das kann zu Neidreaktionen führen und macht es daher umso wichtiger, Mitarbeiter in solchen Programmen personalseitig intensiv zu betreuen. Auch wenn weiterbildende Studienprogramme natürlich kostenintensiver sind als Einzelseminare, sollte die Bereitschaft von Mitarbeitern hierzu vom Unternehmen aktiv gefördert werden; und zwar im Interesse tatsächlicher langfristiger Loyalität des Mitarbeiters ohne sogenannte Loyalitätsvereinbarungen, dafür aber mit einem detaillierten und in den vereinbarten Zielen objektivierbaren Personalentwicklungsplan.

Eine Weiterbildungsmaßnahme, die ausgesprochen selten vorkommt, soll deshalb hier auch nur am Rande und der Vollständigkeit halber erwähnt werden: die nebenberufliche Anfertigung einer eigenständigen wissenschaftlichen Arbeit im Rahmen einer *Dissertation*. Aufgrund der enormen zeitlichen Belastung sind hierfür allerdings im allgemeinen besondere Arbeitszeitmodelle, wie zum Beispiel Sabbaticals, notwendig. Darüber hinaus stellt sich die Frage, welchem Ziel die wissenschaftliche Arbeit dienen soll. Zur Vorbereitung einer akademischen Karriere im Lehrbetrieb ist sie notwendig. Für die Unternehmenspraxis kann sie als Grundlage einer Karriere als Spezialist dienlich sein. Nur um den Titel als solchem sollte es nicht gehen.

Begleitung

Zu den begleitenden Personalentwicklungsmaßnahmen gehört die *Eingliederung*, nicht zu verwechseln mit der Einarbeitung. Die Eingliederung dient der Integration eines neuen Mitarbeiters in das gesellschaftliche System an seinem neuen Arbeitsplatz. Ziel ist es, dafür zu sorgen, dass sich die betreffende Person im Kreis ihrer Kollegen, Vorgesetzten und gegebenenfalls Mitarbeiter so schnell wie möglich integriert und damit wohl fühlt. Neben der Einarbeitung ist die Eingliederung einer der wesentlichsten Bausteine eines erfolgreichen Starts in einer neuen Position. Ähnlich wie bei einem Einarbeitungsplan sollte es sich auch hier um einen formalisierten Prozess des Kennenlernens von Kollegen und Führungskräften in und außerhalb des eigenen Arbeitsbereichs handeln. Idealerweise werden Einarbeitung und Eingliederung als eine integrierte Aufgabe betrachtet, die für alle neuen Mitarbeiter gleichermaßen nach unternehmensweit festgelegten Standards durchgeführt wird, und deren Erfolg ebenfalls formalisiert gemessen wird.

Das *Mentoring* als begleitende Methode der Personalentwicklung wurde bereits verschiedentlich erwähnt. Ein Mentor ist ein Ansprechpartner außerhalb der hierarchischen Strukturen, in die der betreffende Mitarbeiter (der Mentee) eingebunden ist. Meist handelt es sich um eine hierarchisch höher stehende Person, die bereits über viel Erfahrung und entsprechend gute Kontakte im Unternehmen verfügt und die deswegen ein hilfreicher Ansprechpartner bei unternehmens- und tätigkeitsbezogenen Fragen und Problemen im Rahmen der Einarbeitung sein kann. Wichtig ist, dass zwischen Mentor und Mentee ein Vertrauensverhältnis besteht, das vertrauliche Gespräche zulässt und dennoch auch in der weiteren Zukunft der Entwicklung des Mentees nicht im Wege steht. Deshalb ist es notwendige Voraussetzung, dass der Mentor nicht unmittelbarer oder auch nur mittelbarer Vorgesetzter des Mentees ist.

Das *Coaching* erfüllt eine ähnliche Funktion wie das Mentoring. Hierbei stehen allerdings nicht die unternehmens- und tätigkeitsbezogenen Probleme im Vordergrund, sondern die persönlichen. Ein Coach ist ein guter Ansprechpartner bei Konflikten mit anderen Personen im Unternehmen, bei persönlichen Überlastungssituationen oder auch zur Diskussion und Überprüfung des eigenen Verhaltens gegenüber anderen. Diese Form der persönlichen Entwicklungsunterstützung erhalten im allgemeinen eher höhere Führungskräfte, denn die Begleitung durch einen Coach ist natürlich relativ kostenintensiv. Wichtig ist, dass es sich bei dem Coach um einen externen Experten handelt. Denn persönliche oder persönlichkeitsbedingte Probleme kann man kaum offen mit einer Person diskutieren, der man im Unternehmen später wieder in anderen Funktionen oder Konstellationen begegnen könnte.

Beim Coaching handelt es sich übrigens ausschließlich um die beratende Begleitung einer Person, nicht aber um irgendeine Form der Psychotherapie. Denn bei all den Möglichkeiten der Personalentwicklung gilt eines doch generell für alle Methoden: es geht darum, Menschen die Einarbeitung und Eingliederung an ihrem jeweiligen Arbeitsplatz zu erleichtern. Es darf jedoch niemals darum gehen, Menschen in ihren Persönlichkeitsstrukturen verändern zu wollen. Denn in einem privatwirtschaftlichen

Unternehmen, in dem sich alle Menschen nur zusammenfinden, um durch die Realisierung der unternehmerischen Ziele letztendlich ihre eigenen persönlichen Ziele umzusetzen, kann man zwar an den Verhaltensweisen von Mitarbeitern arbeiten – auch im Rahmen von Coachings. Die den Verhaltensweisen zu Grunde liegenden Einstellungen und Persönlichkeitsdispositionen müssen jedoch tabu bleiben, weil es Kollegen, egal welcher Hierarchieebenen, nicht zusteht, einen Menschen als solchen verändern zu wollen. Im Klartext: wenn das Verhalten von Menschen als nicht adäquat wahrgenommen wird, dann sollte man sich eher auf die Anpassung der unternehmerischen Rahmenbedingungen konzentrieren, als auf die Veränderung der Verhaltensweisen des betreffenden Menschen. Denn letztere dienen ja nur dazu, die eigenen Ziele zu realisieren und sind normalerweise eher Ausdruck unzulänglicher Unternehmensorganisationen als persönlicher Fehler. Coaching kann Menschen helfen, mit äußeren Rahmenbedingungen besser umzugehen. Damit ist die Grenze der Möglichkeiten des Coachings aber auch erreicht.

10.3 Ermittlung des Entwicklungsbedarfs

Die eigentliche Herausforderung im Rahmen der Personalentwicklung ist, den Bedarf an Personalentwicklungsmaßnahmen zu ermitteln. Wie in Abbildung 82 dargestellt, kann sich ein Entwicklungsbedarf prinzipiell aus zwei Gründen ergeben: zum einen können unternehmerische Veränderungen, die sich aus der Unternehmensplanung und der daraus abgeleiteten Unternehmensentwicklung ergeben haben, die Qualifizierung von Mitarbeitern notwendig machen. Zum anderen können aber auch individuelle fachliche oder methodische Defizite, die sich im Lauf der Zeit gezeigt haben, einen Personalentwicklungsbedarf auslösen.

Bevor eine der bereits vorgestellten Methoden der Personalentwicklung ausgewählt werden kann, muss jedoch zunächst geklärt werden, ob die Ermittlungsmaßnahmen der persönlichen

Weiterentwicklung eines Mitarbeiters in der aktuellen Tätigkeit dienen sollen oder ob der Mitarbeiter damit auf eine zukünftige, im allgemeinen höherwertige Tätigkeit vorbereitet werden soll. Ist das Ziel der Personalermittlungsmaßnahmen definiert, kann anschließend eine passende Methode ausgewählt und das gewünschte Ergebnis der Maßnahme prognostizierbar, nachprüfbar und messbar definiert werden.

Abbildung 82: Mögliche Ursachen des Entwicklungsbedarfs

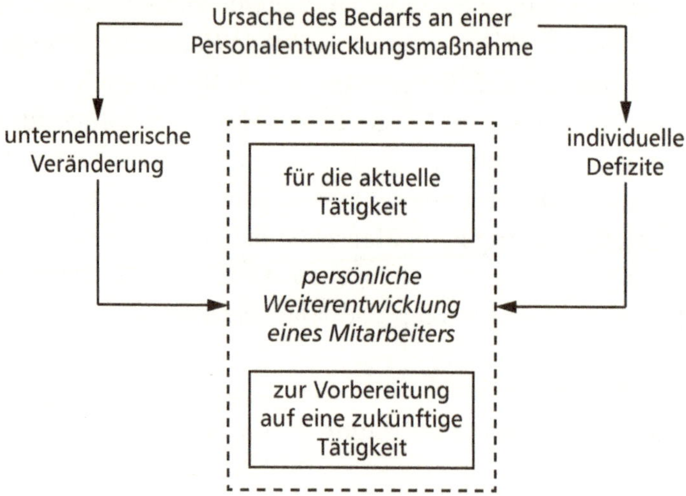

Die Schwierigkeiten, die mit der Erfolgsmessung von Personalentwicklungsmaßnahmen verbunden sein können, wurden bereits verschiedentlich erwähnt. Es ist in der Tat wichtig, sich damit eingehend zu beschäftigen. Denn mit der Art und Weise der Erfolgsmessung steht und fällt die Sinnhaftigkeit der Personalentwicklungsmaßnahme.

Aber nicht nur die Erfolgsmessung gestaltet sich oftmals schwierig, auch bereits die Bedarfserkennung kann mit einigen Problemen behaftet sein und ebenso die Durchführung der Maßnahme selbst, wie die folgende Übersicht möglicher Probleme in der Personalentwicklung zeigt.

10.4 Mögliche Probleme in der Personalentwicklung

Einige der „Stolperfallen“, mit denen man es in der Praxis beim Thema der Personalentwicklung insgesamt zu tun bekommen kann, sollen im Folgenden exemplarisch aufgeführt werden. Es handelt sich bewusst um eine Aufzählung von möglichen Problemen in der Personalentwicklung und nicht von Lösungsvorschlägen, da diese Probleme relativ allgemein gültig in den meisten Unternehmen auftreten, die Lösungen jedoch je nach Unternehmenssituation sehr unterschiedlich sein können.

Ein regelmäßig auftretendes Problem ist, dass meistens am ehesten der unmittelbare Vorgesetzte den Bedarf an einer Personalentwicklungsmaßnahme bei einem seiner Mitarbeiter erkennt, zugleich aber keine Hoheit über die hierfür notwendigen Finanzmittel hat. Er steht dann vor der Herausforderung, andere Personen von der Notwendigkeit einer Entwicklungsmaßnahme überzeugen zu müssen, die den betreffenden Mitarbeiter aber gar nicht kennen und daher auch nicht beurteilen können, ob die Maßnahme wirklich notwendig ist oder ob der Vorgesetzte seinem Mitarbeiter nur „etwas Gutes tun“ möchte, um anschließend weniger Probleme beim Durchsetzen unbequemer Arbeitsaufträge zu haben. Der Vorgesetzte wiederum könnte sich von vornherein gegen eine Personalentwicklungsmaßnahme für seine Mitarbeiter entscheiden, um sich selbst gar nicht erst dem Verdacht auszusetzen, seinem Mitarbeiter nur „etwas Gutes tun“ zu wollen. Dem direkten Vorgesetzten einer zu entwickelnden Person die Hoheit über die notwendigen Finanzmittel zu geben, kann jedoch ebenfalls zu Problemen führen, weil dieser Vorgesetzte dann niemandem mehr Rechenschaft über den Einsatz dieser Mittel schuldet.

Ein weiteres immer wieder auftretendes Problem ist, dass der unmittelbare Vorgesetzte den Wunsch oder Bedarf eines Mitarbeiters an einer Personalentwicklungsmaßnahme zwar erkennt, ihn aber nicht unterstützt, um nicht nach erfolgter Entwicklungs-, bzw. Qualifizierungsmaßnahmen diese Person als hervorragenden Mitarbeiter in seiner Abteilung zu verlieren, sobald dieser zu höherwertigen Aufgaben befördert worden ist.

Ebenfalls relativ häufig reichen die zur Personalentwicklung verfügbaren Finanzmittel nicht aus, um die als notwendig erachteten Maßnahmen auch tatsächlich bei allen betreffenden Mitarbeitern durchzuführen. Wenn beispielsweise aufgrund strategischer Veränderungen im Unternehmen ein erhöhter Bedarf an englischen Sprachkompetenzen besteht, dann kann die Lösung nicht sein, dass die Mitarbeiter eine Sprachlern-DVD bekommen, anhand derer sie in ihrer Freizeit Englisch lernen sollen – sozusagen als Arbeitsauftrag. Darüber hinaus ist es ebenfalls ungünstig, wenn die Finanzmittel zwar für die Qualifizierung eines Mitarbeiters ausreichen, die anderen Mitarbeiter mit ähnlichen Bedarfen aber leer ausgehen müssen. Die Notwendigkeit zwischen verschiedenen individuellen Interessen priorisieren zu müssen, sorgt fast automatisch für Demotivation derer, die nicht berücksichtigt werden konnten. In diesem Fall wäre es fast schon besser, auf die Ermittlungsmaßnahmen gänzlich zu verzichten. Aber das ist natürlich auch keine Alternative.

Auch die inhaltliche Qualität der angebotenen Seminare kann im Risiko sein, wenn die auswählenden Personen im Personalbereich selbst keine Experten auf dem betreffenden Gebiet sein können, Fachabteilungen aber keine Zeit zur Beratung bei der inhaltlichen Vorbereitung haben.

Durch notwendige Umstrukturierungen im Unternehmen und nach Beförderung der bisherigen Ansprechpartner für die Organisation von Personalentwicklungsmaßnahmen kann die Kontinuität der Maßnahmen gefährdet sein. Um dies zu vermeiden, ist es notwendig, die Planung, Durchführung, aber auch die Erfolgsmessung von Personalentwicklungsmaßnahmen zu formalisieren und damit von der Anwesenheit einzelner Personen unabhängig zu machen.

Letztendlich ist ein Problem, auf das nicht oft genug hingewiesen werden kann, dass Maßnahmen der Personalentwicklung eventuell nicht so erfolgreich sind, wie sie sein können, weil die inhaltlichen Ziele nicht ausreichend klar definiert worden sind und objektive Kenngrößen zur Messung des Erfolgs der durchgeführten Maßnahme nicht existieren.

Findet man Wege, diese Probleme zu vermeiden, dann ist die Personalentwicklung eine sehr wertvolle Möglichkeit, aus den ermittelten strategischen Optionen des Unternehmens auch tatsächlich langfristig wirksame Wettbewerbsvorteile zu erarbeiten. Denn die verlässlichsten Wettbewerbsvorteile sind diejenigen, die auf rein innerbetrieblichen und damit vom Wettbewerb kaum zu kopierenden Maßnahmen beruhen.

Personalentwicklung ist damit eine Managementaufgabe, von deren erfolgreicher Durchführung auch der Erfolg des Unternehmens insgesamt abhängt. Oder anders ausgedrückt: Personalentwicklung kann genau der Faktor sein, mit dem sich das Unternehmen erfolgreich von seinen Wettbewerbern abhebt; auch von solchen auf dem Arbeitsmarkt.

10.5 Zusammenfassung

Dieses Kapitel soll anhand der Übersicht in Abbildung 83 zum Prozessablauf bei der Organisation von Personalentwicklungsmaßnahmen zusammengefasst werden.

Personalentwicklung dient der Umsetzung der Ergebnisse aus der strategischen Unternehmensplanung sowie der damit zusammenhängenden Prozess- und Ressourcenplanung.

Je nach Umfang der gerade im Zuge innerbetrieblicher Veränderungsprojekte geplanten Personalentwicklungsmaßnahmen muss in der jährlichen Finanzplanung dafür ein ausreichendes Budget vorgesehen werden. Personalentwicklung kann sehr kostenintensiv werden. Bei der Entscheidung, ob die entsprechenden Mittel allokiert werden sollen oder nicht, muss jedoch stets berücksichtigt werden, dass es sich bei der Personalentwicklung um die interne Übersetzung der strategischen Unternehmensplanung handelt.

Abbildung 83: Vorteilhafter Prozessablauf in der Personalentwicklung

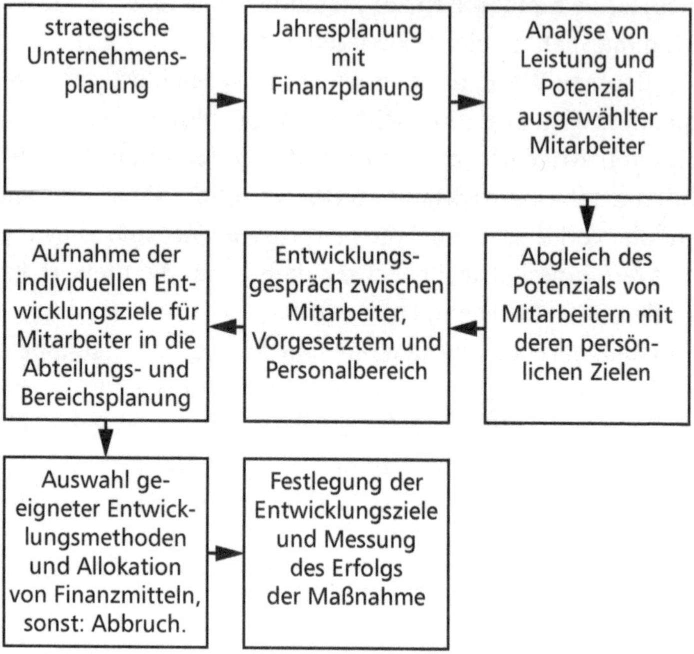

Eine erste wichtige Aufgabe im Rahmen der Personalentwicklung ist die Analyse der Leistung ausgewählter Mitarbeiter in ihren aktuellen Tätigkeiten sowie ihres Potenzials für zukünftige, höherwertige Tätigkeiten. Diese Analyse muss anhand messbarer Kriterien erfolgen.

In einem nächsten Schritt muss das Ergebnis der Leistungs- und Potenzialanalyse von Mitarbeitern mit deren persönlichen Zielen abgeglichen werden. Denn die Personalentwicklung setzt nicht nur das Einverständnis der entsprechenden Mitarbeiter voraus, sondern erfordert von ihnen ein hohes Maß an Engagement und Einsatzwillen. In diesem Zusammenhang sollten auch mit anderen Mitarbeitern, die ebenfalls Interesse an Personalentwicklungsmaßnahmen hätten, aus verschiedenen Gründen jedoch nicht berücksichtigt wurden, strukturierte Gespräche geführt werden. In diesen Gesprächen müssen ihnen so nachvollziehbar wie möglich und anhand geeigneter Kriterien die Gründe für ihre Nicht-Berücksichtigung dargelegt werden. Schließlich dürfen die Entwicklungsmaßnahmen der einen nicht zu Demotivation anderer führen.

In den anschließenden Entwicklungsgesprächen zwischen dem Mitarbeiter, dem unmittelbaren Vorgesetzten und einem Vertreter des Personalbereichs müssen Entwicklungsmaßnahmen festgelegt und Entwicklungsziele nach dem SMART-Prinzip (specific, measurable, achievable, realistic, timed) definiert werden.

Die Entwicklungsziele der jeweiligen Mitarbeiter werden anschließend in die Abteilung- und Bereichsplanung aufgenommen, um ihre Wichtigkeit und unternehmerische Relevanz zu dokumentieren und um sicher zu stellen, dass die Zielerreichung der Entwicklungsmaßnahmen regelmäßig überprüft wird.

Im Zuge der Auswahl einer geeigneten Personalentwicklungsmaßnahme müssen auch die entsprechenden Finanzmittel allokiert werden. Sollte dies aufgrund aktueller Entwicklungen im Unternehmen nicht mehr möglich sein, dann sollte die Maßnahme vollständig abgebrochen und nicht nur durch eine suboptimale andere Maßnahmen ersetzt werden. Denn das Ziel ist ja nicht, dass der Mitarbeiter eine Personalentwicklungsmaßnahme bekommt, sondern für das Unternehmen wichtige Kompetenzen und Fähigkeiten auszubilden. Ist die hierfür als notwendig erachtete Maßnahme nicht finanzierbar, dann machen auch andere Maßnahmen keinen Sinn.

Vor Beginn der Entwicklungsmaßnahmen sollten die konkreten Entwicklungsziele gemeinsam mit dem Mitarbeiter noch einmal durchgesprochen, nach dem SMART-Prinzip objektiviert und endgültig festgelegt werden.

Bei Berücksichtigung dieses Prozessablaufs kann die Personalentwicklung einen wertvollen Beitrag als innerbetrieblicher Motor der strategischen Unternehmensentwicklung leisten. Zum Wohle des Unternehmens und gleichzeitig zum Wohle seiner Mitarbeiter – wie immer, wenn es gelingt, das personalwirtschaftliche Spannungsfeld aufzulösen.

Anhang

Anmerkungen

1 vgl. Condrau 2005, S. 7 ff.
2 vgl. Condrau 2005, S. 6
3 vgl. Condrau 2005, S. 6
4 vgl. Kinder; Hilgemann 1970, S. 11
5 vgl. Kinder; Hilgemann 1970, S. 11
6 in enger Anlehnung an Kinder; Hilgemann 1970, S. 11
7 Smith 1776 / 1789 (5. Auflage), S. 582
8 Rüstow 1932, S. 69
9 Rawls 1979, S. 336
10 Fußnote im Original: Die Schätzungen betreffen die Zahlen der Kinderarbeiter weltweit im Jahr 2000.
11 ILO 2002, S. X f.
12 Misereor 2012
13 Richardi 2012, S. XVI
14 vgl. Wien 2009, S. 1
15 Richardi 2012, S. XIV
16 Bundesarbeitsgericht 1994, C.I.1.
17 Bundesarbeitsgericht 2010, Absatz 18
18 Hromadka; Maschmann 2012, S. 355
19 o.V. 2007a
20 Ingersoll; et al. 2011, S. 19
21 Ingersoll; et al. 2011, S. 21
22 vgl. für die Erläuterung von Abbildung 25 bis hierin Hromadka; Maschmann 2010, S. 41
23 Neubäumer; Tretter 2008, S. 262
24 vgl. Neubäumer; Tretter 2008, S. 262
25 Hetru; Yonnet 2001, S. 4
26 vgl. Hetru; Yonnet 2001, S. 4; Neubäumer; Tretter 2008, S. 275
27 Neubäumer; Tretter 2008, S. 275
28 Hromadka; Maschmann 2010, S. 215
29 Kieser 1995, S. 1
30 vgl. Taylor 1919
31 vgl. Roethlisberger; Dickson 1939, in: Nerdinger 2011, S. 50
32 vgl. Nerdinger 2011, S. 50
33 vgl. Williamson 1998
34 Taylor 1919, S. 68
35 Taylor 1919, S. 23
36 Taylor 1919, S. 38
37 Taylor 1919, S. 38
38 Taylor 1919, S. 39
39 vgl. Taylor 1919, S. 22
40 Taylor 1919, S. 39
41 Nerdinger 2011, S. 47
42 Roethlisberger; Dickson 1939, in: Nerdinger 2011, S. 50
43 vgl. Jost 2008, S. 495 f.
44 Nerdinger 2011, S. 50
45 vgl. Simon 1951; Simon 1976; Nerdinger 2011, S. 50
46 Nerdinger 2011, S. 50
47 Nerdinger 2011, S. 50
48 Nerdinger 2011, S. 50
49 Nerdinger 2011, S. 50
50 Nerdinger 2011, S. 50
51 Coase 1937, S. 388

52 Williamson 1998, S. 37
53 Williamson 1998, S. 38
54 für die Erläuterung des Entscheidungsbaums vgl. Williamson 1998, S. 38 f.
55 Scherf 2005, S. 15
56 Scherf 2005, S. 15
57 Scherf 2005, S. 15
58 vgl. für weitere Aspekte auch Hentze, Kammel (2001), S. 262
59 vgl. Biemann; Weckmüller 2012, S. 47
60 Biemann; Weckmüller 2012, S. 46
61 Fußnote im Original: „Eine unmittelbare inhaltliche Interpretation der konkreten Zahlenwerte bezüglich der Fehlerwahrscheinlichkeit ist nicht möglich. Vor Interpretationen wie „eine Validität von 0,8 bedeutet, dass 80 % der Einstellungsentscheidungen richtig sind“ sei deshalb gewarnt.“
62 Biemann; Weckmüller 2012, S. 47
63 Biemann; Weckmüller 2012, S. 47
64 Biemann; Weckmüller 2012, S. 49
65 Marr; Fliaster 2003, S. 23
66 Marr; Fliaster 2003, S. 23
67 Marr; Fliaster 2003, S. 2
68 Streitz 2007
69 Kröger 2007
70 o.V. 2007a
71 o.V. 2007b
72 Palan 2008, S. 80
73 Palan 2008, S. 81
74 Kuntz 2009
75 Schwalbach; et al. 2011, S. 5
76 Der Name des Unternehmens ist hier nicht relevant. Viele andere Unternehmen hätten ebenfalls als Beispiel dienen können.
77 Schwalbach; et al. 2011, S. 180
78 Volkswagen 2012, S. IV
79 Der in dieser Rechnung enthaltene Zirkelbezug ist angesichts des jährlichen Gesamtumsatzes des Unternehmens vernachlässigbar.
80 Der Mindestgrundlohn ist die zwischen Arbeitgeber und Arbeitnehmer vereinbarte leistungsunabhängige Entlohnung, beispielsweise in Form eines Zeitlohns. Die Höhe des Mindestgrundlohns hängt nur von den Vereinbarungen der Vertragsparteien ab und kann auch gleich null sein, wenn die Entlohnung vollständig variabilisiert sein soll.
81 ERA-TV 2006, §6, Abschnitt 2
82 ERA-TV 2006, §11, Abschnitt 1.1
83 vgl. Schubert 2009
84 ERA-TV 2006, §7, Abschnitt 1
85 ERA-TV 2006, §6, Abschnitt 3
86 vgl. Palan 2008, S. 81
87 vgl. Porsche 2008, S. III
88 vgl. Porsche/K-GO 2008
89 vgl. Porsche 2008, S. 146
90 vgl. Porsche 2009, S. 173
91 vgl. Porsche 2009, S. 173
92 vgl. Porsche 2009, S. 175
93 vgl. Porsche 2009, S. II
94 vgl. Porsche 2008, S. 194
95 vgl. Porsche 2008, S. 194
96 vgl. Porsche 2009, S. 240
97 vgl. Porsche 2009, S. 240
98 Porsche/K-GO 2009
99 Deckstein 2009

Verzeichnis der Abbildungen

1 Das Spannungsfeld der Personalwirtschaft 23
2 Zielbeziehungen im personalwirtschaftlichen Spannungsfeld 25
3 Definition personalwirtschaftlicher Aufgaben 28
4 Übersicht personalwirtschaftlicher Aufgaben 29
5 Definition von Personalwesen, bzw. Personalbereich 30
6 Definition von »Träger der Personalwirtschaft« 31
7 Definition von »Objekte der Personalwirtschaft« 32
8 Zukünftige personalwirtschaftliche Herausforderungen 37
9 Altersaufbau in den Jahren 2009 und 2060 38
10 Entwicklung der Werte und Einstellungen im Zeitvergleich 39
11 Kinderarbeit 52
12 Kinderarbeit 53
13 Kinderarbeit 54
14 Kinderarbeit 55
15 Kinderarbeit 56
16 Kinderarbeit 57
17 Kinderarbeit 58
18 Kinder in unterschiedlichen Formen ökonomischer Aktivität (in Millionen) 63
19 »Teppichkinder« und »Müllkinder« in Indien 64
20 Das Arbeitsrecht in Deutschland 71
21 Individualarbeitsrecht: Pflichten im Arbeitsverhältnis 72
22 Arbeits- und Sozialrecht 72
23 Typische Erklärungsversuche und Haftungskonsequenzen 80
24 Das Kollektivarbeitsrecht 84
25 Das Verhältnis der Tarifparteien zueinander 85
26 Inhalt von Tarifverträgen 86
27 Der Weg zum neuen Tarifvertrag – Phasen des Arbeitskampfes 87
28 Rechte des Betriebsrats 92
29 Beispiel für unternehmerische Mitbestimmung: das Montan-Mitbestimmungsgesetz von 1951 94
30 Der Blickwinkel der Motivationstheorien 116
31 Das Unternehmen als unpersönliches System von Handlungen 120
32 Entscheidungsbaum der Transaktionskostentheorie 128
33 Einflussgrößen auf Transaktionskosten 133
34 Einflussfaktoren auf den Personalbedarf 141
35 Die Verzahnung von Unternehmens- und Personalplanung 145

36 Zusammenhang von Personalbestand und -bedarf (numerisch) 149
37 Zusammenhang von Personalbestand und -bedarf (grafisch) 151
38 Verfahren der Personalbedarfsermittlung 152
39 Auswahl personalwirtschaftlich relevanter Kennzahlen 154
40 Stellenbedarfsplan: zeitraumorientiert und funktional ausdifferenziert 162
41 Beispiel einer Stellenbeschreibung 166
42 Katalog möglicher Anforderungen einer Stelle 170
43 Ziel der Personaleinsatzplanung 185
44 Gestaltungskriterien der Arbeitsaufnahme 187
45 Gestaltungsmaßnahmen der Arbeitsaufnahme 188
46 Konkretisierung der Arbeitsinhalte 193
47 Eine Auswahl von Schutzvorschriften 197
48 Einflussfaktoren auf die Arbeitszeitgestaltung 199
49 Grundformen der Arbeitszeitflexibilisierung 203
50 Handlungsspielräume bei der Flexibilisierung der Arbeitszeit 205
51 Gleitzeit mit Kernarbeitszeit 207
52 Vor- und Nachteile der Vertrauensarbeitszeit 209
53 Vor- und Nachteile der Arbeitszeitflexibilisierung 213
54 Einflussfaktoren auf die Personalbeschaffung 220
55 Personalbeschaffung im Prozessablauf 222
56 Personalanforderung – Ersatzbedarf oder Neubedarf? 223
57 Konfliktpotenzial bei der Personalanforderung 224
58 Die 5 »P« des Personalmarketings 228
59 Methoden der internen Personalbeschaffung 229
60 Vor- und Nachteile der internen Personalbeschaffung 232
61 Methoden der externen Personalbeschaffung 235
62 Muss-, Kann- und versteckte Kriterien in Stellenanzeigen 237
63 Indirekte externe Personalbeschaffung mit Hilfe von Personalberatung 239
64 Vor- und Nachteile der Personalbeschaffung mit Hilfe von Personalberatung 240
65 Arbeits- und Vertragsverhältnisse beim Personalleasing 243
66 Vor- und Nachteile der externen Personalbeschaffung 245
67 Prädikative Validität verschiedener Auswahlkriterien für die spätere Arbeitsleistung 249
68 Kooperative Umsetzung aller Anforderungen? 255
69 Das Entgeltsystem als Garant für Kooperation? 259
70 Das Spannungsfeld der Entlohnung 260
71 Hauptprobleme bei der Ausgestaltung von Entgeltsystemen 262
72 Anreiz-Beitrags-Theorie 263
73 Alternativen der Lohnsatzdifferenzierung 273
74 Übersicht zu den grundlegenden Lohnformen 275
75 Lohn und Lohnkosten im Zeitlohn 276
76 Lohn und Lohnkosten im Akkordlohn 279
77 Berechnungsgrößen für die Akkordentlohnung 280
78 Rahmenbedingungen für Akkordentlohnung 282
79 Parameter und Verlaufslinien des Prämienlohns 289

80 Vergleich der Lohnformen 292
81 Methoden der Personalentwicklung 305
82 Mögliche Ursachen des Entwicklungsbedarfs 316
83 Vorteilhafter Prozessablauf in der Personalentwicklung 320

Verzeichnis der Fallbeispiele

1 Haftung bis zur Haft? 75
2 Der Brand der Standseilbahn in Kaprun im Jahr 2000 76
3 Die Ölkatastrophe im Golf von Mexiko im Jahr 2010 79
4 Die Elefanten-Organisation 99
5 Taylors wissenschaftliches Management 104
6 Kunde im Autohaus 110
7 Transaktionskostentheorie für die Unternehmensberatung 123
8 Der Klassiker unter den Kennzahlen: Umsatz pro Mitarbeiter 155
9 Organisationsstruktur eines Seniorenheims 158
10 Stelle versus Arbeitsplatz 161
11 Möbelhaus 174
12 Die Lokomotivführer der Deutschen Bahn 261
13 Anreiz-Beitrags-Theorie im Selbsttest 264
14 Vergütung bei Porsche 266
15 Vorstandsvergütung 271
16 Kundenorientierung im Zeitlohn? 277
17 Wenn das betriebliche Vorschlagswesen »zuschlägt« 285
18 Lohnt es sich? Das Prämienlohnsystem bei Porsche 286

Bibliographisches Verzeichnis

Berthel, Jürgen; Becker, Fred G. (2007): »Personal-Management: Grundzüge für Konzeptionen betrieblicher Personalarbeit«, 8. Auflage, Schäffer-Poeschel Verlag, Stuttgart.

Biemann, Torsten; Weckmüller, Heiko (2012): »Methoden der Personalauswahl: Was nützt?«, in: Personal Quarterly, Jg. 2012, Nr. 1, Haufe Verlag, S. 46–49.

Bröckermann, Reiner (2009): »Personalwirtschaft: Lehr- und Übungsbuch für Human Resource Management«, 5. Auflage, Schäffer-Poeschel Verlag, Stuttgart.

Bundesarbeitsgericht (1994): BAG Beschluß vom 27.09.1994, Aktenzeichen GS 1/89 (A).

Bundesarbeitsgericht (2010): BAG Urteil vom 28.10.2010, 8 AZR 418/09.

Coase, R. H. (1937): »The Nature of the Firm«, in: Economica, Jg. 4, Nr. 16, Blackwell Publishing, S. 386–405.

Condrau, Flurin (2005): »Die Industrialisierung in Deutschland«, Wissenschaftliche Buchgesellschaft, Darmstadt.

Deckstein, Dagmar (2009): »Milliardenverluste bei Porsche: Reine Luftnummern«, Süddeutsche Zeitung Verlag, München, 31.07.2009.

ERA-TV (2006): »Tarifvertrag zum Entgeltrahmenabkommen«, Nordmetall, Hamburg / Bremen.

Frisch, Max (1987): »25 Fragen an die TU Berlin anlässlich der Entgegennahme der Ehrendoktorwürde«, Technische Universität, Berlin, Vortrag am: 29.06.1987.

Grobecker, Claire; Krack-Roberg, Elle; et al. (2011): »Bevölkerung«, in: Statistisches Bundesamt & Wissenschaftszentrum Berlin für, Sozialforschung (Hrsg.): »Datenreport 2011: Ein Sozialbericht für die Bundesrepublik Deutschland«, Bundeszentrale für politische Bildung, Bonn.

Hentze, Joachim; Kammel, Andreas (2001): »Personalwirtschaftslehre 1«, 7. Auflage, Paul Haupt Verlag, Bern.

Hetru, Emmanuel; Yonnet, Jean-Pierre (2001): »Subcontracting, contracting-out and new forms of employment«, in: Transfer – European Review of Labour and Research, Jg. 7, Nr. 2, S. 258–267.

Hromadka, Wolfgang; Maschmann, Frank (2012): »Arbeitsrecht Band 1: Individualarbeitsrecht«,

5. Auflage, Springer Verlag, Berlin.
Hromadka, Wolfgang; Maschmann, Frank (2010): »Arbeitsrecht Band 2: Kollektivarbeitsrecht + Arbeitsstreitigkeiten«, 5. Auflage, Springer Verlag, Berlin.
ILO, International Labour Organization (2002): »A future without child labour: Global report under the follow-up to the ILO Declaration on Fundamental Principles and Rights at Work. Report of the Director-General«, International Labour Organization, Genf.
Ingersoll, Christina; Locke, Richard M.; et al. (2011): »BP and the Deepwater Horizon Disaster of 2010«, MIT Sloan Teaching Innovation Resources (MSTIR), Boston, 13.09.2011.
Jost, Peter-Jürgen (2008): »Organisation und Motivation: eine ökonomisch-psychologische Einführung«, 2. Auflage, Gabler Verlag, Wiesbaden.
Jung, Hans (2006): »Personalwirtschaft«, 7. Auflage, Oldenbourg Verlag, München.
Kaduk, Stefan; Waas, Michael (2005): »Flexible Arbeitszeitmodelle als Basis für eine optimierte Personaleinsatzplanung«, in: Fank, Matthias; Scherf, Burkhard (Hrsg.): »Handbuch Personaleinsatzplanung«, Datakontext-Fachverlag, Frechen.
Kieser, Alfred (1995): »Organisationstheorien«, 2. Auflage, Kohlhammer Verlag, Stuttgart.
Kinder, Hermann; Hilgemann, Werner (1970): »Von den Anfängen bis zur Französischen Revolution«, 6. Auflage, Deutscher Taschenbuch Verlag, München.
Kröger, Michael (2007): »Tarifkampf: Größte Bahngewerkschaft kritisiert Zugeständnisse an GDL«, Spiegel online, Hamburg, 26.11.2007.
Kuntz, Michael (2009): »Alles wird gut«, Süddeutsche Zeitung online, München, 14.08.2009.
Kupsch, Peter Uwe; Marr, Rainer (1991): »Personalwirtschaft«, in: Heinen, Edmund (Hrsg.): »Industriebetriebslehre: Entscheidungen im Industriebetrieb«, 9. Auflage, Gabler Verlag, Wiesbaden.
March, James G.; Simon, Herbert A. (1993): »Organizations«, 2. Auflage, Blackwell Publishing, Cambridge.
Marr, Rainer; Fliaster, Alexander (2003): »Jenseits der ›Ich AG‹: der neue psychologische Vertrag der Führungskräfte in deutschen Unternehmen«, Hampp Verlag, München.
Misereor (2012): »Indien, Ägypten: Kinderarbeit wirksam bekämpfen«, Bischöfliches Hilfswerk Misereor e.V., Aachen,
Nerdinger, Friedemann W. (2011): »Organisationstheorien«, in: Nerdinger, Friedemann W.; Blickle, Gerhard; et al. (Hrsg.): »Arbeits- und Organisationspsychologie«, 2. Auflage, Springer Verlag, Heidelberg.
Neubäumer, Renate; Tretter, Dominik (2008): »Mehr atypische Beschäftigung aus theoretischer Sicht«, in: Industrielle Beziehungen, Jg. 15, Nr. 3, Rainer Hampp Verlag, S. 256–278.
o.V. (2005): »Jugendstudie ›Generation 05‹: Was Studenten über ihre Zukunft denken«, manager magazin online, Hamburg, 17.03.2005.
o.V. (2007a): »Manager-Gehälter: Köhler fordert Kultur der Mäßigung«, manager magazin online, Hamburg, 02.12.2007.

o.V. (2007b): »Porsche-Chef: ›Wenn ich Erfolg habe, möchte ich auch gut bezahlt werden‹«, manager magazin online, Hamburg, 05.12.2007.

o.V. (2007c): »Vaihingen/Enz-Kaprun/Österreich: Ermittlungen gegen Verantwortliche des Heizlüfter-Herstellers im Zusammenhang mit Gletscherbahnunglück eingestellt«, Staatsanwaltschaft, Heilbronn, 25.09.2007.

Olfert, Klaus (2005): »Personalwirtschaft«, 11. Auflage, Kiehl Verlag, Ludwigshafen.

Palan, Dietmar (2008): »Das Gesetz der großen Zahl: Vorstandsgehälter«, in: manager magazin, Nr. 6, S. 80–92.

Porsche (2008): »Geschäftsbericht Porsche SE 2007/08«, Porsche Automobil Holding SE, Stuttgart.

Porsche (2009): »Geschäftsbericht Porsche SE 2008/09«, Porsche Automobil Holding SE, Stuttgart.

Porsche/K-GO (2008): »Porsche erzielt Rekorde bei Gewinn, Umsatz und Absatz«, Porsche AG, Stuttgart, 26.11.2008.

Porsche/K-GO (2009): »Macht wird Vorstandschef der Porsche AG«, Porsche AG, Stuttgart, 23.07.2009.

Rawls, John (1979): »Eine Theorie der Gerechtigkeit», Suhrkamp Verlag, Frankfurt.

Richardi, Reinhard (2012): »Arbeitsgesetze: mit den wichtigsten Bestimmungen zum Arbeitsverhältnis, Kündigungsrecht, Arbeitsschutzrecht, Berufsbildungsrecht, Tarifrecht, Betriebsverfassungsrecht, Mitbestimmungsrecht und Verfahrensrecht«, 81. Auflage, dtv, München.

Rosenstiel, Lutz von (2000): »Grundlagen der Organisationspsychologie: Basiswissen und Anwendungshinweise«, 4. Auflage, Schäffer-Poeschel Verlag, Stuttgart.

Rüstow, Alexander (Hrsg.) (1932): »Freie Wirtschaft – Starker Staat (Die staatspolitischen Voraussetzungen des wirtschaftspolitischen Liberalismus): Diskussionsrede auf der Tagung des Vereins für Sozialpolitik«, in: Boese, Franz (Hrsg.): »Verhandlungen des Vereins für Sozialpolitik in Dresden : 28. und 29. September 1932«, Verein für Sozialpolitik, Dresden.

Sasse, Jörg; Sedlacek, Bronia; et al. (2011): »DGFP Studie: HR Kennzahlen auf dem Prüfstand, PraxisPapier 05/2011«, Working Paper, Deutsche Gesellschaft für Personalführung e.V., Düsseldorf.

Schanz, Günther (2000): »Personalwirtschaftslehre«, 3. Auflage, Vahlen Verlag, München.

Scherf, Burkhard (2005): »Ein Vorgehensmodell zur Personaleinsatzplanung«, in: Fank, Matthias; Scherf, Burkhard (Hrsg.): »Handbuch Personaleinsatzplanung«, Datakontext-Fachverlag, Frechen.

Schubert, Andreas von (2009): »Exzellenter Kundenservice durch neue Führungsmethoden – wie Mitarbeiter den Kunden zum König machen«, in: Handbuch PersonalEntwickeln, Jg. 7.43, Nr. 134, Deutscher Wirtschaftsdienst (Wolters Kluwer), S. 1–31.

Schwalbach, Joachim; Prinz, Enrico; et al. (2011): »Vergütungsstudie 2011: Vorstandsvergütung, Pay-for-Performance und Fair Pay DAX30-Unternehmen 1987–

2010«, Schwalbach Institut für Management, Humboldt-Universität, Berlin,
Seniorenheim Brickwedel (2002): »Qualitätsmanagementhandbuch«, Seniorenheim Brickwedel gGmbH, Bad Bederkesa, 04.2002.
Simon, Herbert A. (1951): »A Formal Theory of the Employment Relationship«, in: Econometrica, Jg. 19, Nr. 3, The Econometric Society, S. 293–305.
Simon, Herbert A. (1976): »Administrative behavior: a study of decision-making processes in administrative organization«, 3. Auflage, Free Press, New York.
Smith, Adam (1776 / 1789 (5. Auflage)): »Der Wohlstand der Nationen: eine Untersuchung seiner Natur und seiner Ursachen (orig.: An Inquiry into the Nature and Causes of the Wealth of Nations)«, 10. Auflage, Deutscher Taschenbuch Verlag (2003), München.
Streitz, Matthias (2007): »Tarifkampf: Bahn verspricht bis zu 13 Prozent mehr – Lokführer zögern«, Spiegel Online, Hamburg, 24.11.2007.
Taylor, Frederick Winslow (1919): »Die Grundsätze wissenschaftlicher Betriebsführung (The Principles of Scientific Management)«, 2. Auflage, Raben Verlag (Nachdruck der Originalausgabe: 1983), München.
Teschke-Bährle, Ute (2011): »Arbeitsrecht – Schnell erfasst«, Springer Verlag, Berlin.
Thommen, Jean-Paul; Achleitner, Ann-Kristin (2012): »Allgemeine Betriebswirtschaftslehre: Umfassende Einführung aus managementorientierter Sicht«, 7. Auflage, Gabler Verlag, Wiesbaden.
Volkswagen (2012): »Geschäftsbericht 2011«, Volkswagen AG Finanzpublizität, Wolfsburg.
Wien, Andreas (2009): »Arbeitsrecht: Eine praxisorientierte Einführung«, Gabler Verlag, Wiesbaden.
Wilke, Katja (2005): »Haftung – auch bis hin zur Haft?«, VDI nachrichten, VDI Verlag, Düsseldorf, 22.07.2005.
Williamson, Oliver E. (1998): »Transaction cost economics: how it works; where it is headed«, in: De Economist, Jg. 146, Nr. 1, Kluwer Academic Publishers, S. 23–58.
Wren, Daniel A.; Bedeian, Arthur G.; et al. (2002): »The foundations of Henri Fayol›s administrative theory«, in: Management Decision, Jg. 40, Nr. 9, S. 906–918.